JN046498

日本の鍛冶の技術論

永田　和宏

アグネ技術センター

はじめに

日本の鍛冶は鍛錬の工程で，たたら製鉄で作った鋼材どうしを藁灰と泥を掛けただけで加熱し，いとも簡単に溶接する．また，日本刀の刃の表面にはいろいろな模様が表れている．法隆寺の解体修理で発見された1000年昔の釘はほとんど錆びてなく曲がりさえ直せば再び使えるといわれている．これらの特徴は現代の鉄鋼にはない特徴である．本書は，この特徴が発現する理由を筆者の鍛冶体験を通して明らかにする．

たたら製鉄は，現在，日本美術刀剣保存協会が島根県仁多郡奥出雲町で毎冬2, 3代（回）操業を行っている．そして数トンの鉧（鋼塊）を作り，そこに含まれる玉鋼を刀鍛冶に日本刀の材料として販売している．したがって，一般に入手することは困難である．そこで，筆者は「たたら製鉄の技術論」（アグネ技術センター，2021）で，炉作りから鉧の製造まで6時間で完了する「永田たたら」を提案した．これにより河川や海岸で採取できる砂鉄20 kgを使って簡便に約5 kgの鉧を作ることができる．この鉧を用いて，切り出しナイフや包丁を作製した．

本書は，一般の人が砂鉄から作った鉧を使って作品を作製するための鍛冶の入門書である．そのために材料や道具は，ホームセンターなどで売っているものを紹介した．

日本の刃物の材料には，たたら製鉄で作った銑鉄の銑や鋼塊の鉧が古来より用いられてきた．銑は大鍛冶で脱炭して低炭素鋼の包丁鉄にし，鉧は鍛錬して鋼にした．銑鉄を「和銑」，鋼を「和鋼」と言い，これらの鉄を総称して「和鉄」と呼ぶ．これらの古来の日本の製鉄技術は，大正12年にたたら製鉄の商業的生産が終了して以降，忘れ去られていった．これは，明治期に西洋から現代製鉄法が伝えられ，特に安価な「洋鉄」が輸入されて採算が取れなくなったからである．その後，軍の要請により日本刀の生産が昭和 19 年まで行われたが，敗戦により日本刀の製造が禁止された．昭和 54 年にわが国が独立して以降，日本刀の生産が始まった．現在では，唯一，刀鍛冶が和鉄の取り扱い技術を保持している．

一方，刃物道具の生産では，明治期に鍛錬を行う必要のない洋鉄を使うようになり，和鉄は使われなくなった．これにより鍛冶から和鉄の取り扱い技術は忘れ去られていった．

たたら製鉄で作った和鉄の特徴である模様や錆び難さは現代の鉄鋼にはない特徴である．伝統技術を使い，この特徴を生かした作品を作るためにも，さらに鉄文化財の修復や保存のためにも日本の鍛冶技術を明らかにしておくことは重要である．

本書で紹介する鍛冶技術は，現代製鉄法が発明される以前の技術で，西洋ではすでに消滅している前近代製鉄技術である．一方，わが国では刀鍛冶によって唯一伝承されてきているが，これは世界的に見ても非常に稀有なことである．この伝統技術の伝承方法についても紹介する．

わが国古来の鍛冶技術には，日本刀鍛冶の他，道具鍛冶，釘鍛冶，船釘鍛冶など様々な技法があった．日本刀の鍛冶技術の研究書としては，俵國一の『日本刀の科学的研究』がある．鍛冶技術の流れは，第 1 にたたら製鉄で作られた鋼の炭素濃度の調整，第 2 に鋼を練る鍛錬，第 3 に刀など製品を作り出す火造り，第 4 に焼入れ，第 5 に研ぎである．本書では，これらの工程の原理と，それを基に体験できるように述べる．

2023 年 3 月

永田和宏

目　次

第 1 章　鍛冶体験と道具

1-1　包丁つくりツアー

永田式たたら製鉄で作製した鋧で何かできないかという学生たちの希望で，平成元年 8 月に岐阜県関市の大野兼正刀匠の工房に伺い，刀匠の指導で包丁つくりに挑戦することとなった (図 1-1).

鍛冶屋修業の始まりは炭切りである．木炭は，用途に応じて大きさを変えるが，その大きさは揃っていなければならない．炭切り 3 年である．伝統技術は一子相伝の世界である．そう簡単には教えてもらえない．大野氏は私達

図 1-1　包丁つくり

に親切に教えてくれた.

昔は3人の弟子が向槌(むこうづち)(先手(さきて))といって師匠の反対側に並び，槌を金床の中央に正確に打ち下ろし，金床上に置いた真っ赤に加熱した鋼材を鍛造した.現在は，電動のスプリングハンマーを使うので1人でできる.

たたらで作った鉧は粘りがなく炭素濃度にムラがあるので，「鍛錬」を行って靭性を与えるとともに不均質な炭素濃度を細かく分散させる．鉧を厚さ5 mmほどに叩き延ばし，手槌で数cmの大きさに小割したものを手子台と呼ぶ皿の上に10 cm程度積み重ねる．これに藁灰を塗し，泥水を掛け火床(ほど)(鍛冶炉)に入れ，木炭を掛けて加熱する.

しばらくして「沸き花」と呼ぶ細かい白い火花が炎の中に盛んに出るようになる．これが均一に発生する頃を見計らって炉から取り出し，金床の上に置き手槌で軽く叩く．これで積み重ねた鉄片は固着する．「仮付け」という．藁灰の上で転がして塗し，再び火床で加熱する．沸き花の発生状況をみて取りだし，ハンマーで叩き鍛接する．「本付け」という．この一連の操作を「積沸し鍛錬」という.

叩きながら羊羹のように形を整え，延ばす．鍛造である．延ばした鋼の中間に鏨(たがね)で切れ込みを入れて，半分に折る．この時金床に水を打ち，水蒸気爆発を利用して接着面の錆びを取る．ノロ(スラグ)が激しく飛び出すこの作業は圧巻である．半分に折った鋼に泥水を掛け藁灰をまぶして火床で加熱し，沸き花が盛んに出る頃を見計らって取り出し鍛接する．「仮付け」である．再び鋼に藁灰をまぶして泥水を掛け火床で加熱し，鍛接する．「本付け」である．この一連の操作を「折返し鍛錬」と呼ぶ．日本刀作製では10回以上行うが，包丁では約4回行う．鍛接面がきちんと接着していないと，最終製品の表面に疵として出てくる．この作業は何度も練習する必要があり，体で覚える．接合面に硼砂を撒くとかなりきれいに接合する.

折返し鍛錬を経て，鋼を厚さ約2分(6 mm)，幅約1寸(3 cm)程度に延ばす．これを「素延べ」と呼ぶ.

ここから先は，「火造り」と呼んで製品を作る工程である．火造りでは，加熱した鋼の色を見て鍛造しなければならない．もたもたしていると温度が低下し，真っ赤な色が暗赤色になると硬くて鋼は伸びなくなる．素早く鍛造する．火造りで，鋼材の温度が下がるたびに炉に入れ加熱を繰り返していると次第に脱炭して包丁にならなくなる．

鍛冶屋は 11 月 8 日の鞴（ふいご）祭りという神事では，点火はマッチやライターを使わない．尖った鉄棒の先端を素早く鍛造して真っ赤にし，そこから火を採る．

火床の中で風が当たるところに鋼を置けば脱炭する．鍛冶屋は炉内の状況を熟知しているので，羽口の下部に鋼を入れて加熱し，浸炭させてしまう．鍛冶炉の温度の見極めは難しい．場所により温度が異なるのは当然で，羽口の真上が最も温度が高いが，炭が燃焼して大きさが小さくなると風の流れが変わる．また，材料を入れても変わる．温度は不均一である．鋼の形や大きさ板の厚さにより温度上昇速度が異なる．

包丁の先端や刃の部分は薄くなっているので加熱しやすく，炎の中に一部から沸き花が強く出たら失敗である．炭素が抜けるばかりか，鋼のその部分も酸化してなくなっている．鍛冶屋は時々材料を動かし，全体の温度が均一になるよう気配りする．沸き花が薄く均一に出る頃が鍛造のチャンスである．鋼は人を見る．素人は馬鹿にされてしまう．包丁の形を思い浮かべて鍛造しても，形は全く逆の方に行ってしまう．あせればあせるほどあざ笑うが如く不細工な形になってしまう．しかもすぐ冷えてしまう．何度も炉に入れている間に鉄は酸化する．形にはならない．そして最後に放り投げてしまう．鍛冶屋が行うと，鋼は鍛冶屋の想定する形に従順に自ずと変化するようである．練習が大切である．鍛冶技術は温度管理の粋であり，まさに火造りである．

何とか鍛冶屋の助けを得て形ができた後は焼入れである．焼刃土を表面に置き，刃側には薄く，棟側には厚く置く．この境が刃文となって現れる．楽しみな作業である．焼入れ場は暗くしてある．焼入れ温度が重要であり，色で判断する．製品を均一に加熱するため，燃焼させた炭の中を何度も差し込んだり引き出したりして往復させ温度ムラがないようにする．均一に加熱できたら，炉から引き出し，一呼吸置いて一気に水中に焼入れする．取り出して鑢（やすり）で削ってみると鑢が噛まない．うまく焼きが入った証拠である．焼入れ温度が高いと，焼入れした後，数分後に，ピンという音がして刃割れが起こる．刃割れが起こると失敗である．今までの努力が無に帰す瞬間である．焼入れ温度は鋼の炭素濃度によっても異なり，経験と感が重要である．

最後は研ぎである．刃をシャープに出そうとしても，素人は手首が固定しないためどうしてもハマグリ刃になってしまう．センスの良い学生はすぐにうまくなり，髭が剃れると自慢する．

でき上がった自前の包丁を手に持つ感慨は何物にも代え難い．砂鉄から作った鉧の善し悪しが最終製品の包丁のでき具合に反映する．やはり材料はその出自が大切であることがわかる．包丁ツアーに参加した学生が自前の包丁で今も料理をしていると聞く．

包丁作りツアーはその後，八王子市の佐藤重利鍛冶，長野県高根町在住の加藤兼國鍛冶の工房をお借りしたがその後中止した．鍛冶炉を素人が使うと炉を痛めてしまうからである．大学や街中にこのような鍛冶工房があれば教育効果は非常に大きい．そこで，都内新宿弥生町の山崎市弘鍛冶の工房で，切り出しナイフを作らせていただいた (図 1-2)．

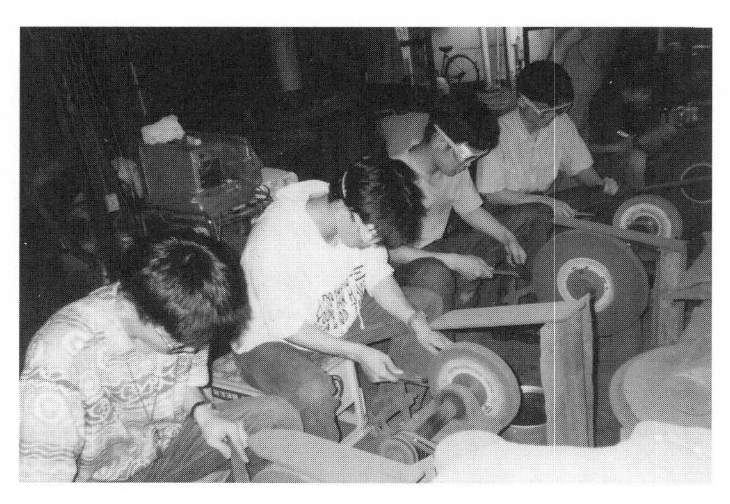

図 1-2　切り出しナイフ作り

1-2　鍛冶工房

1-2-1　鍛冶場の配置

鍛冶職人は右利きと決まっている．鍛冶工房の配置は全て右利きでできている．したがって，左利きの人は職人になるために右利きに直した．図 1-3 に鍛錬風景を示す．

鍛冶工房の配置は次のようになっている．鍛冶職人が座る席を「横座」と呼ぶ．横座の脇に火床がある．火床への送風に使う鞴はピストン型の吹差(ふきさし)鞴(ふいご)で，炉の左側に約 10 度開いて設置してある．鞴と火床の間にはレンガの壁を置いて遮熱している．右手で鍛冶炉に入れた鍛造品を操作し，左手で鞴

図 1-3　鍛錬風景

のピストンを動かす．現在では，吹差鞴にモーター駆動の送風機を繋ぎ送風している．火床の右手には木炭を入れた箕が置いてある．90度右に向くと金床がある．鍛冶炉と金床の間には，藁灰が置かれている．金床の右には水桶があり，その右には泥を入れた壺が並んでいる．

金床の向う側には向槌を持つ弟子（先手）が2～3名並んでおり，親方の指示で槌を金床上に振り下ろす．現在は，弟子の代わりに金床の右手に電動のスプリングハンマーを設置してある．スプリングハンマーを操作するために，ハンマーの前を深さ60 cmほど掘り込んである．工房によっては，全て立って仕事を行うような配置もある．

1-2-2　火床

1）鍛冶屋の火床

大正8年に東京帝国大学日本刀製作所で用いられていた火床を図1-4に示す．炉の形状は，地面に溝を掘り，レンガを張ってその上を粘土で内張りし，深さ1尺（30.3 cm），幅6寸8分（20.6 cm），長さ5尺（151.5 cm）の大きさである．使うのは手前60 cm程度であり，奥は加熱した木炭を一時押しやるスペースとして使う．火床は手前から約40 cmまで傾斜して徐々に落ち込んでいる．

手前約60 cmで炉底から約10 cmの位置に羽口が手前から向かって左に

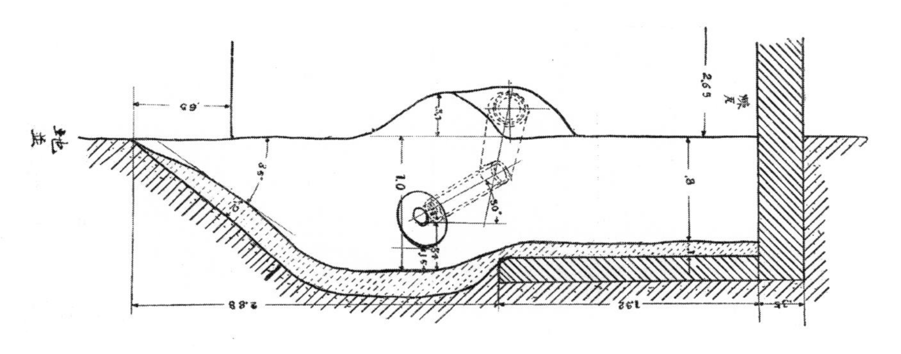

図1-4　東京大学日本刀製作所の火床（大正8年当時）[7]

設置されている．羽口は，炉壁の法線に対して手前に30度，下向きに30度傾いており，風が炉の手前下方向に吹くようになっている．羽口は内径約4 cmの鉄管で壁から約5 cm突き出ており，出ている部分は粘土で椀状に覆って保護している．羽口近傍の両側の壁は約9 cm盛り上げられているので，この位置における壁の上端から羽口までは約30 cmある．

2）永田式鍛冶炉

火床は建築用軽量コンクリートブロックを25個使って簡単に構築できる．図1-5 (a) にその設計図と外観を示す．炉を台車上に設置すると移動に便利である．炉内の幅はブロックの幅19 cmで，奥行きは約60 cm，手子を置く作業台の端から羽口までは約40 cmである．炉の上部は耐熱板を乗せ，焼入れ時は耐火布で炉内を暗くし, 加熱した鋼の色がはっきり見えるようにする．

羽口は内径約4 cmの鉄管で，炉の左壁の中央で手子を置く作業台より約10 cm下に設置し，手前に角度約20度，レンガの断面でできる空間を利用して下向きに約20度斜めに耐火粘土で固定し，風が手前斜め下に吹くようにする．羽口管は炉内に3～4 cm突き出し，先端は耐火粘土で椀状に覆い

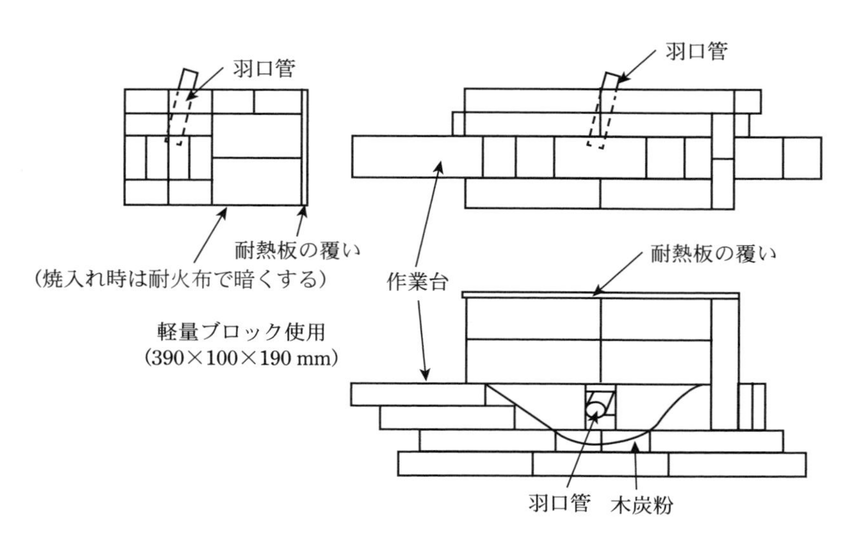

図1-5（a） 永田式鍛冶炉

図 1-5 (b)　野鍛冶と簡易鍛冶炉（右下）．金床の下半分は缶に入れセメントで固め地面に埋めてある．

保護する．送風はたたら製鉄で使うブロワーを利用する．送風管と羽口管の入口の間に隙間を空け，その間に板を入れて送風量を調整する．

図 1-5 (b) は，2005 年 9 月 7 日～ 13 日にスウェーデンのストックホルムにある国立科学技術博物館中庭で行った野鍛冶の写真である．右の鍛冶屋は梶原照雄氏で斧を作っている．向う槌はスウェーデンの学生で，槌を握るのは初めてである．野鍛冶は，農家の庭先などで即席の鍛冶設備を作り，農具の修理や製作を行った．写真右下の鍛冶炉はレンガで仕切った簡単な炉である．その右に吹差鞴が見える．

1-3　道具

1-3-1　鞴（ふいご）

ブロワーを使うことができるが送風の急な強弱の変化ができない．吹差鞴は，図 1-6 に示すように木製の箱に入ったピストンを前後に押し引きして空

図 1-6　吹差鞴

気を羽口に送り出す送風機で，急な強弱の送風ができる．

鞴には様々な大きさがあるが鍛冶で使う一般的な大きさを示すと，内法で幅 1 尺 (30 cm)，高さ 2 尺，奥行き 4 尺の箱で厚さ 2 分 (6 mm) の杉材の板で作られている．箱の天井は蓋になっており手入れができる．

箱の長手方向に直角にピストン板が設置してあり，板の縁には気密と滑りを良くするため和紙やタヌキの皮が張ってある．箱の底にはガラス板が敷かれ，さらに滑りを良くするため側面の板の内側にイボタロウを塗布する．イボタはモクセイ科の落葉低木であるが，このロウはこの木に寄生するイボタロウカイガラムシの分泌物である．

箱は風圧で膨らむため，箱の側板はわずかに内側に湾曲させてある．ピストンには把手(とって)付きの直径約 1 寸 (3 cm) の樫の柄が付いており左手で差引きして動かす．箱の手前と反対側の板の上部に四角の穴があり内側に弁の板が下げてある．また，長手方向右側の側板下部の両端近傍にも四角の穴がありその外側に弁が下げてある．ピストンを差吹きすると右側の側板下部の穴から交互に空気が吐き出される．空気は右側の側板下部の外側の箱に集められ，その箱の右側中央に開けられた穴から脈動の風となって吹き出す．ピストンの可動範囲は約 3 尺 (90 cm) である．

吹出しの穴には桐材の筒が嵌め込まれており，その先に鉄パイプが火床まで差し込まれ羽口になっている．桐は非常に燃え難く，鞴への延焼防止の役割をしている．この燃え難さのためタンスには桐材が使われている．

送風方法は，一定の風を送るため一定の速度でピストンを動かす．したがって，ピストンの動きを反転させる時は素早く押し引きを変化させる．このため，弁が瞬時に動くので，パタンという小気味良い音がする．鞴は，送風の強弱を容易に調整でき，瞬時に強く吹くこともできる．電動ブロワーではこの調整ができない．現代の送風方法は，鞴に加えて火床の羽口管に枝管で電動ブロワーを接続して送風している．これは時間を掛けて加熱する場合に使い，鍛冶作業をする前には鞴に切り替えて送風を細かく調整する．

1-3-2　金床

金床 (金敷) は幅約 25 cm, 奥行き約 10 cm, 高さ約 50 cm の下が少し広がった直方体の炭素鋼で，金床の下部の約 25 cm は底に玉石などを敷いた土中に埋め込まれており，地上には約 25 cm 出ている．金床の表面は平らで，常に平面が出るようにグラインダーや砥石で研磨する．前後の角は 90 度になっており，左右の両端は少し斜めに下がっている．

金床は市販のアンビルが使え，これを地面に置く．しかし，軽いと金槌で叩いたとき反動で動くので，大きく重い 30 ～ 40 kg のものが良い．ただし動かすのが大変である．

1-3-3　金槌

図 1-7 に金槌の一種の手槌（てづち）(小槌) と向槌（むこうづち）(大槌) を示す．頭部分は炭素工具鋼で，柄はタモの木や樫が使われる．タモは広葉樹の中でも比較的硬く，反発力があるのでバットやボートのオール，ホッケーのスティック等に使

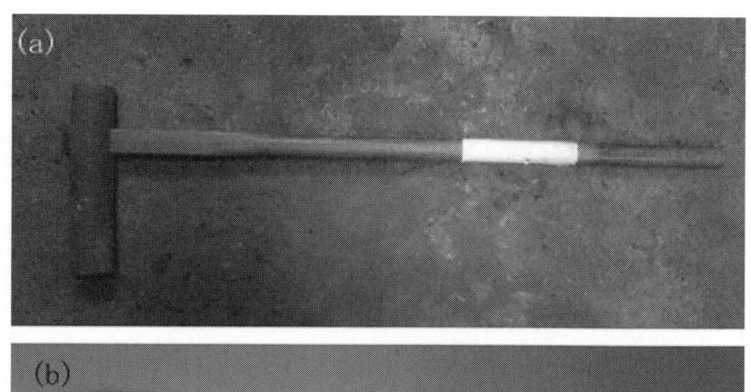

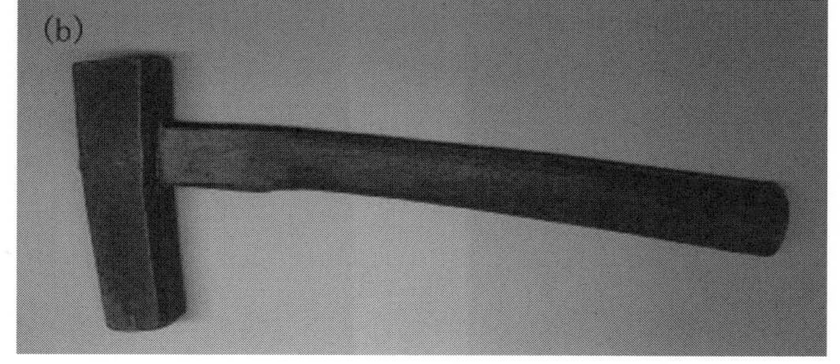

図 1-7　金槌，(a) 向槌，(b) 手槌

われている．さらに乾燥しにくい特徴もある．手槌の柄の長さは約 1 尺 (30 cm) で，金槌の頭の上約 3 分の 1 辺りに差し込んであり，槌と柄の角度は楔を打ち込んで少し金槌が内向きになっている．柄自身も少し曲線を描いている．頭の打撃面は平らで焼きが入れてある．写真の手槌の重量は 1 kg である．手槌には打撃面が少し凸状になっているものと，平面になっているものがある．前者は鋼材を延ばすときに用い，後者は表面を平らにする場合に用いる．

鍛錬に使う向槌の金槌の頭は 6 kg あるいは 8 kg の重量があり，長さ約 3 尺 (90 cm) の真直ぐな柄が金槌の頭の上部約 4 分の 1 辺りに直角に差し込んである．これらの金槌の柄の位置は金槌の頭の重心が柄の下に来るため金槌が金床に直角に安定して落ちる．

市販の金槌を使うことができる．大きいハンマーは重量 7 ～ 8 kg を 2 本用意し，鍛錬に使う．重いほど良いが，体力に合わせた重さのハンマーを選ぶ．スプリングハンマーが使える場合は 1 本あれば良い．小さいハンマーは約 1 kg のもので火造りに用いる．

金床の平面に置かれた鋼材を手槌の平らな面で打つ．少しでも斜めにずれると鋼材に傷が付く．槌は打った反動で持ちあがるので，平面で打つと垂直に持ち上がる．しかし槌の角で打つと斜めに持ち上がるのでますます平面で打つことが難しくなる．脇を締め，肘を中心に上下に振るが，この打ち方は訓練が必要である．うまく平面で打つとパンという乾いた音がする．

向槌を振り下ろして鍛錬する場合は，2 ～ 3 人の先手が 2 丁掛けや 3 丁掛

図 1-8　電動スプリングハンマー

けで行う．次の向槌が振り下ろされるのに邪魔にならないよう金床の中心に振り下ろした向槌は，すぐに手前に引き，柄の端を太ももに当てて垂直に立て，頭上に真直ぐ持ち上げて金槌の頭の重さで振り下ろす．落とすという感じである．先手の足は金床に向かって前後に開き，腰は上下に円を描くように動く．

金床の面に置かれた鋼材を金槌の平面で打つため，振り下ろした向槌の高さをあらかじめ決めておく．平面で打つとキンという金属音がする．向槌の音は一定の間隔でリズミカルに響く．槌の音は鍛冶の手槌の音を入れて，2丁掛けの場合は3拍子になる．鍛冶は鋼材の打ちたい場所を常に金床の中央に置くように鋼材を動かす．先手は常に金床の中央を打たねばならない．しかし，慣れないと鋼材を追いかけてしまう．

現在は，電動のスプリングハンマー（図 1-8）やエアーハンマーが使われているので先手は必ずしも必要でない．

1-3-4　箸(はし)

箸は加熱した鉧や鋼材を掴むために使う．鋏(はさみ)のように要(かなめ)があり鋲で止めてある．掴む材料の形態に応じて挟む口の形状を変えてある．鉧塊を掴む箸は「玉箸」と呼び，口はO型をしている．小物を掴む箸は「平箸」と呼び，アヒルの嘴のような形をしている．素延べの細長い鋼板を掴む箸を「箱箸」と呼び，一方の口は両側に5 mmほどの壁を立て，箱型にする．その幅は掴む鋼板の幅に合わせる．もう一方は，平箸と同じに作り，口の幅は箱の幅に合

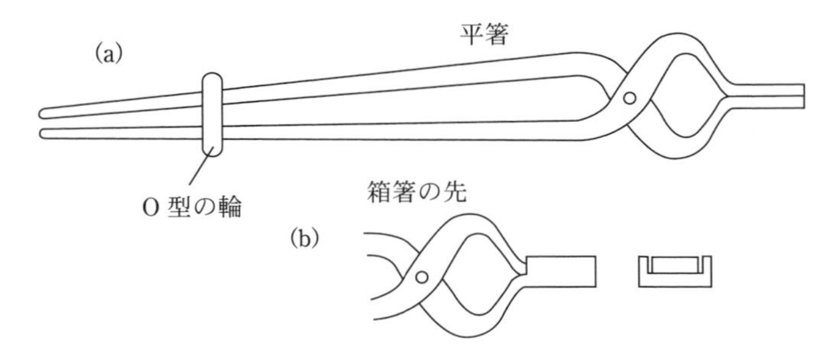

図 1-9　箸，(a) 平箸，(b) 箱箸

わせる.

箸の材料は，長さ約 50 cm，直径約 10 mm 程度の普通鋼の棒鋼を 2 本用意する．最初加熱しながら把手部分を手元に向かって次第に細くし，端は直径 5 mm 位にする．棒鋼を延ばす方法は，まず角材にして，金床の角を利用して延ばす．角材を赤黄色に加熱し，金床上で 90 度にひねりながら交互に手槌で打って延ばす．和釘の製造と同じである．所定の太さになったら角を打って丸棒に成形する．火箸を作る要領も同じである．次に図 1-9 に示す口の部分を鍛造して所定の形にする．箸の対の要部分は平らにし，中心に穴を開け，鋲で止める．穴は直径約 5 mm で，加熱してポンチで叩いて開ける．この方法で穴を開けると鋼が押し除けられて要部分を厚くすることができる．要の鋲も直径 5 mm ほどの棒鋼を使う．一方の端を赤熱して金床上に立てて槌で叩いて端を広げ，所定の長さに切って加熱し，要の穴に入れ手槌で叩き鋲とする.

鋼材を確実に掴むために，数 mm 径の線材で O 型の輪を作り，これを把手部分に差し込んで鋼材を固定する.

市販の箸（鉄ヤットコ鋏）を使うことができるが，使用目的に合わせて加工する必要がある.

炭をかき寄せる灰掻き棒も便利である.

1-3-5 鏨（たがね）

加熱した鋼材を切る鉈（なた）である．刃の部分は自動車のスプリングを使うと良い．刃は長さ約 10 cm，厚さ約 1 cm で両刃にする．これに直径約 1 cm の普通鋼の棒鋼を溶接し把手にする．市販では平鏨（たがね）がある.

1-3-6 銑（せん）と鑢（やすり）

銑は片刃で，刃側にわずか湾曲している（図 1-10）．両縁に刃がある．両端に取っ手があり，両手で持って手前に引きながら刃を立てて表面を削り平面を出す．平鑢はさらに刃物の平面を削り出すときに使う.

鑢を使う時は，右手で把手を持ち人差し指を鑢の平面に当て，鑢の先端に左手の親指を軽く当てて押さえ，脇を締め研削面の角度を固定する．そして体を動かすようにして鑢を前後に移動させる．研磨は鑢を押す時に行う．鑢

図 1-10　刀身の表面を削る道具の鏟（せん）と台

が少しでも上下に振れると平面が出ない．

電動のベルトサンダーを用いることもできる．

1-4　木炭と融剤

1-4-1　木炭

現在は，ほとんど松炭を用いている．本来は，栗炭である．栗材は伐採して 2 年ほど雨に曝し，地面に掘った穴で土を掛けて焼く「伏せ焼き」で作られた．栗炭は火力が強く平均しており，火床を使わない時は自然に火が消えるので木炭を消耗しない．また，クヌギやコナラ，クリなどの雑炭も使える．カシ等の堅く重い炭は燃焼速度が遅いので火持ちが良く木炭表面の温度は高くなるが，炎の温度は上がらないので使えない．

鍛冶用の木炭は，木製の炭切り台の上で 3 ～ 5 cm 角程度に切る．この時，鉈で炭を木目に沿って割り，台の上で切り揃える．木炭を台の角に接触させ，その接点上に鉈を振り下ろすと，タンという響きのある音がして割れるように切れる．炭を動かしながらリズミカルに切る．こうすると粉炭の発生が少なく経済的である．

焼入れ用の炭は1 cm 角程度に切る．

1-4-2　融剤

積み上げた鋼の塊を藁灰で塗し泥を掛けて火床に入れ，木炭の燃焼で加熱する．この時，鋼と鋼の間に硼砂を撒くと鍛接が確実になる．この他にも硼砂に鉄粉を混ぜた鉄蝋（てつろう）を融剤として用いるとさらに鍛接が容易になる．

藁灰の作り方は，藁の束を鉄の棒で持ち上げて燃焼させる．藁は勢い良く燃え，黒くなったところで下ろすと藁の茎の形を保ったまま自然に鎮火しする．この黒い灰を藁灰として使う．「アク」と呼んでいる．

泥は細かい粉末状の粘土を水に懸濁させる．ベントナイトを用いると良い．ベントナイトは水に懸濁させると安定なコロイドを作り粘性がでる．火床で焼くと吸着性があるので鉄塊に接着し包み込む．したがって，表面だけが加熱して沸き花が立つことを防ぎ，鋼塊の心（しん）(中) まで均一に加熱できる．

硼砂は鋼の鍛接界面に撒くと表面の錆びである FeO を溶解し，除去するので鍛接をきれいにできる．

鉄蝋は硼砂や酸化ホウ素および鑢の削り屑などの鉄粉を混合したもので，900℃程度の低い温度でも簡単に鍛接できる．

第 2 章　銑と鉧

2-1　銑と鉧の処理

2-1-1　銑

たたら製鉄では，火入れから 8 〜 10 時間後に銑鉄が流れ始め，次第に流量が増加する．33 時間後までには約 300 貫 (1125 kg) になる．これは流銑（ながしずく）で，無数の CO ガス気泡を含むため「蜂目銑」と呼ばれ，粘り気のある極優良の低リン濃度の白銑である．約 70 時間後には，炉を解体し，鉧塊を取り出す．この時，流出しなかった銑鉄を裏銑（うらずく）と呼び，炉底に溜っている．裏銑は長い間灰床すなわち木炭に接していたので気泡は抜けている．これを「氷目銑」と呼び，蜂目銑と比べるとリン濃度が高く品質が劣る．炉を解体する前に裏銑を湯路から流し出し 200 貫 (750 kg) に達することもあるが，鉧塊を取り出した炉床にも 20 〜 30 貫 (75 〜 112.5 kg) が溜っている．

これらの組成を表 2-1 に示す．いずれもシリコン濃度が低く白銑（はくせん）である．この中で，リン濃度が高い広島鉄山製の銑鉄は山陽で採取されるリン分の多い赤目砂鉄を原料にしており，また，石見産の銑鉄は使用した浜砂鉄にリン分が多く含まれることによる．伯耆産近藤たたらによる除燐銑とは，鳥取県日野郡菅福や印賀などのたたらで明治 40 年頃から行われた「溜吹法（ためぶきほう）」と呼ばれた方法で作られた銑鉄である．通常の銑鉄製造法である銑押しと同じ操

表 2-1　たたら製鉄による銑の成分 (mass%) [32]

産地	たたら炉	C	Si	Mn	P	S	Ti	備考
出雲	田部	4.46	0.15	0.19	0.043	0.003	—	
石見	米原	3.63	—	—	0.1	0.003	—	
伯耆	砺波	3.61	0.03	0.01	0.033	0.010	—	
安芸	広島鉄山	3.80	—	—	0.15	0.020	0.12	
伯耆	近藤	3.22	0.18	0.049	0.009	0.018	—	除燐銑

業方法であるが，炉底の窪みを通常の約5倍に大きくして溶融鉄滓を溜め，その厚い層を溶銑が通過する間に不純物のリンを除去した．従来は2, 3時間ごとに頻繁に出銑するが，溜吹法では10時間おきに出銑した．操業温度が1350～1400℃程度と低く，鉄滓の主成分がファイヤライト組成で鉄と平衡する酸素分圧に近いので，脱リンには効果的な方法である．

炉を解体して，鉧塊を丸太の上に乗せて高殿から外に引き出す．この時，鉧塊の底に付着している銑鉄を鉧銑（けらずく）と呼び，品質は裏銑と同じである．

2-1-2　鉧

鉧塊の重量は約1500 kgあり，蒲鉾を2本並べた形で中央が凹み，両側が膨らんでいる．この膨らみの中に優良な鋼である玉鋼が含まれている．銑鉄と鉧塊を合わせると約3000 kgで，銑鉧半々である．

この鉧塊を空冷したものを火鋼（ひはがね）と呼び，鉄池（かないけ）に投入して水冷したものを水鋼（みずはがね）と称した．火鋼は播州の千種鋼から始まり途絶えた後，伯耆の印賀鉧（はがね）として広まり出雲産も印賀鉧と呼ばれた．一方，水鋼は石州で造られ出羽鉧と呼ばれた．冷却方法により鋼がこのように区別されていたが，たたら場では両方ができるよう鉄池を必ず備えていた．

2-1-3　破砕

大銅場では，櫓（やぐら）の頂上に設けた滑車で角柱形に鋳込んだ約1000 kgの白銑鋳物製の錘（銅）を水車動力で吊上げて，鉧塊の上に落とし荒割りして人頭大の大きさの10～15貫(38～56 kg)の塊に分けた．これを元小屋の小銅場で450 kgの錘あるいは300 kgの錘を櫓から落として割り，さらに金槌で100～200匁（もんめ）(380～760 g)の小塊に割った．小銅場では足踏車の軸に縄を巻きつけ人力で引上げた．足踏車はリス籠の形をしており，中に人が入って踏み回した．金槌でノロ等を削り取り，炭素濃度や破面の状態を観察して等級に分類した．

このようにして，蜂目銑1200～1300 kg，裏銑約300 kg，玉鋼600～1000 kg，歩鉧（ぶけら）(歩物（ぶもの）)約700 kg，砂味（じゃみ）(作粉（つくりこ）)約200 kgが採れた．玉鋼のうち日本刀の材料になる部分は約200 kgであった．

江戸後期に書かれた技術書である『鉄山必要記事』[6]によれば，炉を解体した後，鉧塊が炉底で加熱状態にあるうちに田の字に鏨(たがね)で4分割し，これらを引き出して空冷した．1分割分の鉧塊を金槌で叩いて小割りし，鋼にならない部分を折り取ると約100貫目(375 kg)になる．これを鍛冶屋で1日で処理した．まず火床で木炭を燃焼してこの鋼塊を加熱し，金床上で4人掛けで槌打ちして角材にしながら切り落とし断面を約3寸×4寸(9×12 cm)にした．これを火床で飴色より少し赤くなるまで加熱し，流水中に投げ込んで急冷した．これにより角材にひびが入る．これを折り台に乗せ玄翁(げんのう)で打ち折った．折った鉄片は熱湯中で茹で破面が錆びないようにした．最後に鉄片を板の上で乾燥した．この工程での歩留まりは92～95％であった．90％を切るようでは頭の大工は失格であった．これら鋼塊を「延鋧(のべはがね)」と呼んだ．

この処理で折れない鉧は，約40貫(150 kg)の重量物(銅)を落として割った．銅の下部を藤葛で縛り，そこに付けた12本の引き綱(下手緒)を12人掛りで引き人力で吊り上げた．さらに上部を藤葛で縛り，そこに付けた細く長い藤縄(上手緒)を引き綱の外で4人が4方向から引張って銅の上下移動を安定させた．折座は「はまり」と呼んだ．40貫ほどの2個の鉧塊の不良品を向い合わせ，その間に処理する鉧を橋渡しに乗せ，繰り返し銅を落とした．この方法を「太上折(だじょうおり)」と呼んだ．この他，重さ約30貫(113 kg)の銅で割る「刎木折(はきおり)」があった．それでも割れないような大塊は大鋧(おおはがね)と称して出荷した．

2-2　鋼の分類と玉鋼の性質

2-2-1　鋼の仕分け

江戸後期の鋼塊の見分け方では，伯耆の印賀鋧について「色がギラギラと白く，目の具合がしまって堅く，しかも目が細かくて「塩目」のものを上とし，黄ばんでいるかあるいは組織が荒く見えるものは全く役に立たない」と評価した.伯耆の二部谷鋧も同様であり「色は少しよどんでいる」としている.鋼塊のうち,100目(匁)以上500目(375～1875 g)のものを「頃物」と呼び,100目以下の片を「目白(めじろ)」,親指大で外見の綺麗なものは「豆白目」と称した.そして鋼の品質と大きさに応じて，上，中，下，大，小に分類した．しかし，これらの呼び名は統一されておらず，様々な名称が使われていた．

明治期には，砺波鑪で造られ大銅場で割られた 300 kg 程度の「荒折」と称する鋼塊は，ノロや銑を落としてただちに呉海軍工廠等に送り酸性平炉鋼の原料に使われた．小銅場で砕いた鋼塊を「ヒジキ」と称し，その表面をきれいに削った物を「ツムギ」と呼び，鋼仲買商に売った．仲買商はさらに小割して販売した．この時，内部に不良の部分（ノロ噛み）があるものや炭素濃度の低い部分は「コロ」と称して販売した．鋼の名称は重量で区別されており，大中（角折）は 1.5 ～ 3.75 kg，中折は 1.13 kg，小中折は 0.56 ～ 0.75 kg，目白は 0.56 kg 以下である．品質に応じて値段が付けられていたが，目白はさらに白梅，極白梅，本白梅と等級づけられていた．

一方，出雲の布部村では，コロが 1.9 ～ 15 kg，角中が 0.8 ～ 1.5 kg，中折が 0.4 ～ 0.8 kg，小中折が 0.2 ～ 0.4 kg，目白が 0.2 kg 以下となっており，角中が一番高価である．

出雲の田部家では鋼１号，鋼２号，鋼３号であるが，伯耆の近藤家では玉鋼，白鋼，鋼，頃鋼である．これらの他に銑がある．この中で頃鋼は炭素分が低く靭性に富むため破砕が困難なので 10 kg 程度の塊のまま市場に出した．これら以外の炭素濃度が低くノロを噛んでいる質の悪い鋼は歩鉧と呼ばれて大鍛冶の原料にされた．銑は鋳物の他，歩鉧とともに大鍛冶に送って包丁鉄にした．砂味は染料すなわち御歯黒染の原料に使用された．

現在，日本美術刀剣保存協会の分類は品質で行われている．玉鋼（1 級から 3 級），目白，歩鉧である．「玉鋼」は結晶性の良い不純物の少ない部分で，炭素濃度で等級が分けられている．1 級は 1.0 ～ 1.5 mass％ C で破面が均質である．2 級は 0.5 ～ 1.2 mass％ C，3 級は 0.2 ～ 1.0 mass％ C である．「目白」は玉鋼 1 級品の大きさが 2 cm 以下の小粒のもの，「銅下」は玉鋼 2 級品の大きさが 2 cm 以下の小粒のもの，「歩鉧」はノロや木炭を噛み込んだ鋼である．「鉧銑」は鉧塊下部に付着し炭素濃度 1.7 mass％ C 以上のものである．

2-2-2 玉鋼

表 2-2 に玉鋼の成分を示した．和鋼の炭素濃度は伯耆の近藤喜八郎による頃鋼の 1.84 mass％から出雲叢雲鑪の鉧の 0.70 mass％と幅があるが，平均 1.27

表 2-2 明治から大正にかけて造られた玉鋼の成分組成（mass%）[8)]

種別	C	Si	Mn	P	S	Cu か Ti
伯耆　砺波鑪　鋼最上	1.33	0.04	Trace	0.014	0.006	Ti Trace
同　　　玉鋼（軟質）	0.89	0.04	Trace	0.008	Trace	Ti Trace
出雲　菅谷鑪　玉鋼	1.30	0.05	0.04	0.015	Trace	—
同	1.30	0.03	0.02	0.009	なし	—
同	1.10	0.01	0.02	0.005	なし	—
同	0.75	0.04	Trace	0.019	なし	—
同	1.65	0.01	Trace	0.020	0.009	—
同	1.48	0.01	Trace	0.016	Trace	—
同	1.23	0.01	Trace	0.009	Trace	—
同	1.13	0.02	Trace	0.011	Trace	—
出雲鋼 2 号（田部長右衛門）	1.44	0.011	Trace	0.018	Trace	Trace
同　金日印 3 号（同上）	1.48	0.021	Trace	0.016	Trace	Trace
同　金天印 8 号（同上）	1.49	0.024	Trace	0.017	Trace	Trace
出雲鋼（桜井三郎右衛門）	1.15	0.023	Trace	0.018	Trace	Trace
同　鉧 8 号（同上）	1.02	0.021	Trace	0.040	Trace	Trace
伯耆水鋼（清水権四郎）	1.54	0.018	Trace	0.017	Trace	Trace
同　火鋼	1.49	0.022	Trace	0.016	Trace	Trace
同　白鋼（近藤喜八郎）	1.43	0.022	Trace	0.011	Trace	Trace
同	1.10	0.019	Trace	0.018	Trace	Trace
同　頃鋼	1.84	0.021	Trace	0.021	0.006	Trace
同　玉鋼	1.23	0.010	Trace	0.009	Trace	Trace
火鋼（杉原吉弥）	1.55	0.006	Trace	0.019	Trace	Trace
水鋼（同上）	1.43	0.024	Trace	0.024	Trace	Trace
出雲　叢雲鑪　鉧	1.53	0.18	なし	0.010	0.005	Trace
同	1.21	0.06	Trace	0.015	0.006	Trace
同	0.70	0.28	Trace	0.018	0.004	Trace

mass％で高炭素鋼である．不純物は非常に少なく，特にリンと硫黄の濃度がそれぞれ 0.01 と 0.005 mass％と低く刃物用に適している．シリコンは 0.05 mass％，マンガンとチタン，銅は痕跡程度である．また，表 2-3 に日刀保たたらと鉄鋼協会の復元たたらの玉鋼の成分組成を示した．昭和 52 年に復元した日刀保たたらでは操業全てで真砂砂鉄を用いており，昭和 55 年に操業の初期工程で籠り砂鉄を用いた．いずれも玉鋼の 1 級品の炭素濃度は表 2-2 の炭素濃度に相当している．しかし，リン濃度が 0.025 と 0.057 mass％と高くなっている．

図2-1に日刀保たたらの玉鋼1級品を示す．大きさは5 cmほどで，目白である．よく締まっており，ノロ噛みも空洞も見当たらない．鉄の結晶粒が1 mm程度に成長している．日刀保たたらで籠り期に籠り砂鉄を使った場合と真砂砂鉄だけを使った場合の玉鋼と銑の成分組成を表2-3に，玉鋼に現れる金属組織を図2-2に示す．1級はいずれも炭素の過共析領域にありパーライト（炭素濃度0.77 mass％）地に初析セメンタイト（Fe_3C）相が棒状に成長している．籠り砂鉄を使った玉鋼の2級は炭素濃度がパーライトより高い過共析領域にあり，パーライト組織とネット状および棒状の初析セメンタイト相が生成している．3級はともに亜共析領域にあり，パーライト組織と発達したフェライト組織からなっている．

籠り砂鉄を使用した場合は，炭素濃度の高い1級品の収量が多く，リンと硫黄の濃度も低くなる．また，セメンタイト相が粒界によく成長している．昭和19年まで行われた靖国鑪等では銑鉧半々の生産であったが，日刀保たたらでは銑はほとんど造られていない．この違いが玉鋼の炭素やリンの濃度に影響を及ぼしている可能性がある．

表2-3　日刀保たたらと砺波鑪，價谷鑪，鉄鋼協会復元たたらの玉鋼と銑の組成（mass％）

砂鉄	鋼	C	Si	Mn	P	S	Ni	Cr	Mo	V	Co	Cu
籠り砂鉄と真砂砂鉄	1級	1.42	0.01	<0.01	0.025	0.004	0.01	0.02	0.03	0.01	0.02	0.01
	2級	1.19	0.02	<0.01	0.025	0.005	0.01	0.02	0.02	0.01	0.02	0.01
	3級	0.60	0.02	<0.01	0.025	0.005	0.01	0.01	0.02	0.01	0.01	0.01
真砂製鉄	1級	1.30	0.02	0.01	0.057	0.012	0.01	0.01		0.01		0.01
	2級	0.44	0.02	0.01	0.057	0.018	0.01	0.01		0.01		0.01
	3級	0.19	0.31	0.01	0.021	0.004	<0.01	0.01		0.01		0.01
砥波鑪	最上	1.33	0.04	tr.	0.014	0.006						
	玉鋼	0.89	0.04	tr.	0.008	tr.						
	銑（上り）	3.61	0.03	0.01	0.033	0.01						
	銑（下り）	3.55	0.02	tr.	0.043	0.01						
價谷鑪	ヤリキリ銑	3.63	tr.	tr.	0.10	0.003				なし		tr.
鉄鋼協会（2代）	鉧	0.80	0.02	0.003	0.035	tr.						
	銑（籠り）	3.58	0.0006	tr.	0.117	tr.						
	銑（上り）	3.21	0.0015	tr.	0.044	tr.						

図 2-1　日刀保たたらの玉鋼１級品（目白）

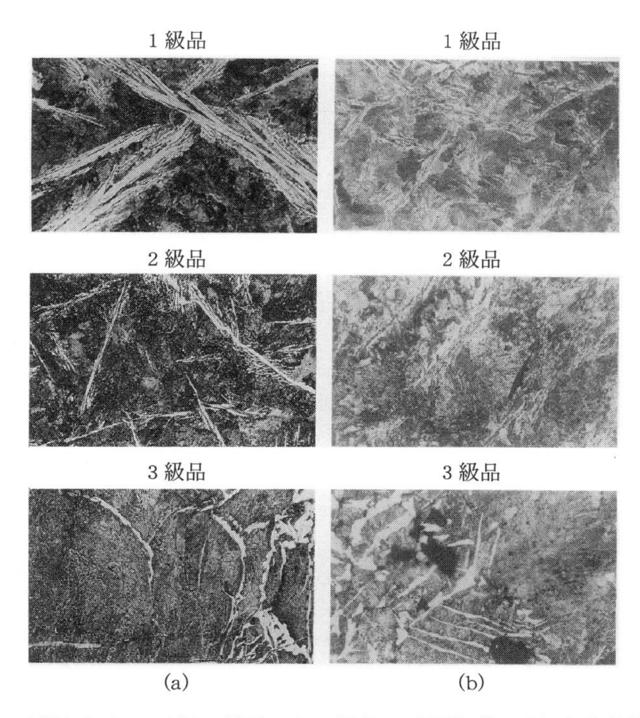

図 2-2　日刀保たたらの玉鋼１級品から３級品の金属組織，(a) 真砂砂鉄鑿を使用した場合 (1890 年操業)，(b) 操業初期に籠り砂鉄を用いた場合 (1979 年操業)，黒い部分：パーライト，白い部分：1 級品と 2 級品は初析セメンタイト，3 級品は初析フェライト (約 24 倍)

2-3　小型たたら炉による鉧の状態

筆者が開発した小型たたら炉で生成した鉧を図2-3に示す．空洞が多くありノロも噛んでいる．結晶粒は非常に細かい．日刀保たたらの玉鋼は約70時間炉中にあるため，良く締まり結晶粒も大きく成長する．小型たたら炉では2時間程度で20 kgの砂鉄から5 kg程度の鉧を生成するので，空洞が残り結晶粒も細かくなる．また，小型たたら炉の鉧は，炭素濃度が不均質で平均炭素濃度が1.22 mass％の鉧塊で上部が1.77 mass％で下部が0.91 mass％と0.86 mass％の差がある．このような鉧を加熱すると，炭素濃度の高い部分ではセメンタイト相が多く生成するので，この部分の液相が増加し，鉧を纏めようとすると崩れる場合がある．

2-4　和鋼の取扱い方法

たたら製鉄で製造された鋼は炭素濃度の不均質な鋼塊である．これを火床で加熱し金床上で金槌で鍛造して直方体に纏める．玉鋼や鉧塊を藁灰で塗し，

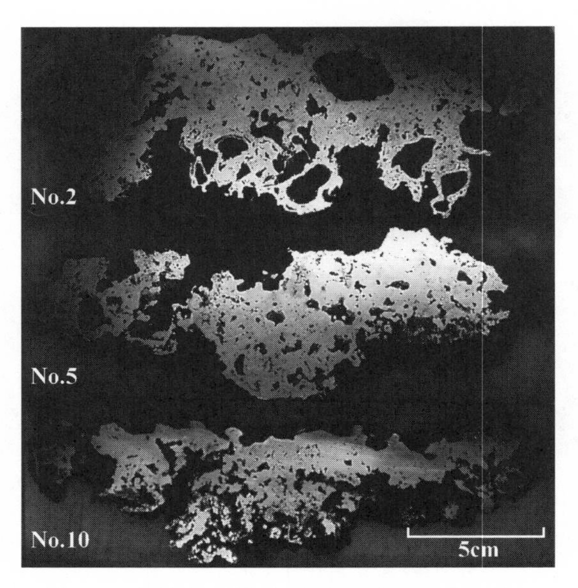

図2-3　永田式小型たたら炉で製造した鉧の断面

細かい沸き花が鋼塊から均等に出る時を合図に火床から取り出し鍛造する．この時の温度は鋼塊の一部に液相が出始める状態である．例えば，平均炭素濃度が 1 mass％の鉧塊の場合，1350℃で液相が出る．炭素濃度は不均質で高炭素の部分もあるのでさらに低い温度で沸き花が発生し始める．特に銑や銑を含む鉧，あるいは銑気が多い高炭素鋼の場合は，例えば 3.0 mass％の炭素濃度の銑を加熱すると 1154℃で共晶点の 4.26 mass％炭素濃度の液相が晶出するので, 1100℃近傍で非常に軟らかくなる．したがって, 鍛造は強く打ってはいけない．丸くまとめるには，塊の突き出ている部分を抑えるように鍛造する．裂け目がある場合には硼砂を撒いて沸き花が強く出る程度にまで加熱し鍛接する．このまとめる操作では玉鋼塊や鉧塊は可塑性のある粘土のような挙動をするので，あまり左右上下からの変形を多く行うと，かえって割れが発生し崩壊することがある．なるべく少ない回数の鍛造で手早くまとめる．小型たたら炉や卸し炉で造られた鉧塊は皿のようになっている場合が多く，まとめるのに特に注意を要する．また，ノロ噛みが多く，火床の羽口下にノロが溜るので，1 つの塊を処理したら直ちに掃除をする必要がある．

2-5　玉潰し

炭素濃度が異なると液相を生成する温度が場所により異なり，鋼塊をまとめ，あるいは鍛接する場合に崩れ落ちることがある．したがって，まず鋼塊を炭素濃度が高い部分と低い部分に分類する．特に日本刀作製では皮鉄（かわがね）にする鋼材の炭素濃度は 1.0 ～ 1.5 mass％が必要で，その炭素濃度の濃淡の差を 0.1 mass％程度に揃えると刀の表面に現れる模様（地肌）を技巧的でなく自然な形で表すことができるといわれている．そこで鋼塊片を大きく 2 つに分類する．

まず塊の色が均一に黄色（約 1100℃）になるよう時々向きを変えて加熱する．これを金床上で大槌あるいはスプリングハンマーで厚さ約 5 mm の鋼板に潰す．表面の色が暗い赤色になると急に硬くなるので鍛造を止める．再加熱と鍛造を繰り返し，厚みを 5 mm 程度にする（図 2-4）．最後に全体が赤色になる状態（760 ～ 780℃）に加熱し，これを水中に投じ急冷して焼きを入れ

図 2-4　玉潰し

る．これを金床上で，手槌で破砕し 3 ～ 4 cm の大きさにする．

炭素濃度の不均質さが大きい鉧を潰す場合は，鋼塊の中の炭素濃度の高いところは軟らかくなっており 1148℃を越すと液相が生成するので，強く叩くと飛び散ってしまう．玉鋼や卸し鉄は炭素濃度の不均質さがある程度小さくなっているので潰しやすい．

2-6　炭素濃度の見分け方

潰した鋼板を小片に割る時，破面が直角(四角)に割れる部分は炭素濃度が高い部類に入れ，割れないで粘る部分は炭素濃度が低い部類に分類する．炭素濃度 0.77 mass％以上の過共析鋼は上記の焼入れにより硬く脆くなるので破面が四角に割れる．この鋼板を黄色になる高い温度から焼入れると十分硬化しない．

しかし，この方法では炭素濃度はわからない．簡便な炭素濃度測定法として「火花試験」があり，JIS で規格化されている(JIS G0566)．この方法では，グラインダーに鋼試料を押しつけ，発生する火花の形，色および量が鋼中の炭素濃度と関係づけられている．試料をグラインダーに押しつける圧力は，火花が約 50 cm 飛ぶ程度にする．この火花は合金成分によっても異なるため，ハンドブックと標準試料が市販されている．炭素濃度が 0.1 mass％以下の場合は，線状の火花が発生するが，炭素濃度が増加すると火花の量が増加しさらにその線状の火花に花のような破裂が入るようになる．さらに炭素濃度が増すとさらに火花の量が増え，火花に枝分かれが生じてその枝にも花状の破裂を生成する．銑は火花が箒状に発生する．図 2-5 に火花試験における鋼材の炭素濃度と火花の状態を示した．しかし，この方法による炭素濃度の見極めには熟練を要する．鉄線の先端をバーナーなどで加熱する場合でも FeO の融体が生成し表面を覆うと火花が出始める．

正確な炭素濃度は化学分析によらねばならない．炭素濃度分析は，あらかじめ質量を測定した鋼試料に助燃剤として金属スズ粒を混入して磁器ルツボ中に入れ，酸素ガス中で約 1200℃に加熱し，酸化・溶融して炭素を炭酸ガスにする．加熱は，急速加熱冷却ができる高周波誘導炉が使われる．そして，反応ガス中に含まれている炭酸ガスの全容積を測定し，炭素の質量に換算する．炭酸ガスの全容積を測定する方法に 3 通りある．一つは，オルザット法である．図 2-6 にその装置を示す．全ての炭酸ガスを含む反応ガスを水酸化カリウム溶液（33％）に通して炭酸ガスを吸収させる．減少した体積は

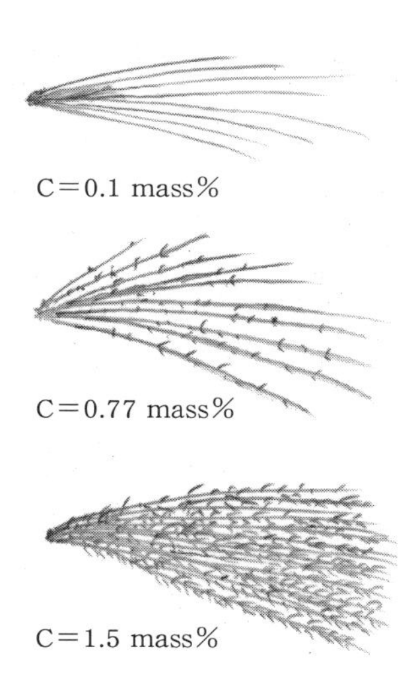

図 2-5　火花試験　火花の形と炭素濃度

炭酸ガスの体積なのでこれをV_{CO_2}とすると炭素の質量は$m_C=12PV_{CO_2}/\{8.314(t+273.16)\}$で計算できる．ここで$P$は大気圧で1気圧であれば0.1013 MPaである．気圧計があればそれで測定する．tは室温である．鋼試料の質量をm_{Fe}とすると，炭素濃度は，mass% C$=100m_C/m_{Fe}$で表される．

次に，全ての炭酸ガスを0.01 N水酸化ナトリウム溶液（30 ml）に吸収させ，フェノールフタレイン溶液を指示薬として0.01 N硫酸溶液で滴定する方法がある．これは炭素濃度0.08 mass%以下の低炭素鋼の分析に適している．

現在は，反応ガスにレーザー光線を当て，光の吸収量から炭酸ガス量を測定する方法や，反応ガスの熱伝導度の変化から炭酸ガス量を測定する方法が使われている．しかし，現代の分析装置は高価である．オルザット式の炭酸ガスを吸収し測定する分析装置は，安価で持ち運びができるものが市販されている．

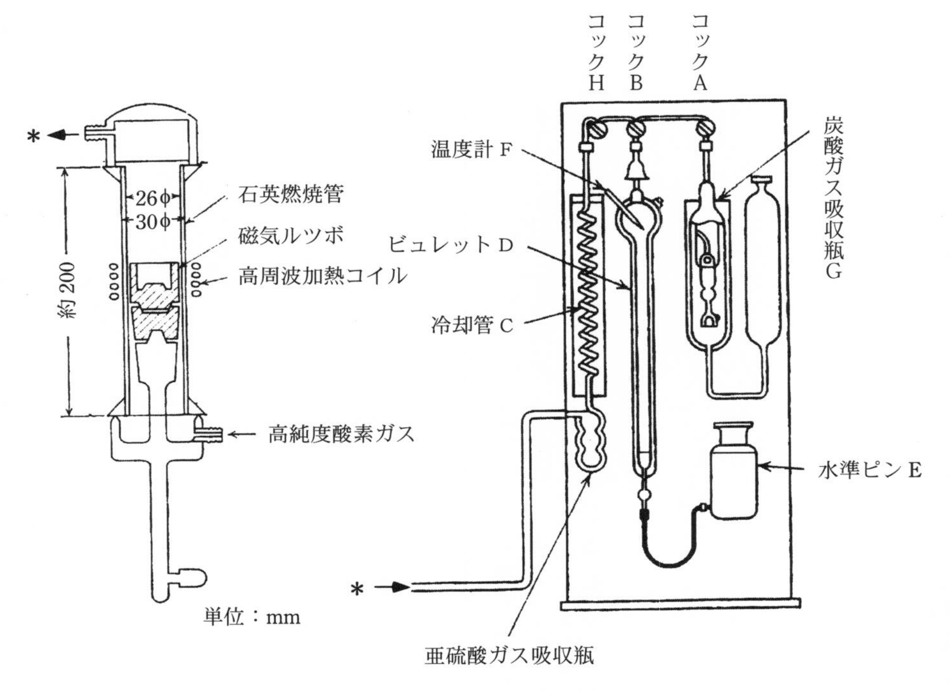

図2-6　オルザット式炭素濃度分析装置[43)]

第3章　和鉄のリサイクル－卸し鉄

3-1　和鉄のリサイクル

和鉄の特徴は，炭素濃度が不均質なことである．このため，折返し鍛錬によって，不均質な領域を細かく分散させる．この折返し鍛錬により，鉄が酸化して減量すると同時に脱炭が進行するので，鋼中の炭素濃度は低下する．日本刀の刃に用いる原料の鋼は炭素濃度が 1.0 ～ 1.5 mass％程度が良いとされ，中に包み込む心鉄は比較的炭素濃度の低い鉄が用いられている．このように刀の部位によって炭素濃度が異なるため，出発原料の鋼の炭素濃度を調整する必要がある．包丁の炭素濃度は約 0.8 mass％と高めである．包丁鉄は 0.1 ～ 0.2 mass％ C の低炭素鋼である．使用済みの銑や鋼はほぼ 100％回収され，再溶解と炭素濃度の調整が行われた．

この方法として，古来，「卸し鉄法」が行われてきた．この方法で，鋼中の炭素濃度を増減させることができる．銑鉄を脱炭する「銑卸し法」，包丁鉄や和釘などの低炭素鋼の炭素濃度を増大させる「鉄卸し法」，炭素濃度をあまり変化させないで鋼片をまとめるための「鋼卸し法」がある．

日本刀は，製作年代により古刀，新刀，新々刀，現代刀に区分される．たたら製鉄法は主に銑鉄を製造し，大鍛冶で脱炭して低炭素鋼の包丁鉄を製造していたので，高炭素鋼の塊である鉧は江戸中期に大銅場と呼ぶ破砕方法が確立するまでは，利用が困難であったと思われ，近年でも田畑から鉧塊が出土しているが処理方法の詳細は不明である．俵は，「日本刀講座」[7] で，「従来世に伝うる説に拠れば古刀は専ら卸し鉄を原料とし製作せしものなりと，水心子正秀（1750 ～ 1825) の説の如き殊に然りとす．即ち古刀は卸し鉄を用い，新刀は和鋼を用いたるを以て，斯く新古の区別は既に其の地金に於いて判然せるものなりと.」と述べている．

本章では，鋼中の炭素濃度を自在に調整する方法を，俵の実験と，筆者の方法から明らかにし，さらにその原理を述べる．

3-2　俵國一の実験

3-2-1　鉄卸し法（てつおろ）

俵は，第1章の図1-4に示す火床を用いて鉄卸し法の実験を行った．

原料は長さ54.5 cm，幅4.7 cm，厚さ1.5 cmの包丁鉄である．炭素濃度は場所により異なり0.054～0.15 mass％である．この包丁鉄を800～1000℃に加熱して金床上で厚さを5 mm程度に打ち伸ばし，約15 cmの大きさに切り分けた．重量にして約70 gである．

火床の底に羽口の下端まで約6 cmの厚さに素灰（松炭の粉）を敷き，その上に藁灰を3 cmほど載せた．約2 cm角に切った松炭を炉内に羽口近傍の壁を少し越す程度に山盛りに入れ，点火した．鞴のピストンを約40 cm，1分間に12往復させて火を十分おこす．風量は毎分1440 *l* である．十分木炭に火が回ったところで，鉄片7個を炭火上に置いた．1分後木炭は約6 cm下がるので松炭を火床の奥に置いた木炭を掻き寄せて元の高さに戻し，第2回目の鉄片8個を置いた．以後，約1分ごとに同じ操作を10回繰り返した．10回目は鉄片装入開始後9分30秒である．その後送風量を多くして温度を高め，鉄棒を炭火中に挿入して未溶解の鉄片を炉底に落とした．14分後に送風を止めて，測温し，16分20秒後に卸し鉄塊を取り出し，水中に投じた．使用した松炭は4.5 kg，挿入した鉄片は全部で4.81 kgであり，得られた卸し鉄は3.48 kgで収率は73％であった．しかし，鉄片の一部は溶融せず炉内に残留していた．これらを考慮すると収率は90％程度である．

2回目の操業では，鉄片4.54 kgから卸し鉄3.63 kgで収率は76％であった．この時も未溶融の鉄片が110 gほど残っていた．

卸し鉄の炭素濃度は1回目は平均0.54 mass％，2回目は0.71 mass％であった．しかし，図3-1に示すように，卸し鉄中の炭素濃度は不均質で底部では1～2 mass％，多いところは3 mass％近くあり，上部では低く包丁鉄のままであった．

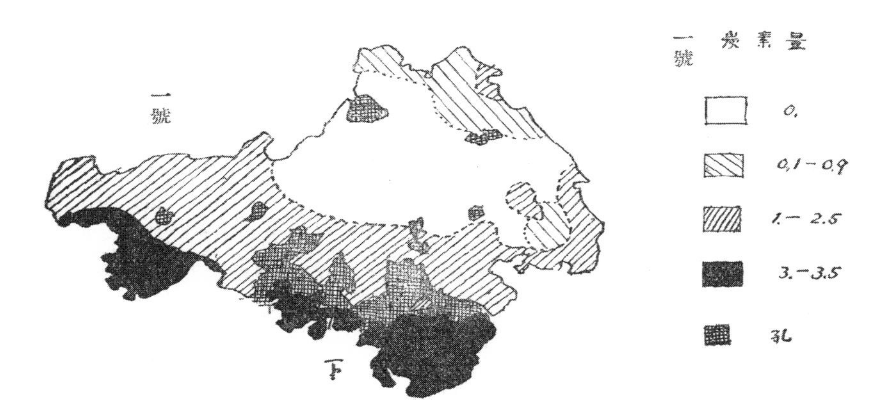

図 3-1　包丁鉄の卸し鉄の炭素濃度分布 [7)]

温度は，吹止め直後に炭を掻き分けて卸し鉄上部の温度をフェリー吸収高温計で測定した．第 1 回目は 1010℃，第 2 回目は 1040℃を得ている．

この現象を俵は，前半に入れた鉄片は木炭との接触に十分時間が取れるので銑鉄にまで進行し，炉底に溜まるが，後半のものは十分な浸炭時間が取れないので炭素濃度が低くなったとしている．

3-2-2　銑卸し法

原料は，包丁鉄と銑を 6：4 の割合で混合した．包丁鉄は鉄片にし，銑は少し溶融する程度まで加熱し手鎚で小片に砕いた．炭素濃度は包丁鉄で 0.05 ～ 0.15 mass％で，銑は 3.76 mass％である．火床に山盛り松炭を入れ炭火を熾した．送風はピストンを 1 分間に 10 往復させた．送風開始後 4 分で鉄片 16 個を入れた．さらに 1 分後に木炭を減った分だけ掻き寄せ，鉄片 10 個を入れた．次の 1 分後からは木炭を掻き寄せた後，銑片 1 掴みと鉄片 7 ～ 10 個を入れた．総計 13 回入れ，12 分 40 秒を要した．その後，送風を強くし，鉄棒で木炭中を掻き混ぜ，未溶融の地鉄を十分降下させた．この間，木炭に水を柄杓に 3 杯掛けて温度上昇を抑えている．また，炉内から「沸く音」を聞き分けている．原料を入れ始めてから 21 分 50 秒後に送風を止めた．卸し鉄を炉内から掴み出し放冷した．原料 4.53 kg から卸し鉄 4.31 kg を得て，歩留りは95%である.

2回目もほぼ同様な経過を示し，原料を13回に分けて挿入する時間は15分40秒であった．原料4.50 kgから卸し鉄4.99 kgを得ており，これはそれ以前の操業で炉内に残ったものが一緒に得られたとしているが，原因は不明である.

卸し鉄の成分組成は，炭素濃度が平均1.25 mass%であるが，場所により不均質で，上部は0.5 mass%程度であるが，下部になるに従い増加し1 mass%以上になっている.

3-2-3　鋼卸(はがねおろ)し法

原料は，たたら製鉄で造られる鉧塊を破砕した時に得られる大きさ1.5 cm程度の砂味(じゃみ)を用いた．炭素濃度は平均0.94 mass%である．炉に木炭を入れ，点火後3分で砂味を2掴み入れ，その後30秒から1分間隔で入れた．11回入れ8分50秒かかった．その後7分間少し強めに送風し，鉄棒で炭の中を掻き混ぜて砂味を炉底に降下させ，送風を止めた．そのまま，9分間炉内に卸し鉄を留めた後取り出し，放冷した．砂味3.00 kgから卸し鉄2.59 kgが得られ，歩留まりは81%であった．卸し鉄の炭素濃度は平均0.62 mass%であるが，鉄の大部分は0 mass%でほとんど脱炭しており，周辺に炭素濃度1 mass%前後の領域がある.

3-3　永田式卸し鉄法

3-3-1　卸し炉

卸し炉を図3-2に示す．鉄板の上に建築用の軽量ブロックを敷き，その上にロウ石レンガで炉を構築した．レンガの大きさは230 × 115 × 65 (mm)である．炉は箱型である．1段目は底になり3段目まで積み，内容積レンガ2枚と高さレンガ2枚の箱を作る．レンガは交互に架かるようにする．この上にはコの字状にレンガを積み，開いた側はレンガを取り外せるように積み重ねる．5段目の開いた側の反対右手中央に羽口を設ける．羽口は内径約4 cmの鉄管を，レンガの断面の大きさの隙間を利用して炉内に斜め下に向けて設置し，耐火粘土で固定する．先端は2 cm程度炉内に入れ，周りを耐火

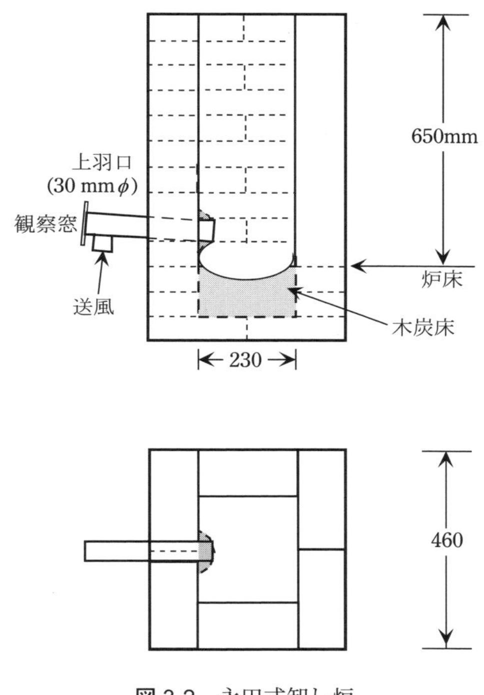

図 3-2　永田式卸し炉

粘土で覆い保護する．炉の高さは，レンガを 13 段まで積む．

レンガ 3 段目までの底の箱に粉炭を充填し，この位置を炉床とする．したがって，炉床から最上段までは 65 cm ある．開いた側の 4 段目にレンガを 1 枚積み，炉内を粉炭で椀型に凹ませるように炉底を作る．炉底の深さは羽口下端から約 9 cm である．

送風は，送風量調整器付電動送風機（電動ブロワー）を用いた．羽口の管には塩化ビニル製の T 字管を用いて管の一端に緑色の透明なプラスチック板を貼り付け，炉内を観察した．風は T 字管の足の部分から吹き込んだ．

3-3-2　操業

原料は，たたら製鉄で得た鉧の小塊や，鍛冶工程で発生した鋼片等を混合したものを 2 kg 用いた．炭素濃度はそれぞれ異なっているが，0.5 ～ 1.0

mass％でばらついている．原料は鉄中の炭素濃度の大小と塊の大きさに応じ，大まかに3組に分けておく．

開いた側に13段目までレンガを積み，約3 cmの大きさに切った木炭を入れた．木炭は松炭あるいはクヌギ，コナラ，クリなどの雑炭を用いた．最初に炉を乾燥するため，点火して空気を吹き込み木炭だけを燃焼させる．送風量を調整して木炭の燃焼速度が10分で10 cm程度になるようにする．炉のレンガに触ると熱く感じる程度になる．木炭が燃え落ちるにしたがって，順次，開いた側のレンガを外す．木炭が羽口レベルまで燃えて降下したところで，燃え残りの木炭を取り出し炉底を粉炭で作り直す．

再び，開いた側のレンガを9段目まで積み，木炭を入れる．この上に，炭素濃度の低い小粒の鉄塊を羽口を囲むように馬蹄型に並べる．10段目のレンガを置き，そのレベルまで木炭を入れる．その上に，少し大きめの塊を馬蹄型に並べる．さらに，11段目のレンガを積み，木炭を入れ，炭素濃度の高い原料鉄塊を炉の中心に並べる．12段目のレンガを積み，木炭を入れ，その上にたたら製鉄操業や，鍛冶作業で発生したノロの粉を1掴み炉の中心に入れる．13段目のレンガを置き，木炭を盛る．

炉底には熾（おき）が残っているので，送風を開始すると木炭に点火する．木炭の燃焼速度は10分間で約10 cmであるが，天候や特に湿度により調整を要する．

3-3-3　鋼の溶解と沸き花

送風開始から約10分後に炉上部から出るガスに点火し，COガスを燃焼させる．炎の高さは炉の上約1 m程度である．

炎は最初COガスの燃焼により透明な青色をしているが，次第に赤みを増し，20分後辺りから白く発光する細かい火花が出始める．これは「沸き花」と呼ぶ現象で，鉄が溶けるときに発生する特異な現象である．この時，観察窓から炉内を観察すると木炭の間を溶鉄が炉底に流れ落ちてゆく様子が見える．

木炭の降下に応じて開いた側のレンガを1枚ずつ外してゆく．20分から40分にかけて沸き花が盛んに発生し，炉内では溶けた鉄が流れ落ちる．

40分を過ぎる頃から沸き花は少なくなり，所々にある未溶融の鉄から沸き花が発生している．これもなくなり，約 60 分後木炭が羽口の位置まで燃焼したところで送風を止める．炉内からは，グツグツという「しじる」音が聞こえる．そのまま 10 分ほど待って音が聞こえなくなってから卸し鉄を取り出し水冷する．

卸し鉄は，約 1.5 kg 取れ，収率は 75％である．図 3-3 に示すように，まとまっているが突き出ている部分には未溶融の鉄片が溶着している．炭素濃度のばらつきは小さく，平均炭素濃度は 1.0 ～ 1.5 mass％である．

原料の鋼塊の大きさを約 10 cm より大きくすると，鋼塊は十分溶融しないうちに羽口前まで降下し，羽口を塞ぐと同時に卸し鉄に溶着する．また，炉の高さを 11 段にすると平均炭素濃度は 0.6 ～ 0.8 mass％になる．また，羽口下端からの炉底の深さを 5 cm 程度にすると，卸し鉄の平均炭素濃度は約 0.7 mass％になるが，上部は脱炭されて炭素濃度は低くなり，下部は高く不均質が大きくなる傾向がある．

3-4　鉄塊の溶融機構

卸し炉内の鉄塊は木炭の燃焼に伴い徐々に降下し，温度が上昇する．1154℃以上で木炭との接触により炭素を吸収して溶融し始め液滴となり，あるいは溶融が激しくなると流れを作って炉下部に降下する．羽口に設置し

図 3-3　永田式卸し炉で造った卸し鉄

た観察窓から見ると，粒鉄が丸くなり，周りで燃焼している木炭より明るく光っているのが観察された．これは鉄粒の表面が空気中の酸素で酸化しているためで，発熱しかつ明るくなることがわかる．また，俵の「鉄卸し法」の実験も，永田の実験でも，鉄の歩留りがそれぞれ73％と75％であり，鉄が酸化して減量している．

木炭の最上部に入れたノロ粉は炉底でノロ溜りを作る．炉下部に降下した溶鉄はこのノロ溜りの中で互いに凝集して卸し鉄の塊を作る．このノロ溜りが，羽口から吹き込まれる空気によって卸し鉄が酸化されるのを防止している．送風を止めた後聞こえるグツグツというしじる音は，卸し鉄塊とそれを囲んでいる溶融ノロとの間でCOガス気泡が発生している音である．

3-5　卸し鉄の炭素濃度の調整

たたら製鉄での鉧と銑の生成機構の違いは次のようである．砂鉄は羽口上部の1000℃の領域で還元され，還元した砂鉄はその下部の1154℃以上の領域で木炭との接触により炭素を吸収する．したがって，砂鉄が通過するこの高温領域の滞留時間を長くするか，高温領域の長さを長くすると炭素を十分吸収し互いに凝集して銑鉄となる．短くすると鉄粒の表面で炭素を十分吸収する時間がなく，炉下部での温度の低下とともにオーステナイトを晶出して鉧塊になる．

卸し鉄の場合も同様に考えることができる．炉高をレンガ13段，炉床から約60 cmの高さにすると高炭素の卸し鉄ができる．気候が乾燥している季節では時には銑になる場合もある．炉高を11段にすると，炭素を吸収する時間が少なくなり，一部未溶融の鉄片が炉底に降下し，平均炭素濃度を低くする．また，羽口から炉底までの高さを浅くすると，卸し鉄の上部が脱炭される傾向がある．このように，炉の高さと炉底の深さを変えることにより卸し鉄の炭素濃度を調整することができる．

俵の実験では，火床の深さは約40 cmで，永田式卸し炉のレンガ11段の高さ約50 cmに相当する高さであり，包丁鉄を使った「鉄卸し法」とで得られた卸し鉄の平均炭素濃度約0.54～0.71 mass％は，永田式卸し炉での約0.7

mass％とほぼ同じである.

3-6　羽口下の炉底の深さの影響

俵の実験の火床では，炉底は羽口下端から約 6 cm の深さにあった．ここに 4 kg 近い卸し鉄塊が溜った．そのため，羽口から吹き込まれた風により卸し鉄塊の上部は激しく脱炭された．また，ノロ溜りの生成を助長するノロ粉を入れていないので，ノロ溜りが形成されていなかった．したがって，脱炭を防止することができなかった.

永田式卸し炉ではこの深さが約 9 cm あり，卸し鉄も 1.7 kg で，ちょうど羽口下に溜まる量であり，ノロで覆われた効果もあり，風の影響を避けることができた.

俵は，炭素濃度の調整方法として刀匠笠間氏の言を紹介している．「柔軟な卸し鉄を得る場合は，火床の底の素灰を羽口の出口下面まで敷く．軟き鋼を得るには素灰を約 3 cm だけ下げ，銑鉄を得るためには素灰を約 6 cm 下げる」としている.

卸し鉄法は和鉄中の炭素濃度を調整する方法である．低炭素の鋼を作る場合は，炉高を 50 cm 程度にして羽口下の炉底を浅くする．高炭素の場合は，炉の高さを 60 cm 程度にし，炉底の深さを 9 cm 程度にする．鉄の歩留りは，73 ～ 75％であり，鉄が酸化，減量する．炉内酸素分圧は高く鉄粒の表面は酸化し，その反応熱で表面温度は約 1370℃以上に上昇して溶融 FeO で覆われる．この時，溶融現象に沸き花の発生を伴い，ノロの生成により炎が赤黄色くなる．このノロの生成により炉底に溜まる卸し鉄の酸化を防いでいる.

第 4 章　手子棒と手子台

4-1　手子棒作り

鍛冶炉の火床で鋼材を加熱して加工する際，手子棒という棒鋼の先端に鍛錬する和鋼を接合する「手子鍛（ぎたえ）」という方法が一般的である．他に，「箸鍛（はしぎたえ）」という鉄鋏でつまんで行う方法もある．

手子棒を図 4-1 に示す．5 分角 (1.5 cm) で長さ約 1 尺 (30 cm) の鋼材（普通鋼）を用いる．その端約 3 寸 5 分（約 11 cm）を把手（とって）とし，約 2 mm 径の木綿

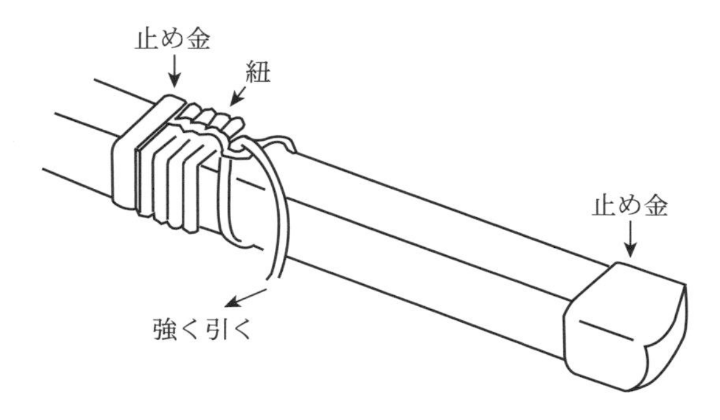

図 4-1　手子棒と把手の糸の巻き方

紐を緩まないように密に堅く巻きつける．巻き返しの際できる紐の列は鋼材の上下の向きを示すので指標として便利である．把手の部分は棒鋼を鍛造で少し細くして前後に留めを作る．

手子棒の先には和鋼を鍛接してさらに5寸（15 cm）ほど延ばす．まず鉧塊約250 gを火床で黄色になる程度に加熱し，金床上あるいは電動ハンマーで鍛造して約2 cm角，長さ約8 cmの矩形にする．飛び出たところを打って形を纏めるが，鉧は粘りがないので変形を繰り返すと亀裂が入ることが多く，なるべく少ない回数で成形する．

矩形になったら次に鍛接を行う．矩形の和鋼材の端の鍛接面を斜めに広げる．手子棒の鋼材の先端の鍛接面も斜めに広げる．手子棒の上に和鋼材の先端を鍛接面が互いに外になるように揃えて乗せ，火床の羽口の前の直上に置き，把手の上に重しを乗せ固定する．鋼材の上に木炭を山盛りに乗せる．羽口からの空気の流れは真横から少し手前に出ているので，温度の高いところは羽口の少し手前にある場合が多いので，あらかじめ鞴で空気を送り木炭の燃焼領域を確かめておく．

鞴あるいはブロワーで風を送る．炎は木炭の上に約30 cm上がる程度に調整する．最初，木炭から出る一酸化炭素が燃焼する紫色の炎が出るが20分ほどで炎は黄色くなる．40分ほど経過すると，炎の色が橙色になりしばらくして白い火花の沸き花が炎の中に現れる．炎の橙色は少し濁った色になり沸き花が盛んに出始める．沸き花の大きさが大きくなり炎の上まで上がってきたら，ブロワーを止め鞴で強く吹く．そのまま続けながら炭を炭掻棒で火床の奥に押しやり箸で和鋼材を取り出し，鍛接する部分を金ブラシで1回擦る．金床上に鍛接面を上にして左に向けて置き，面に硼砂あるいは鉄蝋を撒く．すぐに手子棒を取り出し，同様に鍛接する部分を金ブラシで擦り，急いで鍛接面を合わせ手槌で叩いて鍛接する．この間，鍛接面から沸き花が出ていることが重要で，沸き花が止った瞬間に鍛接する．この操作は「仮付け」である．

この仮付けで，あらかじめ接合面の一部を電気溶接機で溶接しておくと確実に接合できる．界面には硼砂か鉄蝋を撒いておく．

次に，鍛接面近傍に硼砂を撒き，再度，手子棒に鍛接された鋼材を火床に入れ接合部分を加熱する．15 分ほどで沸き花が出たら金床上に置き，鍛接面をハンマーで強く叩き鍛接する．「本付け」である．

先端を少し斜めにし，続けて折返し鍛錬を行う．火床に入れ鋼材がまだ黄色を呈している間に取り出し，手子棒に付けた和鋼材の中央近傍に厚さ 2 ～ 3 mm を残して鏨で切れ込みを入れる．斜めにした先端部分が折り曲げたときに棒鋼との接合を覆う位置で切れ込みを入れる．水を撒いた金床上に鋼材を乗せ，切れ込みが入ってない側を下にして手槌で打つ．パンという音とともに, 水蒸気爆発を起こして鋼材表面の錆が吹き飛ばされる．これを「水打ち」と呼ぶ．金床の角で切れ目を中心に折り曲げる．接着面に硼砂を撒き，ハンマーで打ち鍛接面を密着させる. 藁灰を塗して泥水を掛け火床に入れる．沸き花が発生したら鍛接する．この折返し鍛錬を 2, 3 回行う．最後に先端を 3 cm ほどの幅広にする．これを首と呼ぶ．この首の太さは鍛錬 5, 6 回の間に次第に細くなることを見越して最後まで使えるように決める．

4-2　手子台作り

小片に砕いた鋼板や鋼塊を積んで鍛接するために，手子棒の先端に和鋼の手子台を鍛接する．手子台は積沸し鍛錬に続いて折返し鍛錬を行うので，製品の一部になる．したがって，鍛えようとする鋼材と同じ材質かあるいは炭素濃度が少し低い鋼塊を用いる．量は積む鋼片の量によるが，500 g 程度である．炭素濃度の高い鋼塊で手子台を作ると，溶融温度が低くなるので高温強度が落ち，積み重ねた鋼材の重みで曲り，鋼材が落ちることがある．

玉鋼や卸し鉄あるいは鉧塊を火床で加熱する．全体が均一な温度に加熱されるよう時々塊の向きを変える．塊が黄色に加熱されたら炉から取り出し，金床の上でまず突起部分を大槌で押さえるように軽く叩く．割れがある場合は，硼砂を掛け，炉で加熱し，沸き花が発生したら取り出し，割れを塞ぐように軽く叩く．このようにしてまとめながら長さ約 12 cm，幅約 5 cm，厚さ約 1 cm の矩形にする．

矩形にした手子台に手子棒を鍛接する．手子棒の首は太くしておく．特に手子台との接合部分は消耗が激しいので，手子台に向かって徐々に太くする．

手子台に鍛接される手子棒の先端部分は，折返し鍛錬により製品中に取り込まれる．この先端部分の混入をできるだけ少なくする工夫がなされている．いくつかの例を図 4-2 に示す．(a) では手子台の一方の幅を狭めかつ少し斜めにし，手子棒の先端を少し傾斜させて鍛接している．(b) では，手子台の一方に手子棒の先端が入る溝を傾斜させて作り，この中に先端を傾斜させた手子棒を入れて鍛接している．(c) では手子台の一方に手子棒をそのまま鍛接しているので，他の方法と較べて手子棒の先端部分が混入する量が多くなる．

手子付けを行うには，図 4-3 に示すように，手子棒の先端に手子台を鍛接する部分が互いに外になるように乗せ，火床の羽口前の木炭の上に置く．手子棒の取っ手側に重しを置いて転がらないように固定する．木炭を山盛り掛

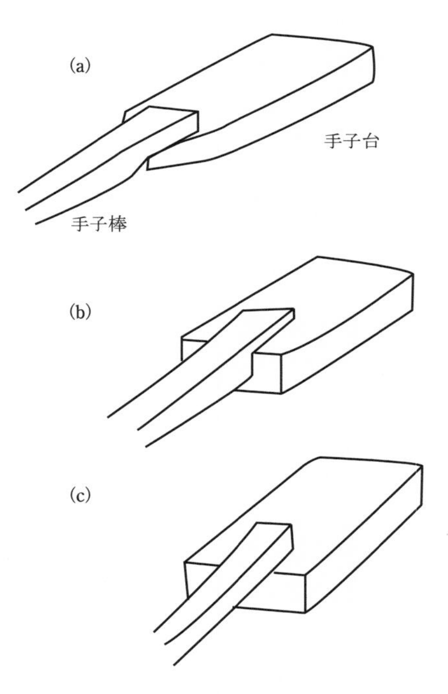

図 4-2　手子付けの方法

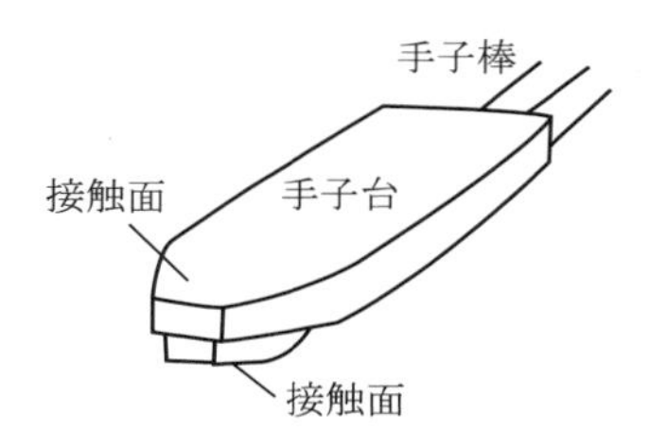

図 4-3　手子付けの際の手子棒と手子台の加熱方法

けてブロワーか鞴で送風しながら燃焼させゆっくり加熱する．

炎の色が紫から黄色になり，濃い橙色になり，しばらくすると沸き花が炎中に現れる．鍛接面辺りから盛んに沸き花が出始めたら，鞴で送風しながら「炭掻き棒」で木炭を掻き分け，重しを外して手子台を箸でつまんで金床上に取り出す．鍛接面から勢いよく沸き花が出ている．素早く鍛接面を金ブラシで擦って酸化膜を除去し硼砂をかけ，鍛接面を上にして左に向ける．すぐに手子棒を取り出し，同様に鍛接面を金ブラシで擦り，手子台の鍛接面に合わせて手槌で叩く．手子棒が手子台に接着したら「仮付け」完了である．ただちに「本付け」操作に入る．手子台と手子棒の接着面近傍に硼砂を掛け，火床の羽口前に手子棒が下になるように置き，木炭を掛けて加熱する．沸き花が鍛接部分全体から出たところで取り出し，接着面近傍に硼砂を掛け，金床上で大槌を用いて叩く．あるいはスプリングハンマーで叩き鍛接を確実なものにする．さらに鍛接面近傍に硼砂を掛け，火床に入れ加熱する．沸き花が出たら取り出し，金床上で手子台と手子棒の接着面近傍に硼砂を掛け，接着面をなじませるように手槌で鍛接する．

仮付けにおける鍛接の要領は，硼砂を掛け鍛接面から発生している沸き花が収まった瞬間に合わせて鍛接する．鍛接面が溶けて濡れている間に合わせて叩くと滑って接着しない．また，沸き花が出なくなってからでは接着しない．沸き花が出なくなっても鍛接面が黄色に加熱されている時は，鉄蝋を用いると接着する場合がある．

仮付けに一度失敗すると，同じように加熱し鍛接しても接着しないことが多い．この場合は，手子台と手子棒先端の鍛接面が黄色を呈しているうちに金ブラシで擦りあるいは水に濡らした手槌で叩いて酸化膜を除去する．そして改めて鍛接を試みる．数度行っても接着できない時は，鍛接面をグラインダーで削り金属面を出して再度鍛接を行う．

手子台の炭素濃度が高く，炉から取り出した時鍛接面が溶けている場合は，凝固直前に手子棒先端を接着し仮付けする．本付けでは沸き花が盛んに出るような状態で炉から取り出すと，手子台側の接着面が溶け，手子棒から外れることが多い．沸き花の出方を最小にして注意深く加熱する必要がある．炭素濃度が大きく異なる手子台と手子棒の接着は非常に難しい．

4-3　手子棒直し

手子棒は，鍛錬中に首が次第に細くなり，ついには落ちてしまう．このため，時々，本付けの後に鋼材を下に金床上に立て，手子棒の把手の尻を手槌で強く叩いて首を据える．

首が細くなり，あるいは手子棒に亀裂が入った場合は，補強する．刀の切れ端やあらかじめ作っておいた幅約 10 mm，長さ約 20 mm，厚さ約 2 mm の鋼片を当金に使う．補強するところに硼砂あるいは鉄蝋を撒き，その上に鋼片を重ね，火床で加熱し少し沸き花が出始めたところで炉から取り出し，手槌で中央を軽く叩く．これで仮付けできる．硼砂を撒き再度加熱し十分沸き花が出たところで取り出し，金床上で手槌で打ち，本付けで完全に鍛接する．この時，鋼片の端を手子棒となじませるように確実に鍛接する．

鍛冶場には沢山の道具がある．これらは全て鍛冶屋の手製であり，体の一部のように道具は使う人に合わせて作る．道具によって作業のしやすさが違ってくる．

第5章　鍛錬

鍛錬の目的は，粘りがなく炭素濃度にムラがある鉧に靭性を与え，炭素濃度の濃淡を細かく分散させることにある．その工程を図 5-1 に示す．工程は積沸し鍛錬と折返し鍛錬で構成されている．

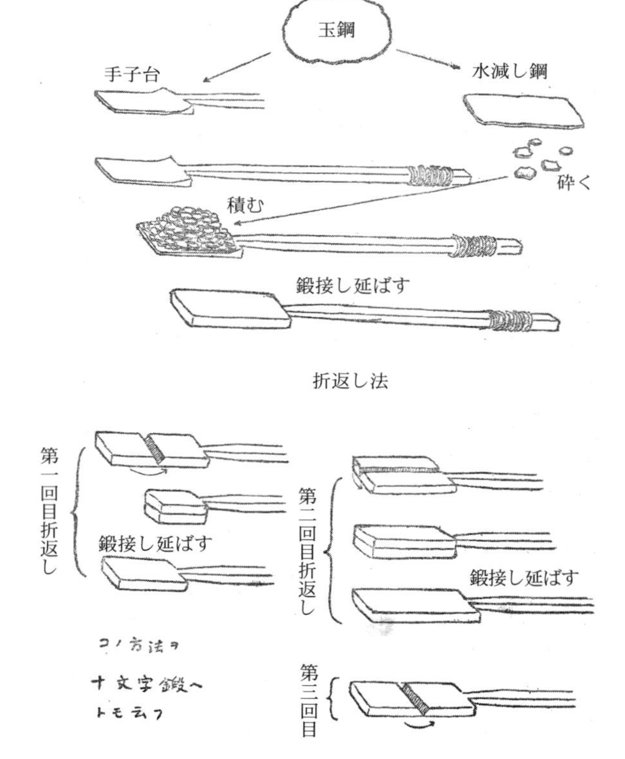

図 5-1　鍛錬の工程（文献 19）を参考にし手書きの図の説明を著者が一部活字とした）

5-1 積沸し鍛錬

手子棒に鍛接した手子台の上に，2-5 節で述べた「玉潰し」で作った炭素濃度が比較的揃っているグループの鋼片を積む．すでに手子台が 500 g あることを考慮して大小の鋼片を製品に必要な量だけ取る．鋼片は重なり合って互いに抑えるように密に積み，最上部は山形にする．この時，フラックスとして藁灰や硼砂を鋼片の間に撒いておくと鍛接しやすくなる．積沸し鍛錬では鋼板の表面が酸化してノロとなり，重量が約 20％減少する．その後の折返し鍛錬では 1 回に 6％未満の減量が起こる．したがって，積沸かし鍛錬と折返し鍛錬を 5 回行うと重量は半減する． 2 kg 程度積むのが鍛錬の操作がしやすい量である．

手子台の上に鋼板を積んで和紙あるいは新聞紙で包み，水で濡らす．藁灰を塗し，泥を掛ける．まず「仮付け」を行う．手子台の上に積んだ鋼板を火床の羽口前の木炭の上に置く．手子棒の取っ手側に重しを置いて転がらないように固定する．木炭を山盛り掛けて鞴で送風しながら燃焼させゆっくり加熱する．4-2 節の「手子台作り」で述べた通り，炎の色が紫から黄色になり，濃い橙色になり，しばらくすると沸き花が炎中に現れる．鍛接面辺りから盛んに沸き花が出始めたら，鞴で強く送風し「炭掻き棒」で木炭を掻き分け，重しを外して手子台に乗せた鋼片の山を藁灰の上に置いた後, 金床上に置く．大槌あるいはスプリングハンマーで軽く押さえつけるように叩くと，鋼片は互いに接着し, 手子台とも接着して横にしても崩れなくなる．この時，強く叩くと一部の鋼片が飛び出すことがある．

次に「本付け」を行う．鋼板の塊を藁灰で塗し，泥を掛けて火床に入れ木炭を掛けて鞴で風を送り加熱する．鋼片ブロックは仮付けで互いに接合し崩れないので，沸き花が出始めたら火床中で 1, 2 度反時計回りに回転させ，全体から沸き花が出るようにする．羽口は火床に向かって左側に設置してあるので，羽口前の木炭が燃焼し空洞になる．そこで反時計方向に回転させることにより木炭を羽口前に落とす．沸き花が均一に出始めたら，鞴の風を強くし，沸き花が炎の上まで上がってきたら火床から取り出し，藁灰の上で転

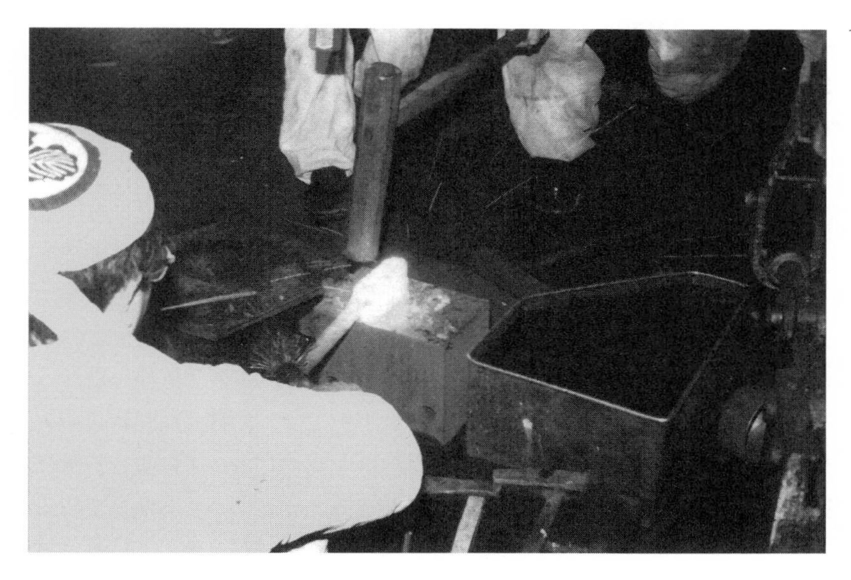

図 5-2　鍛錬風景（河内國平刀匠）

図 5-3　積沸し鍛錬の仮付け鋼塊

がして塗した後，金床上で大槌により二丁掛けあるいは三丁掛けで強く叩く(図 5-2)．あるいはスプリングハンマーで強く叩く．このようにして鋼片相互と手子台を鍛接し一塊の鋼材にする．図 5-3 に積沸し鍛錬で仮付けした鋼板塊を示す．

5-2　折返し鍛錬

5-2-1　仮付け

積沸しが終った鋼材を黄色い色まで加熱し，鍛造して手子棒方向に打ち延ばす．コバ(側面)も打ちながら厚さ約 2 cm，長さが幅の 2 倍程度になったら鋼材の真中に鏨(たがね)を当てて大槌やスプリングハンマーで打ち，切れ目を入れ２～3 mm ほど残す．鋼材の切れていない面を下にして金床に乗せ，水桶から手槌に水を付けて鋼材と金床の間に流し込み，その上から赤熱している鋼材を手槌で強く打つ水打ちを行う．そして，まだ鋼材が赤熱しているうちに金床の角を利用して直角に折り曲げる．この時，手子棒側の鋼片を大槌で抑えると手子棒の首を保護できる．直角に曲げた鍛接面に硼砂を撒き，手槌で叩いて鍛接面を合わせ，さらに大槌あるいはスプリングハンマーで叩いて密着させる．

鋼塊に藁灰を塗し，泥を掛け，火床に入れ，木炭を掛けて送風し加熱する．沸き花が盛んに出たら取り出し，藁灰の上に置いた後，金床上で大槌あるいはスプリングハンマーで軽く叩く．これで仮付けが終了する．

5-2-2　本付け

再び，藁灰を塗し，泥を掛けて火床に入れ，木炭を被せて送風し加熱する．沸き花が鋼材全体から盛んに出たら取り出し，藁灰の上で転がして塗した後，金床上で大槌により強く叩く．あるいはスプリングハンマーで叩く．これで，1 回目の折返し鍛錬が終了する．

2 回目以降の折返し鍛錬では，次に折り返す方向を考慮して鋼材を延ばす．延ばす方向は，手子棒方向に縦に延ばし，その方向に直角に切れ目を入れ縦に折り返す場合と，手子棒に直角方向に横に伸ばし，手子棒方向と平行に切れ目を入れ，横に折り返す場合がある．

図 5-4　折返し鍛錬の鋼材

縦に折り返す場合は，金床の向角に切れ目の位置を合わせ，手槌で先端を打って折り曲げる．直角近くに曲ったら，金床上でさらに折り曲げ鍛接面を合わせる．そして，大槌やスプリングハンマーで 1, 2 度打ち，鍛接面を確実に合わせる．図 5-4 に折り返した鋼材を示す．

横に折り返す場合は，伸ばした部分が右になるように金床上に置き，中央に切れ目を入れる．繋がっている部分を上にしてそこに鏨の刃を当て大槌かスプリングハンマーで打つ．あるいは凹み形の鋼の台の上に置いて曲げる．30 度程度曲がったら金床上に「く」の字に立て，大槌かスプリングハンマーあるいは手槌で端を叩いてさらに折り曲げる．最後は大槌かハンマーで叩き鍛接面を密着させる．横に折り曲げる場合，鏨が手子棒と重なることになり，鏨が使い難い．そこで，手子棒の鋼材に接続している首の部分を少し曲げておくと鏨が使いやすくなる．このように縦と横の折り曲げを取り混ぜて行うことにより鋼材の地肌の模様を様々に作り込むことができる．

いずれの場合も折り曲げる前に鍛接面を水打ちで清浄にしておき，必要なら鍛接面に硼砂を撒く．

5-3　鍛錬の効果と回数および仕上げ

鍛錬の効果は，不均質な炭素濃度の領域を細かく分散させ，さらに FeO 介在物を除去して残った FeO を細かく分散させて地肌の模様を出すことに

図 5-5　下鍛え鋼材

ある．FeO は軟らかいので，これを微細にして分散させるとどの方向から力がかかっても変形しやすく衝撃や疲れに強くなる．

1回の折返し鍛錬で，鋼材を約2倍に伸ばし折り返して鍛接する．これにより，FeO の介在物が加工方向に繊維状に伸び分散する．折返し鍛錬を2回行うと長さが4倍伸び，各層の断面積は4分の1になる．この断面積の減少比を鍛造比という．鍛造比4以上では鍛錬の効果が内部にまでおよび，それ以下では鍛造比による効果は少ない．一方，加工方向に直角の方向の絞りや伸び，衝撃値は鍛造比4以上では次第に低下する．

折返し鍛錬の回数は，鋼材の質と製品の種類によって異なる．線材や，鎧の小札（こざね）等に使う厚さ1 mm 程度の鋼板では，鍛錬は1,2回である．包丁や鎌，鑿，鉋等の刃は，4～5回程度鍛錬されている．日本刀の場合は，心鉄は5回程度折返し鍛錬して伸びや衝撃値等の強度を保つが，皮鉄は5回の下鍛えの後，さらに5回以上の上鍛えの折返し鍛錬を行い，地肌の模様を出す．

鍛錬では，鋼片の表面が酸化するので，表面積の大きい積沸し鍛錬ではFeO のノロが激しく飛散し，鋼は減量する．折返し鍛錬でも積沸しほどではないが FeO のノロが飛び散る．

500 g の手子台上に2 kg の鋼材を乗せ，積沸し鍛錬から続けて折返し鍛錬

図 5-6　下鍛え鋼材の破面（下部白い部分）

を 5 回行うと重量は約半分の約 1.25 kg になる．鍛錬が終った鋼材は幅約 2 寸 (6 cm)，厚さ約 4 分 (1 cm)，長さ約 8.6 寸 (26 cm) の板にする．これを長さ方向に 3 分割し，切り餅状の鋼板にする．手子棒には 3 分の 1 を残す．切り込みは完全に切り離さないで 3 mm ほど残しておき，水打ちで表面の酸化鉄層を除去する．赤熱しているうちに水に入れて焼きを入れ, 金床上で割り，破面の状態から炭素濃度を調べる．パリンと割れ，破面に鼠色の細かい粒が見える場合，炭素濃度が高い．図 5-5 と図 5-6 にそれぞれ，切り込みを入れた鋼材とその破面を示す．切り分けた鋼材には作製日時を記入しておく．

5-4　ふくれの生成と対策

縦と横の折返し鍛錬を行うと，鍛接面は厚さ方向に層状にできる．この場合，鍛接面が完全に接合していない部分 (ふくれ) ができることがある (図 5-7)．表面近傍のふくれは，鍛造中に温度が下がってくるとその部分が周りより少し暗く見えるので，その部分に針状の鏨で穴を開けるか，鏨の端で切れ目を入れる．そしてそのまま鍛造すると鍛接し，ふくれはなくなる．これは，ふくれが空気と接触することにより鋼の表面の温度が上がり溶融するので鍛造すると接合し，ふくれがなくなる．

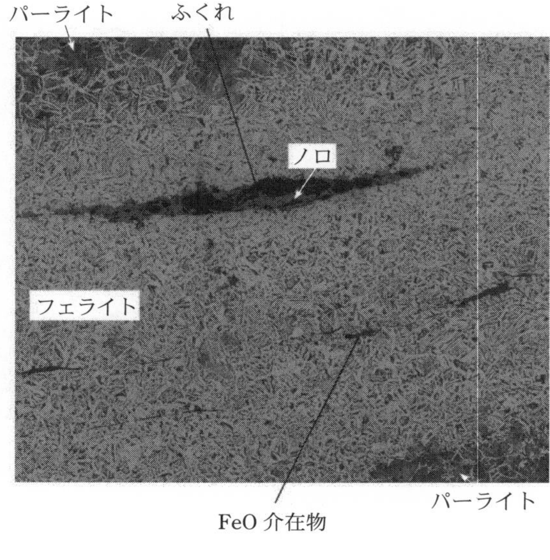

図 5-7　ふくれ

一方，折返し鍛錬の時，鍛接面に直角な側面（コバ）を打ち延ばしてこの面を矩形の鋼材の広い面にする．そして，この状態で折返し鍛錬を行い，沸しを掛ける．この方法でも鋼材の中にできたふくれはなくなる．

5-5　地肌の生成

折返し鍛錬の鍛接面は，鉄の酸化反応による発熱で昇温し表面が溶けて鍛接する．したがって，図 5-7 に示すような微細な FeO 介在物が鍛接面に沿って残留する．これが刀剣の表面に「地肌」と呼ぶ模様として現れる．上鍛えで鍛錬の折返す方向を縦だけで繰り返すと模様は「柾目(まさめ)肌」になる．縦と横を交互に繰り返すと「板目(いため)肌」や「杢目(もくめ)肌」になる．また，5 回程度折返し鍛錬を行い，鋼材を幅 5 分，厚さ 2 分程度の板にして，長さを 2 寸半程度に切り揃える．それらの板を手子台の上にびっしりと並べ積み上げて鍛錬を行う方法では，縦，横，斜め等の並べ方により様々な模様が現れる．図 5-8 に主な地肌の模様を示す．

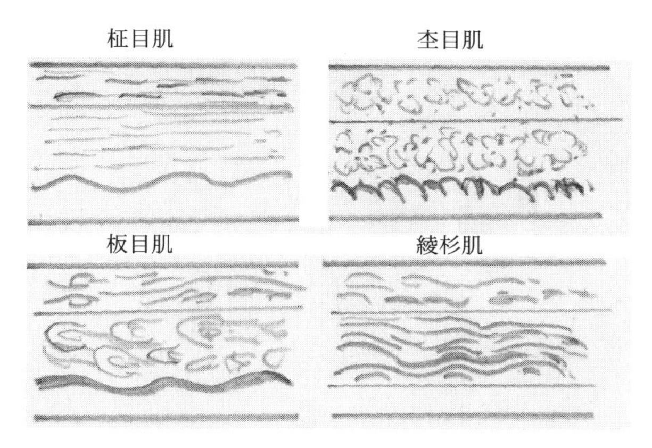

図 5-8 主な地肌の種類

「地肌」は細かい FeO 介在物の列であり，研磨により凹部を作るので光を乱反射して白く見える．

5-6 その他の鍛錬法

目白（玉鋼 1 級の小粒）等小粒の塊を積沸す方法である．手子棒の先端に手子台を作る．手子棒の先端を潰して数 cm の大きさの台を作り，そこに玉鋼や銑の小粒を乗せ，硼砂を掛けて仮付けする．さらにその上に小粒の鋼塊を乗せて仮付けし，次第に大きい塊を仮付けする．手子台にする程度の鋼塊を仮付けしたところで，全体を本付けする．1 回程度折返し鍛錬をして手子台の形にし，さらに積上げて必要量になったら折返し鍛錬を行う．

第 6 章　造り込みと素延べおよび火造り

6-1　造り込み

鍛錬が終り，切り分けた鋼材を手子台に積み重ね，仮付けと本付けを行い鍛接する．この時，どの鋼材をどこにどのような順番で積み重ねるかは，製品の構造により異なる．造り込みと火造りの詳細は各製品の作製の章で述べる．

6-2　沸し延しと素延べ

6-2-1　沸し延し

造り込みが終った鋼材は，藁灰を塗して火床で加熱する．沸き花が少し出る状態で取り出し，大槌あるいはスプリングハンマーで鍛造して少しずつ角材に延ばす．鍛接不良の個所から沸き花が出るので，その部分に藁灰を，大きな鍛接不良個所には必要に応じて硼砂を塗して加熱し，再び沸き花を確認して金床上に置き，鍛接不良の部分を手槌で叩いて鍛接する．この操作を繰り返し，製品の形状に応じて，例えば，一辺が約 1 寸 (3 cm) 程度の角材あるいは幅約 1 寸 (3 cm)，厚さ約 2 分 (0.6 cm) の板に延ばす (図 6-1)．

最後に角材を水打ちして表面の錆びを除去した後，徐冷し，表面をグラインダーで削り，鍛接不良の部分を削り取る．

6-2-2　素延べ

角材の鋼材を黄色になる程度に火床で加熱し，大槌あるいはスプリングハンマーで鍛造して少しずつ延ばす．あるいは板にする．この時，水打ちをして錆びを除去しながら鍛造する．

所定の大きさに近づいたら，鋼材を赤くなる程度に加熱し，スプリングハンマーあるいは打撃面が平らな手槌で表面を平らに均しながら水打ちをして

図 6-1　素延べした鋼材

さらに伸ばす．鋼材の色が消えたら再加熱する．この程度の温度の加熱では鋼材表面の脱炭は起こらないが，酸化されるので水打ちして薄い酸化皮膜を除去する．

所定の大きさに延ばしたら，鏨で手子棒から切り離す．

6-3　鋩子(ぼうし)沸しと火造り

製品の形状をスケッチしておき，その大きさに対応した分量を，素延べを行った鋼材から切り取る．この工程からは箸に素延べ材を強く固定して作業を行う．

6-3-1　鋩子沸し

折返し鍛錬により介在物が層状になっており，火造りの際，層に沿って剥がれることがある．特に，素延べ材の切断面には鍛接が十分でない接合面が現れる場合があるので，必ず切断部分に藁灰を塗し，沸き花を発生させ，金床上で手槌を用いて鍛造し締める．これを「鋩子沸し」という．叩いた瞬間にパンという音がして鍛接する．

6-3-2　火造り

その後は，鋼材を赤くなる程度に加熱し，凸面のある手槌を使い，水打ちをしながら徐々に製品の形に伸ばしてゆく．鋼材の色が消えたら再加熱する．製品の形に近づいたら打撃面が平らな手槌で表面を平らに均す．この工程を「火造り」という．強く打って凹みや手槌の角で傷を作ると回復は不可能でその分厚みが減る．

火造りが終った製品は，火床で均一に黄色くなるまで加熱し，藁灰の中に入れて数時間徐冷する．「焼鈍(やきなま)し」といい鋼材が軟らかくなる．

刃物の場合は焼鈍しして冷却した製品の表面を金床上で手槌により細かく打つ．これは表面の結晶組織を微細にする工程である．「空打(からう)ち」という．

6-4　鉄は熱いうちに打て

6-4-1　鉄の結晶構造

鋼材を黄色になる程度に加熱して鍛造すると軟らかく延ばすことができる．しかし,冷めて暗い赤色になると非常に硬くなりほとんど延びなくなる．

純鉄は912℃まではα-鉄の状態にあり，1394℃まではγ-鉄，それ以上融点の1536℃まではδ-鉄の状態にある．

γ-鉄は鉄原子が六方最密構造になっている．これは原子を球とすると，球をぎっしり並べた状態である．この場合，球3個を3角形に並べ，この形でさらに球を並べる．次にこの層の上に球を並べる場合，三角形に並べた球の凹みに置く．このようにして球をぎっしり並べる．4段目は1段目と同じ位置に球を置く．このように球を積み上げた場合，各層の間の凸凹は最も小さくなり，滑りやすい．

この球の並びを別の角度から見ると，図6-2 (a)に示す面心立方格子と呼ぶ結晶構造で表すことができる．立方体の各頂点に原子があり，4個の四角の面の中心にも原子がある．ここで,1,1,1と記した3つの球を含む面を(111)面と呼び，凹凸が最も小さい面で「すべり面」と呼ばれる．この構造を持つ金属は，金，銀，銅，鉛亜，鉛で非常に軟らかい．鉄に炭素が固溶するとこの結晶構造の領域は広がる．この結晶構造をオーステナイトと呼ぶ．したがって，オーステナイトの領域に加熱すると軟らかくなり鍛造が容易にできる．

α-鉄の結晶構造を図6-2 (b)に示す．体心立方格子と呼び，立方体の各頂点と立方体の中心に原子がある．これは原子の玉を四角に並べ，四角の凹みに次の段の球を置く方法で得られる構造である．この構造は面心立方格子と比べると格子の中の原子の数が少なく，隙間が多いことがわかる．したがって，(111) 面の凸凹は面心立方格子より大きく，滑り難い．さらに，炭素濃度が高くなると，セメンタイト (Fe_3C) が析出するので硬くなる．

6-4-2　塑性変形と転位

鍛造による塑性変形は原子がずれることにより起こるが，全ての原子が一斉に動くのではない．絨毯を動かす場合，端を持って一気に引きずるのではなく，端にしわを作りそのしわを反対側に順次送ることにより小さな力で絨毯を動かすことができる．同様に原子の端の列を一列動かし，空いた列に隣の原子を動かす．このように空いた列を順次動かすと小さな力で全ての原子を動かすことができる．この原子が空いた列を「転位」と呼び，塑性変形はたくさんの転位が動くことによって起こる．

6-4-3　鋼の結晶構造と変形

鉄は炭素を固溶し鋼と呼ばれる．この状態を固溶体という．図 6-3 の鉄－炭素系状態図に示すように，α- 鉄には 727℃で最大 0.0218 mass% C まで炭素を固溶し，フェライトと呼ばれる．結晶構造は体心立方格子である．γ-

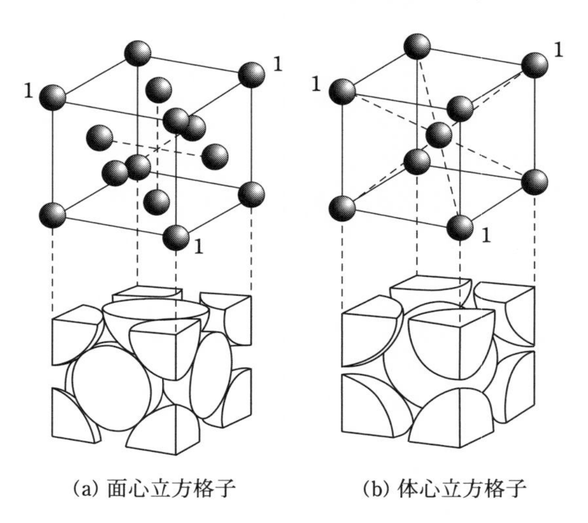

(a) 面心立方格子　(b) 体心立方格子

図 6-2　面心立方格子と体心立方格子のモデル

鉄には1148℃で2.11 mass％ Cまで炭素を固溶しオーステナイトと呼ばれる．この領域は0.77 mass％ Cで727℃の共析点，0.17 mass％ Cで1495℃の包晶点にまで広がっている．結晶構造は面心立方格子で軟らかい．

δ- 鉄は1495℃で0.09 mass％ Cまで炭素を固溶する．結晶構造は体心立方格子である．

炭素原子は鉄の原子より非常に小さいので，鉄の原子の並びの隙間に入る．これを侵入型固溶体と呼ぶ．他に，銅原子など同じ程度の大きさの原子が固溶する場合は鉄原子に置き換わるので置換型固溶体と呼ばれる．α- 鉄

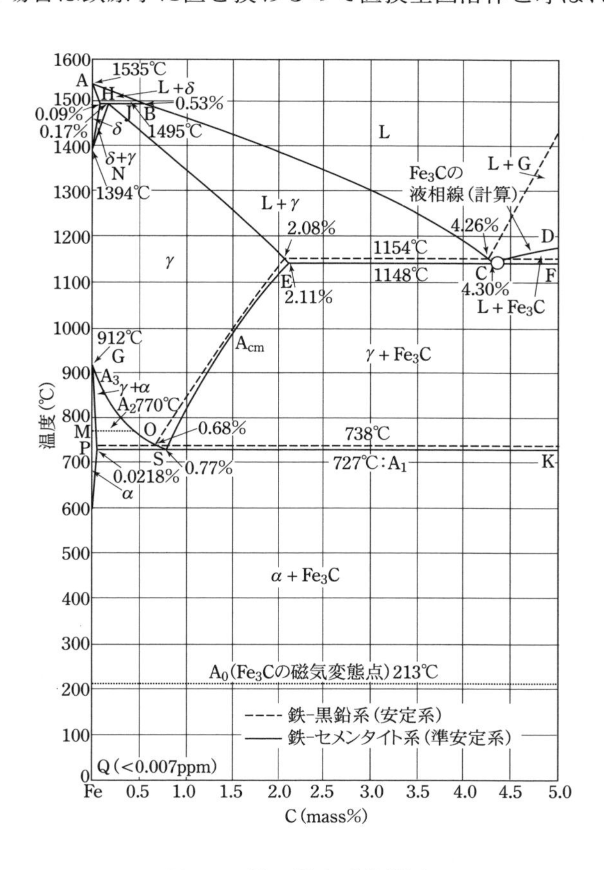

図 6-3　鉄－炭素系状態図

に炭素が各温度での最大の固溶量（固溶度）以上に入ると，α-鉄とセメンタイトと呼ばれる化合物 Fe_3C とが共存する状態になる．セメンタイトは非常に硬くて脆い．セメンタイトは炭素濃度 0.77 mass％で α-鉄と層状の構造を作り，パーライトと呼ばれる．0.77 mass％ C 以下では α-鉄とパーライトの混合状態になり，それ以上ではセメンタイトとパーライトの混合状態になる．

鉄中に炭素が固溶すると，塑性変形する際に転位の動きを妨げるので硬くなる．これを固溶硬化と呼ぶ．したがって，炭素濃度が高くなると次第に硬さを増す．また，一般に材料は多くの結晶粒からなるので，粒界でも転位の動きが妨げられる．さらに変形が進むと多くの転位が発生し，互いに干渉しあって動きを妨げる．これを加工硬化と呼ぶ．

6-4-4　鍛造の温度

このように鍛造により変形が進むと次第に硬くなる．硬くなった鋼材の鍛造をさらに続けると割れが生じることがある．そこで，加工硬化した材料を再加熱すると軟化して加工前の性質に戻り再び加工できる．これは，結晶粒中の原子が熱で移動し，転位が消滅するためである．この温度を再結晶温度と呼び，鉄では 450℃で赤熱した色が消える温度である．この温度以上での加工を熱間加工と呼ぶ．加工と焼鈍しを繰り返し行うので加工硬化が起こらず良く変形する．素延べは鋼板が赤くなった状態で鍛造し，赤みがなくなったら再加熱し，これを繰り返し行うのはこのためである．

鍛造では，最高加熱温度と終了温度（仕上温度）が重要である．鋼では最高加熱温度は1200℃で仕上温度は800℃である．この温度領域では，鋼はオーステナイトにあり，軟らかく加工することが容易である．1200℃は木炭が燃焼して黄色くなり鋼材がその色とほぼ同じになった時の温度である．この温度が高すぎると表面の酸化が進んで脱炭が起こり，沸き花が発生して鉄が酸化し始める．また，結晶粒が粗大化して割れの原因になることがある．

仕上温度は鋼板が黄色から少し赤みがかる色である．この温度が高いと結晶粒が大きくなり，低すぎると内部歪が残り，割れが入ることがある．また，加熱が急過ぎると内部まで均一に加熱されず，遅すぎると結晶粒が粗大化し表面の酸化と脱炭が起こる．鋼材の大きさや形状によって加熱速度を調整することが重要である．

鋼の引張り強さと硬さは温度上昇とともに低下し軟らかくなる．しかし，図 6-4 に示すように軟鋼は 250 ～ 300℃の範囲でかえって硬く強くなり，200℃付近で伸びと絞りが減少する．これは青熱脆さと呼ばれている．衝撃

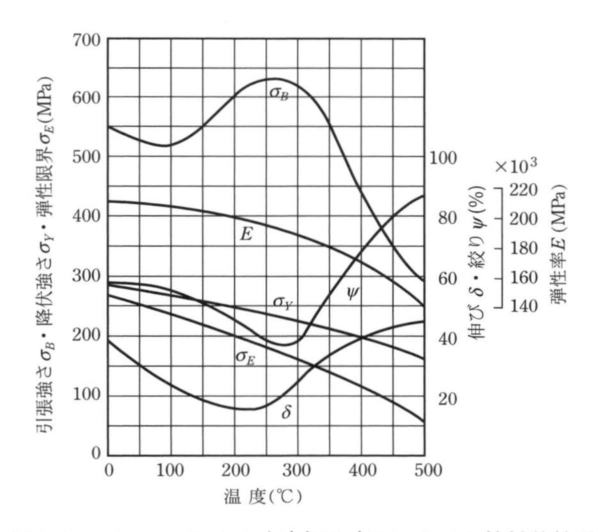

図 6-4 0.25 mass% C の炭素鋼の高温における機械的性質

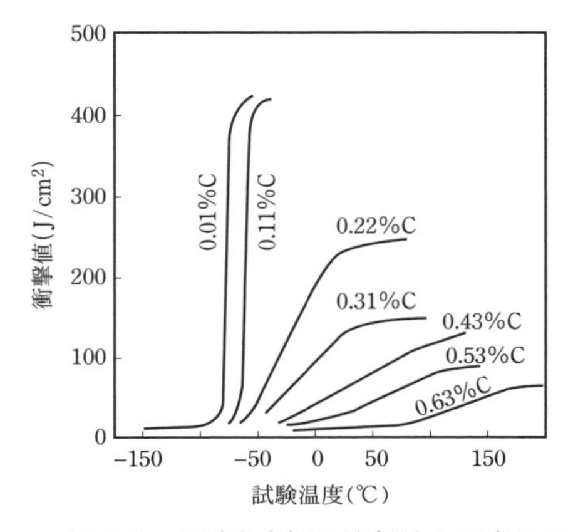

図 6-5 各種炭素鋼の衝撃値と温度の関係

値は図6-5に示すように，軟鋼は常温付近で急に減少し，低温脆さを生じる. 炭素濃度が高くなると0.63 mass％では200℃辺りから低温脆さを生じる. したがって，鋼材の色が消えたら鍛造を行ってはいけない．特にコバを打つと割れや皺ができる.

6-5　鍛冶は体で覚える

火造りは丁寧さと根気がいる仕事である．製品の平面と直線を出す．少しでも凸凹や曲りがあると研磨の工程で低い部分に合わせて削ることになり仕事量が増える．特に手槌で打つ時，温度を上げて軟らかくなった鋼材の表面に手槌の角が当たると凹み傷になる．したがって，常に手槌の平面が鋼材表面に当たるようにしなければならない．これは鋼材の温度の見極めと，手槌で打つ技術の修練を行う以外にない．ここに技(わざ)がある.

第7章　焼入れ

7-1　焼刃土と土置き

焼鈍しを行い，表面の結晶粒を微細にした刃物の表面を荒砥（#120程度）で研磨する．これにより表面に傷を付け，焼刃土が密着しやすくする．次に藁灰（アク）を使って水洗いし，表面に付いた手の油を除去する．この後，茎（なかご）以外は絶対に触ってはいけない．火で焙るかあるいは天日で乾燥する．

7-1-1　焼刃土

焼刃土は，粘土とケイ砂質の土および木炭の粉の混合物である．焼刃土に要求される性質は，適度な熱伝導と焼入れで加熱中に刃物から剥がれないことである．また，沸騰石の役割があり，発生する水蒸気を微細な気泡にして表面から離脱させる．焼刃土がない場合は，刃物の表面は水蒸気膜で覆われる．気体の熱伝導は非常に小さいので焼きが入らない．あるいは焼きがむらになる．

これらの条件を満たす焼刃土を探し求めて，粘土とケイ砂質の土には様々な鉱物が試行錯誤で用いられており，木炭を入れた3者の比率を含めこれらの材料は秘伝とされてきた．

ここでは，粘土にキブシ粘土，ケイ砂質の土に大村砥の粉，木炭に松炭の粉を体積比で10：8：8の割合で用いた．これらはそれぞれ図7-1に示す薬研（やげん）で微粉に摩り下ろし，絹目の篩で粒度を揃える．これらを所定の割合で混合し，乳鉢を用いて水で良く練る．表面に油が浮いたように見えるまで摺り合せて良く混合する．

7-1-2　土置き

刃物の表面に焼刃土を塗る作業を「土置き」という．平滑なガラス板の上に良く練った焼刃土を取り，弾力のあるヘラで焼刃土を練る．ヘラは油絵に

図 7-1　薬研

使うステンレス製が良い．使っているうちに乾燥してくるので水を足し，ヘラで良く練って粘度を一定に保つ．刃物の茎を図 7-2 に示す台に打ち込んだ鎹(かすがい)の枠に挟み込み，楔(くさび)を差し込んで固定する．

刃文の基本形は，直刃(すぐは)，のたれ，五(ぐ)の目の 3 種類である．直刃は直線，のたれは波打つ形，五の目は刃先に向かって刃文が下がる．足が下がるとも言う．まず，刃にする刃先部分に少し水分を多くし軟らかく練った焼刃土を，ヘラで下地が見えない程度にできるだけ薄く塗る．

次いで，五の目を入れる場合は，ヘラに焼刃土を付け，ヘラの手元側をガラス板の角に軽く打ち付けて土を落とし，ヘラの片側に均一に土が付くようにする．これを刃先の角に当て，棟に向ってヘラ先を回転するように当てる．これにより土の線が刃先から棟に向って付く．この線の間隔と向きによって様々な模様が描ける．直刃にする場合は五の目は入れない．

次に，棟(むね)側に焼刃土を厚さ 1 mm 程度に一定の厚さで塗る．直刃にする時は薄く塗った部分の幅が 2 ～ 3 mm 程度の直線になるよう一定の幅を作る治具を使う．のたれの場合は波の周期を手描きで塗る．刃の茎側は刃区(はまち)の角に向かって刃文を下げる（刀の各部の名称は図 11-1 を参照）．

模様の付け方には，この他，厚く塗った棟側の土を削り取り模様を作るこ

図 7-2　土置き

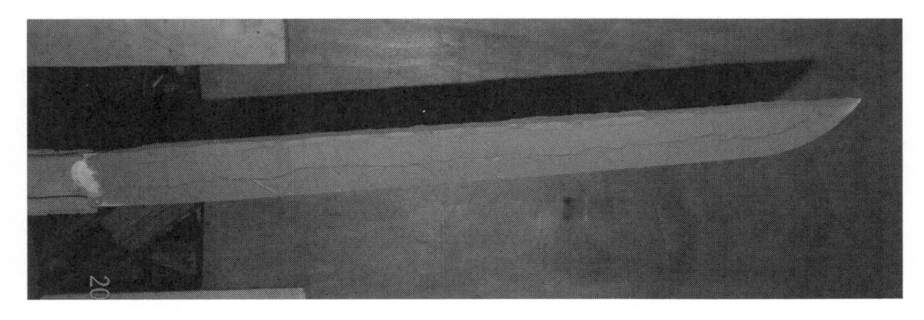

図 7-3　焼刃土を塗布した脇差

とができる．この場合削った部分は下地が見えない程度に土を薄く残す．

棟には土を置き，刃先の土は除去する．図 7-3 に刀の土置きが終わった状態を示す．

土置きが終わったら，天日で乾燥する．この時，ひび割れや剥がれがないか確かめる．これらが現れる場合は，洗浄が十分でないか，焼刃土の配合に問題がある．乾燥後，棟側の焼刃土を鑢で軽く削り，厚さを一定にする．

7-2　焼入れ

焼入れ用の木炭は，約4分（1 cm）角の大きさで切る．あるいは木炭を切った時できる小さい炭の欠片を目の粗い篩で集める．焼入れ用の水の水温は27～28℃である．

火床に木炭を30 cm程度に積んで燃焼させ，鉄棒で炭を良く掻き混ぜ，全体を均一に燃焼させる．茎を箸に固定し，まず，棟を下にして刃が炭の上面に見えるように木炭中に入れる．茎側の温度が上がり難いので，そこをまず加熱し，徐々に手前に引き，切っ先まで加熱する．これを繰り返しかつ次第に引き抜き速度を速める．刀身の色が橙色で均一になったら，刃を下にして木炭中に入れ，茎側から速度を速めて引き出す．刀身の色が均一になるまで数回繰り返す．全体の色が橙色で均一になったら炉から取り出し，切っ先から水中に入れる．刃に鑢を当てると滑るので焼きが入ったことがわかる．

この加熱方法は相州伝の方法で，沸（にえ）の強い刀になる．一方，備前伝では，強い炎を避けて炭火の上で刃を下にして加熱し，刃先が赤くなったところで温水中にゆっくり入れる．これにより匂（におい）出来の焼入れになる．

包丁は炭素濃度が約0.8 mass％と高い過共析鋼であり，刃割れが生じやすい．焼入れ後，数分後にピンという音を立てて割れる場合がある．この場合は，少し低い温度から焼入れを行う．たばこの火程度の赤い色が良い．

一般に，炭素鋼の焼入れ温度は，亜共析鋼では図6-3に示すA_3線より30～50℃高い温度，過共析鋼ではA_1線温度（727℃）より30～50℃高い温度である．特に過共析鋼ではA_{cm}線以上に温度を上げると焼入れで残留オーステナイトが多くなり十分に硬化しない．A_{cm}線以下にすると球状セメンタイトが析出して，結晶粒の粗大化を防止し，焼割れや焼入れ変形も少なくなる．

7-3　焼戻しと歪取り

焼入れが終わったら，直に火床の火にかざして加熱する．手に掬った水を刃物の表面に掛け，水滴が転がる状態になったら焼戻しができている．このときの温度は約200℃である．次に，刃物の曲りやねじりを金床上で，手槌で叩いて矯正し歪取りを行う．

焼戻し温度を200℃より高く400℃未満までの範囲で行うと，耐衝撃値が著しく小さくなり脆くなる．また,温度を上げすぎて刃の一部が青くなると,その部分の焼きが戻ってしまう．したがって，200℃程度で留めておく．

焼きを入れた状態の刃はマルテンサイトの結晶になって非常に硬い．焼戻しを掛けると，マルテンサイトの一部がα-鉄のフェライトと粒状のセメンタイトからなるトルースタイトに分解して少し軟らかく靭性がでる．

7-4　焼入れで現れる模様

日本刀の刃は焼きが入っており，刃の上の地肌と鎬(しのぎ)地および棟には焼きが入っていない．

刃と地肌の境目には刃文と呼ぶ模様が現われる．この刃文中には「沸(にえ)」と「匂(におい)」と呼ぶ模様があり，地肌には「移(うつ)り」や「地沸(じにえ)」，「地景(ちけい)」と呼ぶ模様が出ている．これらは金属組織で現れる模様であり，FeO介在物の微粒子の並びで現れる「地肌」の模様と異なる．

刃文は細かい粒の連続でできている．粒子が肉眼で光って見える程度の大きさで，地肌との区切りがはっきりとしない刀は「沸本位」あるいは「沸出来」と呼ぶ．沸は刀身に垂直に光線を反射させると「塗物に銀の砂子を振りかけた」ように見える．

一方，「匂本位」あるいは「匂出来」と呼ぶ刃文は，肉眼では見えない細い粒子でできており，刃文が線状に現れ地肌との境がはっきりしている．

沸は刀身面に20～30度の角度で光線を当て，反射する光線に透かして見ると「焼き刃境より刃先へボッと春霞が棚引く如く又白く烟の如し」と見える．

地肌とよく似ているが黒く光る地景と呼ばれる模様がある．これは焼入れの結果として焼き刃近くに現れ，色々な形状をしている一種の肌であり名刀に多い．俵は，地景部が炭素濃度約0.8 mass％内外の粒状ソルバイトで炭素濃度が0.1 mass％程度低い粒状パーライトとの混在からなるとしている．ソルバイトはα鉄とセメンタイトが層状になった混合物で，一種の微細パーライトとみなされる．焼入れで生じるマルテンサイトを500から600℃で焼

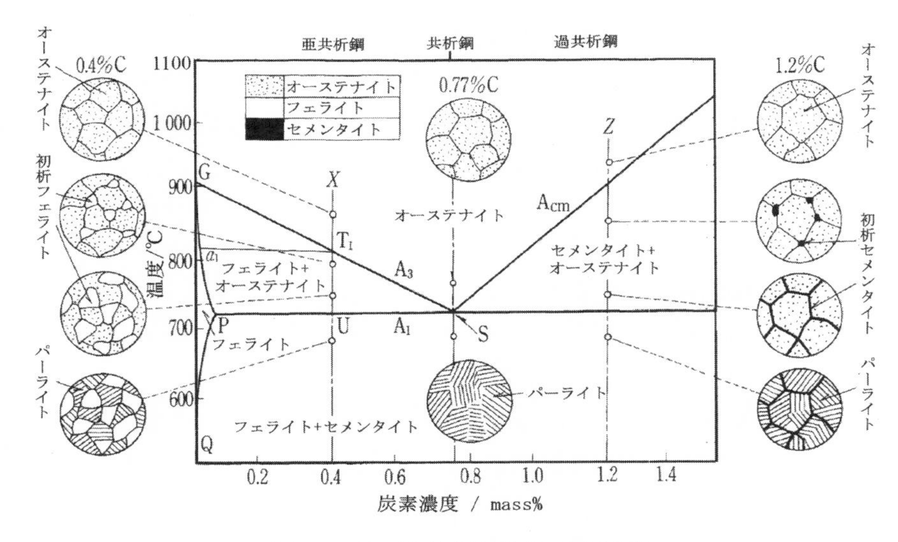

図 7-4　鉄－炭素系状態図と金属組織

戻しした時，あるいは焼入れの際600から650℃で生じさせた時に得られる組織である．パーライトより硬くて強靭で衝撃抵抗が大きい．また，ソルバイト塊は腐食されると濃黒に着色する．「綾杉」模様も地景でできている．地景は，炭素濃度が少し高い鋼を混入して鍛錬すると現れる．この時注意することは鍛錬および焼入れ温度をできるだけ低くし，細かいFeO介在物を接合面に残すことである．綾杉では硬柔両方の鋼を相重ねて鍛錬する際に多くのFeO介在物が接合面に残るので，肌目が明瞭になると同時に鋼の炭素濃度の差が模様として現れる．

7-5　焼鈍し材の金属組織

焼鈍しでは製品を徐冷すると軟らかくなる．図7-4に共析点近傍の鉄－炭素系状態図を示す．この図には鋼を徐冷した場合に現れる結晶組織の図が加えてある．

炭素濃度0.77 mass％の鋼を共析鋼と呼び，それより炭素濃度が低い鋼を亜共析鋼，高い鋼を過共析鋼という．共析鋼を726℃以上に保持するとオーステナイトと呼ぶ均一な組成の多数の結晶からなる組織になる．その結晶の大きさはより高い温度に長く保持するほど大きくなる．高温から非常にゆっくり降温すると726℃のA_1で共析反応が起こり，炭素濃度の低いフェライト（α-Fe）とセメンタイト（Fe_3C）に分解する．これを共析変態と呼ぶ．フェライトとセメンタイトは間隔が0.30～0.35 μmの層状に析出し，この組織をパーライトと呼ぶ．斜光線で真珠のように光るのでこの名がついた．

図7-4のXの組成の亜共析鋼をゆっくり冷却すると，A_3線より低い温度ではオーステナイト結晶の粒界にフェライトが析出する．温度が下がるに従ってこのフェライト相は増大しオーステナイト相は減少する．726℃のA_1の温度に達すると残ったオーステナイトは全てパーライトになる．図7-4のZの組成の過共析鋼の場合は，A_{cm}線以下ではセメンタイトが粒界に析出し，A_1の温度以下で残ったオーステナイトは全てパーライトになる．

7-6　焼入れ材の金属組織

俵は，日本刀の焼入れで現れる模様を金属組織学的に研究した．

刃部は全体がマルテンサイトである．マルテンサイトは元のオーステナイトの炭素濃度のままフェライトにごく近い体心正方格子に変わった結晶で，炭素の移動を伴わないで瞬時にマルテンサイト変態が起こる．金属組織は微細な笹の葉状をしている．結晶中には炭素が鉄原子の間に侵入型で過剰に固溶しているので歪が生じ，多量の転位が生成するので非常に硬く脆い．そこで，焼戻しを行って，マルテンサイト結晶の一部からフェライトとセメンタイトの相を析出させると粘りが出る．

沸や匂の結晶粒はマルテンサイトであり，その周囲はトルースタイトから成っている．トルースタイトは，約400℃で焼戻した場合に，マルテンサイト結晶粒の周りに析出したフェライトと極微細粒のセメンタイトの混合物である．マルテンサイトに次ぐ硬さで粘りがあるが腐食されやすく，研磨により凹凸を生ずる．焼戻しトルースタイトと呼ばれている．500～600℃で焼戻した場合はセメンタイトの粒が少し大きくなり，焼戻しソルバイトと呼ばれている．トルースタイトより軟らかく，腐食されてもそれほど黒くならない．

沸の場合は，マルテンサイトの粒が大きく，トルースタイトは比較的少ない．俵は，「沸の大きさは径が 0.3 mm に達するものもあり，刀身において殊に光沢を有す」と述べている．マルテンサイトは周囲の組織と比べ硬度があるので研磨により光を反射して光沢を持つ．周囲のトルースタイトは比較的軟らかく腐食されやすい．匂は，比較的量が多いトルースタイトの中にマルテンサイトの細かい粒が混じっている状態なので，研磨により凹凸を生じて光を散乱するので黒く見える．

「地沸」は刀の地肌で特に強く光る粒で，マルテンサイト，トルースタイト，ソルバイト，パーライトからなり，「移り」は焼戻しトルースタイトが主であると俵は述べている．

7-7　冷却速度と析出する結晶組織

刃物をオーステナイト領域に均一に加熱し冷却する時の冷却速度により，表面にできる結晶組織が異なってくる．オーステナイトは面心立方格子で最密充填構造であり，フェライトは体心立方格子で密度はオーステナイトより小さい．したがって，冷却時に，体積が膨張する．

図 7-5 には共析鋼の昇降温時に起こる体積変化を示す．ゆっくり昇温すると 726℃の A_1 より少し高い温度 Ac_1 でオーステナイトに変態する．

(a) に示すようにゆっくり降温すると A_1 より少し低い温度 Ar_1 で変態が起こり，フェライトがパーライト組織で析出して体積が膨張する．

(b) のように空冷し降温速度を速くするとさらに低い温度 650℃近傍の Ar' で変態が起こる．この時できるパーライトは微細パーライトと呼ばれ，層間隔は 0.25 μm 以下になっている．

(c) は油に焼入れた場合で冷却速度はさらに速くなる．変態は低い温度 550℃近傍の Ar' で起こり，パーライトの層間隔はさらに微細になる．そして，220℃近傍の Ar'' の温度で大きな膨張が起こる．この膨張はマルテンサイトの析出によるもので，この温度を Ms 点と呼ぶ．Ms 点は冷却速度には影響

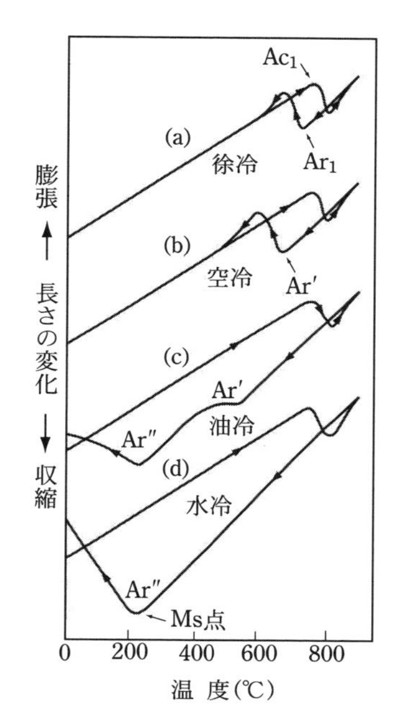

図 7-5　共析鋼の昇降温における体積変化（試験片直径 5 mm）

されないが，炭素濃度により異なる．

(d) のように水中に焼入れして急冷すると，Ar′点は現れず Ar″点でマルテンサイト変態が起こる．

Ar′が 600 ～ 650℃で起こる場合に現れる微細パーライト組織はソルバイトと呼ばれ，550 ～ 600℃で現れる組織は結節状トルースタイトと呼ばれる．焼戻しで現れる組織と同じ名称であるが，フェライトと微細なセメンタイトの出現の仕方が少し異なる．

図 7-6 は炭素濃度 0.63 mass％の鋼の冷却速度が温度低下とともに直線的に遅くなることを示している（付録 1 参照）．焼刃土の厚さを薄くすると温度が低くなっても冷却速度は速く維持される．

この図には Ar′および Ar″が現れる温度の関係を示している．焼刃土の厚さが 0.328 mm より厚い場合は，上述の (a) の場合で，パーライトだけが析

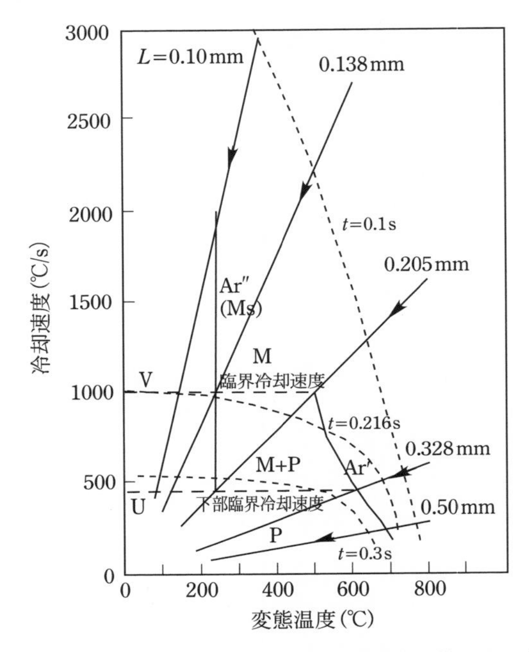

図 7-6　炭素鋼（0.63 mass％ C）の冷却速度と焼入れの関係

出する．0.328 ～ 0.205 mm では Ar′の変態が起こる．0.205 ～ 0.138 mm ではAr′の変態の他にマルテンサイト変態 Ar″が起こり始める．0.138 mm 以下では Ar″変態だけが起こる．Ar′と Ar″変態がともに起こる最大冷却速度を上部臨界冷却速度 (*V*，単に臨界冷却速度)，最小冷却速度を下部臨界冷却速度 (*U*) と呼ぶ．この範囲は冷却速度 500 ～ 1000℃ /s の範囲にあり，マルテンサイト (M) とパーライト (P) が析出する．

共析鋼が最も臨界冷却速度が小さく焼きが入りやすい．日本刀の皮鉄（かわがね）の炭素濃度は共析鋼の近辺になっている．

俵は，直径 18 mm 厚さ 6 mm の炭素濃度 0.60 mass％と 0.95 mass％の鋼材を焼入れし，保持温度と焼入れ温度および表面の焼刃土の有無が，トルースタイトの微細パーライトの網目の大きさとマルテンサイトの笹葉状組織の針長に及ぼす影響を調べた．保持時間は 10 分で，所定の焼入れ温度まで電気炉中で炉冷し，水中に焼入れした．水温は 17℃である．観察は表面を

1 mm 削った面で行った．その結果，保持温度が高く，焼入れ温度も高い方が網目および針長がより大きくなることを示した．また，俵の実験結果を基にマルテンサイト相とトルースタイト相の割合を調べると，炭素濃度 0.60 mass％の鋼で焼刃土のない試料では，保持温度 830℃，焼入れ温度 720℃でマルテンサイト相の割合は 58.5％であるが，焼刃土がある試料では保持温度 1000℃，焼入れ温度 830℃で 71.6％である．明らかに，焼入れ温度が低い方がトルースタイト相の量が多い．これは保持温度が高いとオーステナイトの結晶粒が成長し，冷却速度も大きくなるためマルテンサイトの結晶粒が大きく割合も多くなるので，荒沸になりやすい．結晶粒が粗大化すると焼割れを起こしやすく靭性（じんせい）も低くなる．また，保持温度が低い場合は，結晶粒は小さく小沸になる．

保持温度も焼入れ温度も低い場合は，結晶粒が細かくなり，焼刃土がある試料では焼入れ速度も遅くなるのでトルースタイト相の割合が多く匂出来になる．

和鉄の特徴は炭素濃度の不均質さにある．図 7-4 に示す炭素濃度 X で徐冷すると，A_1 線でのフェライト相とパーライトの割合は，US：PU の長さで表される．炭素濃度が 0.1 mass％変化すると，亜共析組成ではフェライト相の量が約 13％変化する．過共析組成ではセメンタイト相の量が約 9％変化する．このように，炭素濃度の不均質さが模様を変化させている．フェライトは軟らかく展延性が大きいが，セメンタイトは非常に硬く脆い．したがって，表面を研磨すると，フェライトが多い地は「鈍く」，セメンタイトが粒界に析出している地は「冴えた」感じになる．

第8章　研ぎ

8-1　研ぎの目的

日本刀の美術的表現を現すのは，その形状と表面の精巧な研磨である．さらに切れ味の機能的要素は刃物の形状と刃の角度である．これらの形状や表面状態を最終的に決定するのが研ぎである．研ぎの工程に関する砥石などの道具や研磨の方法については著作が多々あるが，研ぎを科学的に解明した研究書は唯一，俵國一の著書，『日本刀講座科学編日本刀の科学的研究 (2)』第8章「日本刀の研磨法に就き」と10章「日本刀の研ぎ面の模様と鍛錬組織」である．

表面の加工は研削と研磨がある．研削は表面を削って形状を変化させる方法である．火造りの仕上げで刃物の表面を鑢(やすり)や鑽(せん)で削り，荒砥で仕上げをする工程はこれに当たる．一方，研磨は表面を少しずつ削り落し凹凸を滑らかにして表面に光沢や艶を出す方法である．砥石を使って日本刀の表面に美術的表現を現す工程がこれに当たる．焼入れ後に行う鍛冶研ぎや窓開けは，傷や欠点の調査と焼入れの状態を見るために行われる．

現在，様々な被研磨物質に応じた研磨材が開発され，手動研磨や機械研磨により金属ばかりでなくセラミックスやガラス等の研磨が行われている．研磨材には遊離砥粒と固定砥粒がある．前者は液体に砥粒を懸濁させ加工物どうしの間に流し込んで互いに摺り合せて研磨する．半導体のウエハの研磨やレンズやプリズムの研磨で使われている．後者は砥石を用い乾式で削る方法である．グラインダーやベルトサンダー等がある．

一方，刀の研磨は手作業で行われ，砥石を濡らし削り出された砥粒を水に懸濁させて研ぎあげる．特に仕上げの段階では天然の砥石が使われている．このように砥石を水で濡らして刀や包丁を研ぐ方法は遊離砥粒と固定砥粒の両者を含んでいる．

本章では，この両者の特徴を持つ研ぎの技術を述べる．

8-2 仕事場と道具および研ぎ方

図 8-1 に鍛冶工房の研ぎ台を示す．研ぎ船とも呼ぶ．直射日光が差し込まない場所にある．研ぎ台は約 5 尺 (1.5 m) 四方の正方形の木枠で床にはヒノキ，杉，サワラ等の板が張ってある．図の左に細い溝があり，この溝に向かって 3 ～ 5 度傾斜させ水が溝に流れ込むようになっている．左中央に研ぎ桶が置かれ水が張ってある．研ぎ桶の水には，藁灰を詰めた布袋を浸しあるいはカセイソーダあるいは重曹を溶かして水が少しアルカリ性になるようにすると鋼が錆び難くなる．これを灰水という．その右に砥台枕が置かれ，砥台が掛けてある．砥台枕で砥台の傾斜を調整する．砥台には濡れた布を滑り止め用に掛け，その上に砥石が置かれている．砥石を押さえている曲った棒は踏まえ木である．踏まえ木の脇に四角い板の爪木がある．右側の台は床几であ

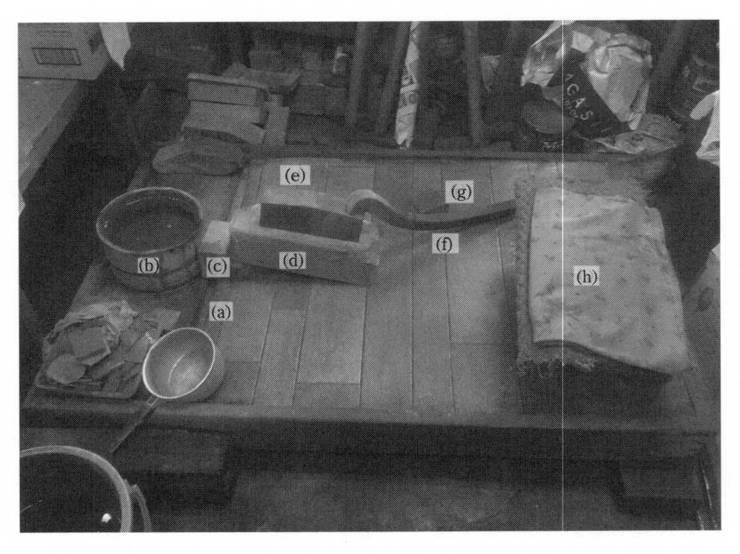

図 8-1 鍛冶工房の研ぎ台．(a) 溝，(b) 研ぎ桶，(c) 砥台枕，(d) 砥台，(e) 砥石，(f) 踏まえ木，(g) 爪木，(h) 床几

る．

研ぐ姿勢は，床几から腰を浮かせ，右足のかかとで踏まえ木を押さえ重心を掛ける．爪先は爪木に乗せる．左足は胡坐をかき親指を踏まえ木に添え，左足の膝で体を支持する．体の中心が砥石の上になるようにし，両手で刃物を持った時，砥石の中心線上にある刃物を真上から見るように前傾する．

砥石の研ぎ面と角を少し粗い材質の別の砥石で少し落としておく．表摺りという．そして，向う側半分を使い，減ってきたら砥石は前後の向きを変えて用いる．したがって，砥石の面は中心部が高く斜面が平面の山形になる．時々，砥面がえぐれるように凹面状になることがあり，あるいは押し手側が減ることがあるので，荒目の砥石で表摺りを行い常に平面の山形になるようにする．表摺りの操作で砥石に混入する硬い部分，即ち針気や石気，メクラ，スジが見つかった場合は小刀で除去しておく．

8-3　砥石の種類と研磨

砥石の大きさは，長さ約 20 cm，幅約 5 cm で高さは最初 8 cm 程度あるが使用するうちに薄くなる．

砥石には目の粗いものから細かいものまで 7, 8 種類ある．また，天然石の砥石と人造砥石がある．天然砥石はケイ石の粒と粘土で構成されている．一方，最も代表的な人造砥石は炭化ケイ素の粉を砥粒にして粘土質結合剤を用いて高温焼成したもので，ビトリファイド砥石とも呼ぶ．ケイ石の粒を混入する場合もある．この他，水ガラスや酸化マグネシウムと塩化マグネシウムの混合物を結合剤にした砥石もある．

砥石の粗さは番号で表されており，番号が大きいほど粒度が細かい．表 8-1 に天然砥石と人造砥石の粗さを対照して示した．天然砥石は品質にむらがあるので，近年は品質が一定している人造砥石が多く使われるようになってきた．しかし，細かい粒度の内曇り砥や鳴滝砥に匹敵する人造砥石はない．図 8-2 には各種の砥石を示す．荒砥は 100 〜 200 番台, 中砥は 1000 番台, 仕上砥は 2000 番以上である．

次に砥石の特徴を述べる．

表 8-1　天然砥石の性質と人造砥石との比較

砥石の種類	岩石	砥粒形状	平均粒径 (mm)	粘土の割合 (%)	密着力	備考	人造砥石の番号 (#)
荒砥	砂岩	角張った結晶, 長短あり	0.4	3	大	荒砥として不良	120, 180, 220
				5	小	荒砥として有効	
大村	砂岩	同	0.15	4	荒砥より大		220
備水	火山岩が分解	同	0.04 –0.10	40	大村より大の伊予より小	絹雲母を多量含むが研磨に影響ない	400 前後
改正名倉	斑状火山岩が分解	同	0.01 –0.04	70	伊予より大	絹雲母を少量含む	600 前後
中名倉	不明	大粒は同上	0.01 –0.02	70 ～ 80	改正より著しく大	絹雲母を少量含み，量は改正より多い	800～1200
細名倉							1500～2000
内曇り	不明	大は針状，小は少し丸	0.005 –0.015	95	名倉より少し小	絹雲母を少量含み，層に剥がれる	3000 ～ 5000 刀剣研磨に耐える物なし

注：文献 5) と 9) を参照して作成した.

1) 荒砥：砥石の砥粒は約 0.4 mm あり粒径が最も大きく，表面は砥粒で凸凹している．天然砥石には松浦砥や笹口砥があり砂岩である．人造砥石の番号では 220 番より小さい．天然砥石の荒砥では砥粒を固定している結合剤の粘土の割合が 3% と 5% で研磨の効果が大きく違っている．少ないと砥粒の密着力が強くなり，研磨により砥粒が擦り減って平らになり効果が低下する．多いと適当に砥粒が離れ水に懸濁するので新しい砥粒が表面に出て効果的に研磨できる．しかし，沸や匂等の模様を現すトルースタイトやマルテンサイト等の金属組織の大きさは平均 0.05 mm 程度で，荒砥の研磨條痕より小さくこれらの模様を出現させることはできない．むしろ良く削れるので研ぎ過ぎや，角を落とす「蹴り切り」に注意する必要がある．ここで粘土の割合は俵によるもので 0.01 mm 以下の粒を粘土としている．

2) 大村砥：荒砥であるが，砥粒は 0.15 mm と小さく粘土質分は 4% である．人造砥石の番号では 220 番に相当する．図 8-2(a) の荒砥は人造砥石の 220 番で，黒い色をしており，炭化ケイ素粒の他，ケイ石の粒が少量混入している．(b) は大村砥で，ケイ石の粒からなっている砂岩である．

3) 備水砥（びんすい）：天然砥石は火山岩が風化した岩で，砥粒は 0.04 ～ 0.10 mm と細かくなる．図 8-2(c) は人造砥石で荒さは 400 番で備水砥に近いものである．白色をしており，砥粒はケイ石の粒で粘土の割合は 40％である．表面の凸凹は少ない．備水砥に近い砥石は伊予砥である．現在は品質の良いものが得られていない．備水砥は荒さに応じて 3 種類ある．砥目の粗さは，白地にゴマのような黒色の斑点が混じる砥石，茶褐色や黒紫色の縞模様がある砥石，そして黄色みを帯びている砥石の順に細かくなる．最後の砥石は改正名倉砥に近くなる．

4）名倉砥：名倉砥には，荒さの順に改正名倉砥，中名倉砥，細名倉砥がある．これ以後のこれらの砥石を用いた研ぎ工程では，研ぎで作られる砥目の線を少しずつ消してゆく作業である．

改正名倉砥は，天然砥石は斑状火山岩の風化したもので，砥粒の粒径は 0.01 ～ 0.04 mm，粘土の割合は 70％である．図 8-2 (d) は人造砥石で荒さは 600 番である．

中名倉砥と細名倉砥は，砥粒の粒径が 0.01 ～ 0.02 mm で粘土の割合が 80％である．中名倉砥と細名倉砥に相当する人造砥石はそれぞれ 800 ～ 1200 番と 1500 ～ 2000 番である．これらの天然砥石には白口と黄口があり，

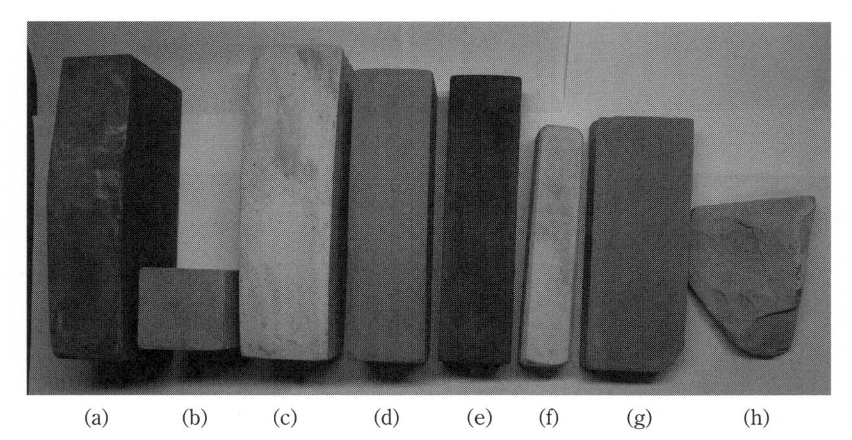

(a) (b) (c) (d) (e) (f) (g) (h)

図 8-2 各種砥石．(a) 荒砥（人造，黒色），(b) 大村砥（明るい灰色），(c) 備水砥（人造，白色），(d) 改正名倉砥（人造，黒色），(e) 中名倉砥（焦茶色），(f) 細名倉砥（黄色），(g) 内曇り砥（濃灰色），(h) 鳴滝砥（黄土色）

前者の方が軟質である. 図8-2(e)と(f)にそれぞれ中名倉砥と細名倉砥を示す.
5）内曇り砥：砥粒の粒径は0.015 ～ 0.005 mmで粘土の割合は95%である. 色は濃灰色である. 砥粒が細かいので空気中の埃が傷の原因になることがあるので, 清浄な環境で研ぎを行うことが望ましい. 図8-2(g)に内曇り砥を示す. 硬軟があり, 比較的軽く水に濡らした時乾きが早いものは軟らかい. この砥石に対応する人造砥石は3000 ～ 5000番で, 刀の研ぎに耐えるものはないといわれている. 軟らか目の砥石は硬い刃の部分を研ぐのに用い, 硬めの砥石は地砥ぎに用いる.

8-4　砥石による研磨の原理

天然砥石はケイ石の粒と粘結材のケイ石粘土で構成されている. これを水に浸し, 水を付けながら研ぐ. 荒砥など少ない粘土で大きなケイ石粒が固着している場合は, 被研磨物の鉄がケイ石粒に掻き削られ, 粒の表面に付着する. したがって, いわゆる目詰りを起こして切れが悪くなる. 水で結合剤の粘土が緩みケイ石粒が砥面から外れると新しいケイ石粒が現れ, 切れが悪くならない. また, 砥粒は剥がれて水に懸濁し砥面と被研磨物の間で転がり研磨に寄与する. 鑢で研削する場合にも鑢目に削り粉が詰り切れが悪くなるので, 金ブラシで擦って目詰りを直す.

天然砥石の目が細かくなると粘土の割合が増加するが, これは砥粒の径が粘土の大きさと同じ程度になるためである. 人造砥石でも同様で, 結合剤の粘土が水で軟化し, 砥粒が適当に剥がれるようになっている. いずれにしても砥汁が重要である. 砥汁を作りながら研ぐと研磨の効果は大きい.

研ぎは根気のいる仕事でかつ独特な姿勢を保つ. 右手でしっかりと持ち, 左手で軽く押さえ, 研ぎ方向を調整する. これは鑢の使い方でも同じである. しかし, 慣れないと砥面が凹み, 左側が削れる. 砥面が少し凸になるように研ぐには練習し体で覚えるしかない. この研ぎにより折返し鍛錬や焼入れによる和鉄鋼材が持つ美術的な模様を出現させることができる. 砥石は砥粒と粘土でできており, 水で濡らして研ぐと, できる砥汁は剥がれた砥粒と粘土のスラリー状液体となり, 研磨に重要な役目を果たす.

第9章　切り出しナイフ作り

9-1　構造

日本の刃物の多くは，軟鉄の台鉄（たいがね）に鋼の刃を鍛接している．切り出しナイフは長さ 15 ～ 20 cm，重ね 3 ～ 4 mm の鋼板の一端に鋼を鍛接し，斜めに刃を付けている．台になる柄の地金は自由にデザインできる．図 9-1 に切り出しナイフの例を示す．

9-2　材料

刃には，鉧を折返し鍛錬 5 回行って作った素延べの鋼板で，共析鋼に近い炭素濃度の鋼を用いる．台鉄（たいがね）には炭素濃度約 0.1 ～ 0.2 mass％の鋼を使う．包丁鉄や洋鉄が良いが，市販の普通鋼を使うこともできる．

刃の鋼板は，重ね約 1 分 (3 mm)，幅約 1 寸 (3 cm)，長さ約 1 寸 (3 cm) に切り出し，図 9-2 に示す形に手槌を使って作る．その一辺は丸くして，端を斜めにする．薄くすることにより沸き花発生時に温度を他の部分より高くすることができ鍛接を確実にする．一辺を丸くするのは台鉄と刃の境の模様を美しく出すためである．

台鉄の鋼板は重ね約 1 分 (3 mm)，幅約 1 寸 (3 cm) で刃の鋼板の幅より 1

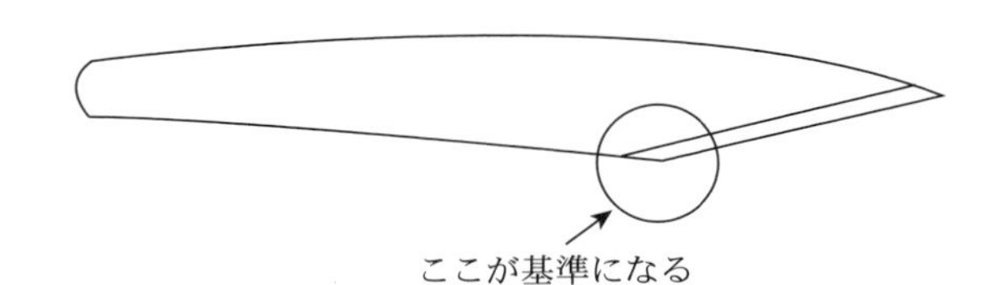

図 9-1　切り出しナイフの形の例

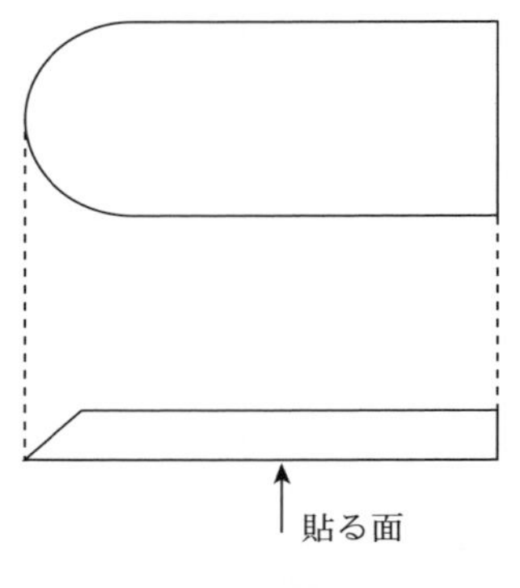

図 9-2　刃の鋼の形

割ほど狭くする．長さはデザインにもよるが約 5 寸 (15 cm) とする．

切り出しは鏨を手槌で叩いて行う．その際に，ラインの両端に切り込みをつけてから真ん中に切り込みを入れる．切り込みの裏を金床の端に当て手槌で叩いて直角近くに曲げ，ひっくり返して戻すと簡単に折れる．

9-3　鍛接

刃の端の部分と地金の端の部分を合わせ鍛接する (図 9-3)．合わせ面には硼砂や鉄蝋を撒いても良い．火床の高温領域は，羽口の少し手前，羽口の手前端辺りにある．そこに刃と地金を合わせた部分を置き，鋼材を崩さないように木炭を火床の高さの中ほどまで入れ，空気を送って加熱する．炎は火床上端から 20 ～ 30 cm の高さで強く吹かない．

しばらくして炎中に沸き花が発生し始めたら，接合部全体から出るのを確認し，送風を止める．鋼材が見えるように木炭を炉の後方に押しやる．台鉄を箸で掴んで金床上に置き手槌で刃の部分の鋼材の中心を軽く叩く．そして，接合部の先端と後ろの部分を軽く叩く．仮付けである．これで部分的に接合する．

素早く接合部の周りに硼砂を撒き，再度火床中で加熱する．沸き花が均一に出ることを確認し，取り出して金床上で全体を強く叩く．本付けである．横にはみ出した刃の鋼を台鉄に覆いかぶせるようにコバを叩き鍛接する．

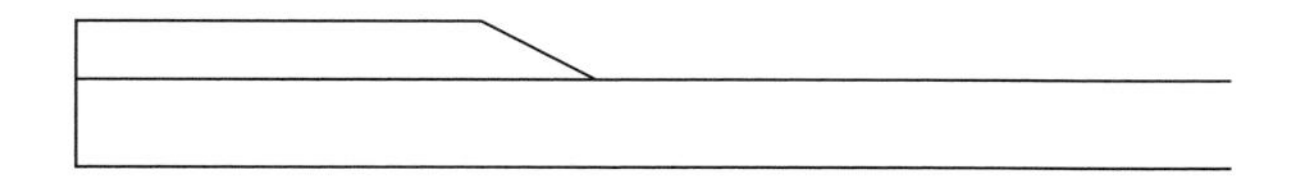

図 9-3　刃と台鉄の貼り合せ

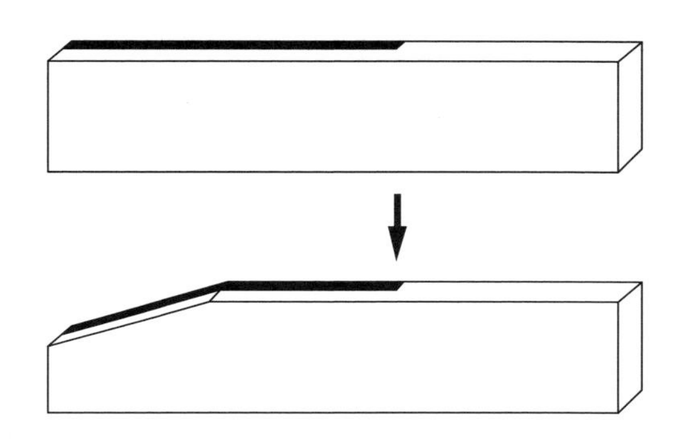

図 9-4　刃の部分（斜め直線）

9-4　火造り

鍛接した部分を手槌で叩き台鉄の重ねと幅に合わせる．温度は，鉄の色が少し黄色になる程度に加熱する．沸き花は出さない．

図 9-4 に示すように，加熱して刃の部分が斜めで直線になるように平面とコバを叩いて成形する．右利きと左利きでは刃の向きが逆になるので注意する．切る方向に対し刃の鋼は下面になる．

刃の裏側の鋼に浅い凹みを入れる．これを図 9-5 に示す．この凹みは，鉈や出刃包丁，鑿，鉋など片刃の刃には全てある．凹みを入れる理由は，研ぎの際，砥石の平面に接触する部分を少なくして研ぎやすくするためである．この凹みは，金床の端の曲面に刃の鋼部分を当て，手槌を使ってたたき出す．

台鉄を加熱しながらデザインに従って成形する．図 9-1 では台鉄は先細り

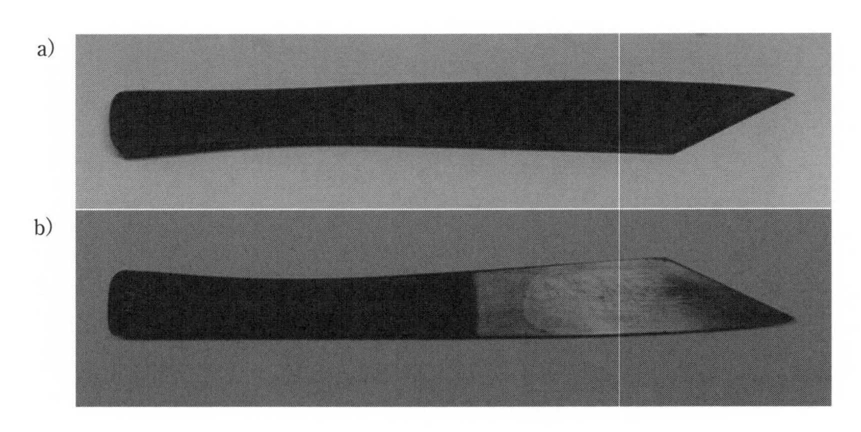

図 9-5　切り出しナイフの表と裏：a）表，b）裏（凹みがある）（佐藤重利作）

にし，内側に少し曲げている．また，持ちやすいように角を丸める．成形にあたっては平面を出すようにし，手槌による凹み傷を作らないよう注意する．

刃の部分を出す．刃の部分を加熱し，台鉄側を叩いて約30度に傾斜させる．まず刃の縁の部分を叩き，徐々に内側を叩いて傾斜させ刃を出す．最後に刃の面を平面にする．刃先は重ね0.5 mmほど残し，直線状を維持する．刃の先端は尖らせ，刃の元の部分は角を出す．

9-5　焼鈍しと表面研磨

火造りの結果，切り出しナイフは加工硬化しているので，焼鈍しを行って軟らかくする．ナイフを燃焼している木炭の中に入れ，羽口前で前後に動かして，全体に薄暗い赤色になる程度に均一に加熱する．温度は780℃程度である．この温度は鉄の磁気変態点なので，この温度以上にすると磁石に付かない．鋼が磁石に付かない状態を確認する．均一に加熱したら，藁灰の中に埋めて徐冷する．数時間後に取り出す．これで鉄は軟らかくなる．

ナイフを万力や研ぎ台に固定し，表面に鑢を掛け，表面の錆びを取り，平面を出す．ベルトサンダーで面を磨いても良い．表面に凹み傷がある場合，これを除くには重ねを薄くするしかない．

藁灰を塗して洗い，表面の脂分などの汚れを取る．重曹を少し溶かした液で洗っても良い．最後に水で洗い，これを日陰で乾かす．以後，手で触らない．箸で掴む．

9-6　土置きと焼入れおよび焼戻し

まず，焼刃土の一部を取り，さらに水を加えて良く混合して薄くする．これを刃および裏側の鋼部分に薄く均一に塗る．

次いで，残りの焼刃土を台鉄に 1 mm 程度の厚さに均一に塗る．刃と鋼の部分には塗らない．ナイフを，切っ先を上にして壁に立てかけるなどし，接触部分をできるだけ少なくして日陰で乾燥する．

焼刃土が乾燥したところで，切り出しナイフの焼入れを行う．焼きを入れるところはナイフの先端の鋼部分である．火床に焼入れ用の細かい木炭片を羽口の上 15 cm ほどまで入れ，温度を上げる．灰掻き棒で木炭をかき混ぜて温度が均一になるようにする．温度は鋼の色が薄暗い赤色になる 780℃以上である．羽口の上でナイフを炭火中に入れ，前後にゆっくり動かす．鋼の色が均一になり，磁石に付かないことを確認し，すぐに水に入れ焼入れる．水の温度は 28℃くらいが良い．焼きが入ったかは，鑢で刃を擦ると引っかかりがなく滑るのでわかる．

焼入れ後，ナイフが変形している場合は，すぐに金床上で手槌を用いて平らにする．すぐに行えば刃は割れない．

焼きが入った刃は非常に硬く，この状態で研ぎを行うと刃が欠ける．そこで，焼戻しを行い，刃に靭性を与える．火床の炎にナイフをかざし加熱する．鋼に水を掛け，水玉が踊るようにはじける温度に加熱する．これで焼戻しが完了する．加熱したてんぷら油や炊飯中の炊飯器に 2 時間ほど入れても良い．

9-7　研ぎ

荒砥で刃を研ぎだす．砥石に水を掛ける．台鉄を持つ左手首を固定し，右手の指を刃に軽く押し当てる．刃の角度を一定に保って刃を押し出すときに力を入れて研ぎ，平面を出す．砥石は反対側の半分を使う．手首が固定していないと刃面は凸面になりハマグリ状になる．ベルトサンダーやグラインダーを用いても良い．この場合は，常に水につけて温度が上がらないようにする．刃に青い色が出たら失敗である．焼きが戻ってしまい硬い刃にならない．

荒砥で刃が付いたら，次は中砥で研ぐ．荒砥の傷が消えるまで研ぐ．最後は仕上げ砥で中砥の傷がなくなるまで研ぐ．

台鉄は黒い色になるのでそのままにする (図 9-5)．

切れ味は，紙を裂くように切って試す．引っかかりがなく滑らかに切れる状態が良い．

第10章　包丁の製造

10-1　打ち刃物

明治期中頃まで，玉鋼は刃物の刃の材料として昔から使われていた．刃物には，包丁や小刀，鋏，鋸などがあり，農林業では鉈や斧，鎌，鍬，鋤がある．工業用では，木材を切断する帯鋸歯，薄切りする刃物，紙の裁断刃，鉄鋼の切削用バイト等がある．「打ち刃物」という呼称は，国語辞典にはなく，昭和40年アグネ社発行の「金属術語辞典」には「打ち刃物鋼」（Wrought tool steel）として紹介されている程度で，一般的な名称ではない．昭和59年発行の「土佐打ち刃物読本」では，「金鎚と金敷の間で火づくり成形する自由鍛造を主にしてつくった手動用刃物」と定義している．したがって，工業用の刃物は除外される．

明治10年に上野で開催された第1回内国勧業博覧会の出品解説には，「金銕製品」の部に様々な鉄製品の製造方法が記載されている（表10-1）．鉞(まさかり)1点，鉄鎚(かなづち)3点，鋸(のこぎり)14点，鑢(やすり)2点，鉋(かんな)3点，鑿(のみ)3点，釿(おの)1点，鋏(はさみ)3点，錐(きり)3点，小刀2点，縫針7点，鑷子(けぬき)3点，釘抜(くぎぬき)，金工器械，靴製器械，錨，鉄砧(てっちん)（金床）が記載されている．これを星野と平野が解説している[10]．

積沸し鍛錬と折返し鍛錬が行われているが，製品によって回数が制限されている．「倭漢三才圓會」では，刀剣の場合は15回，剃刀(かみそり)では13回，鉋は11回，小刀は5回，包丁は4回となっている[14]．わが国の刃物の構造は片刃か諸刃(もろば)（両刃）である（p.89コラム参照）．片刃の場合は軟鉄の台鉄に刃が鍛接してあり，「着けはがね」や「地着き」と呼ばれ，諸刃の場合は，台鉄を割って鋼を割り込ませて作る「割込」と呼ばれた．鍛造作業は人力で行われ，機械ハンマーはまだ使われていなかった．

鍛接には，泥と藁灰を塗している．硼砂はわずか4点で用いられており，

表 10-1　第1回内国勧業博覧会（明治10年）出品作品の鍛錬および焼入れ条件

番号	製品	鍛錬		焼入れ		備考
		回数	溶剤	冷却液	焼刃土	
1	大鉞	2～3				
2	鋸	2～3		水	硝石味噌＊	
3	鋸	5～6		山茶油		
4	鋸	数回	藁灰，荒田土	山茶油		2枚重ね
5	両刃鋸	7～8	藁灰，荒田土			
7	木切鋸，銕切鋸	2	硼砂，粘土	菜種油		2枚重ね
12	鋸	再三		水	硝石味噌	
13	鋸	3～4	粘泥	油		
14	鋸	2（?）		水	泥土	
16	鋸	4	藁灰，粘泥	温湯		2枚重ね
18	鑢子	3	藁灰，荒田土	水	硝石味噌	
21	鉋	12	藁灰，土	水	赤土	19) は硼砂使用
22	鑿	8～9	藁灰，土	水	土	焼入温度紅色
23	鑿	数回		水	硝石味噌	
24	鑿	3	藁杯，赤土	水	砥屑汁	
25	釿，鋏	5	藁灰，土	水	土	釿は割込み
27	釘抜，鉄鎚	2		水	硝石味噌	
28, 29	錐	2	藁灰，荒木田土	水		焼入温度浅黄色
31, 32	小刀	5～6		水	硝石味噌	卸金，古鉄使用
34～38	縫針	2～3		水	硝石＋木炭粉	5500～600本同時に焼入れ

番号は，星野ら[10]による．＊硝石を味噌と混ぜる．塩を入れる場合あり．

硼砂に鑢の削りくずを入れた鉄蝋は使われていなかった．鉄蝋は洋鉄で使われた．燃料は松炭でコークスは使われていなかった．

焼入れの際には，焼きムラを防止するために「焼刃土」が塗布されるが，つばき油か菜種油に浸す場合が鋸の製作のいくつかで行われていた．鉄鎚や鑢，鑿，錐，縫針など表面を硬くする必要のあるのものには，浸炭や窒化で表面処理するため，硝石，味噌，塩，丹礬，硼砂，木炭粉などの混合物を塗布して用いる例があった．焼入れは水中冷却が主であるが，鋸などは菜種油で冷却していた．

明治 20 年頃から西洋の近代製鉄法で製造され輸入された洋鉄（ようはがね）が国内で使われ始めた．それに伴ってたたら製鉄は経済的に立ち行かなくなり，大正 12 年に一斉に商業生産を終えた．

【コラム】両刃と片刃は 2 通りの使い方がされている．両刃は，両辺に刃がある刃物と刃端に向かって両面が傾斜している刃物をさしている．前者の両刃は直剣や鋸，ナイフなどがあり，後者の両刃は日本刀や文化包丁などがある．片刃は，一方の辺にのみ刃がある刃物と刃端に向かって片面が傾斜している刃物をさしている．前者の片刃は日本刀であり，後者は切り出しナイフや出刃包丁などである．鋸は前者の使い方がされており，日本刀や包丁など日本の刃物は後者の使い方がされている．

10-2　刃物の材料

明治 20 年頃以前は，和鋼や包丁鉄の和鉄が使われた．その後，輸入された洋鋼が市中に出回り始めた．洋鉄は和鉄と比べ鍛錬の必要がなく，そのまま刃物や工具を作ることができたので次第に和鉄を駆逐していった．

包丁は刃に 4 回折返し鍛錬した和鋼を用い，台鉄には炭素濃度 0.1 ～ 0.2 mass％の包丁鉄を用いた．

和鋼は玉鋼を刃物の種類に応じて数回折返し鍛錬を行い，炭素濃度を約 1.0 mass％に調整した錬鉄である．包丁鉄は大鍛冶で脱炭し炭素濃度を 0.1 ～ 0.2 mass％程度に調整した軟鉄である．いずれも，シリコン，マンガン，リン，硫黄などの不純物濃度が非常に低い．

現在では，炭素工具鋼の SK 材や圧延鋼材の SS 材およびステンレス鋼が使われている．表 10-2 に刃物に使われる主な炭素工具鋼と圧延鋼，高級刃物用鋼の安来鋼の成分組成と用途を示す．不純物のリンはリン化鉄を作り低温で鋼を脆くするのでその濃度は 0.03 mass％以下にする．硫黄は硫化鉄が粒界に析出するため高温にすると火造り時に割れを生じるので，その濃度は 0.02 mass％以下で低いほど良い．さらにマンガンを添加すると粘りのあ

表 10-2 刃物用鋼の成分組成

鋼種	JIS	成分組成（mass％）								主な用途・備考
		C	Si	Mn	P	S	Cr	Mo	W	
YSS 高級刃物鋼	白紙1号	1.25-1.35	0.10-0.20	0.20-0.30	0.025>	0.004>				付刃物，鉋，鑿
	白紙2号	1.05-1.15	0.10-0.20	0.20-0.30	0.025>	0.004>				付刃物，鉋，鎌，斧，たがね
	白紙3号	0.80-0.90	0.10-0.20	0.20-0.30	0.025>	0.004>				鑿，鎌，鉋，斧，包丁，たがね
	黄紙2号	1.05-1.15	0.10-0.20	0.20-0.30	0.030>	0.006>				付刃物，鑿，鎌，斧，たがね
	青紙1号	1.25-1.35	0.10-0.20	0.20-0.30	0.025>	0.004>	0.30-0.50			付刃物，鉋，包丁
	青紙2号	1.05-1.15	0.10-0.20	0.20-0.30	0.025>	0.004>	0.20-0.50		1.50-2.00	付刃物，鉋，包丁，鎌
	銀1	0.80-0.90	0.35>	0.45-0.75	0.030>	0.020>	15.00-17.00	0.30-0.50	1.00-1.50	各種包丁，鋏
	銀5	0.60-0.70	0.35>	0.60-0.80	0.030>	0.020>	12.50-13.50			安全剃刀替刃，各種包丁，鋏
工具鋼	SK105	1.00-1.10	0.10-0.35	0.10-0.50	0.030>	0.030>				鑿
	SK95	0.90-1.00	0.10-0.35	0.10-0.50	0.030>	0.030>				斧，木工用錐，針
	SK85	0.80-0.90	0.10-0.35	0.10-0.50	0.030>	0.030>				
合金工具鋼	SKS94	0.90-1.00	0.50>	0.80-1.10	0.030>	0.030>	0.20-0.60			
軸受鋼	SUJ2	0.95-1.10	0.15-0.35	0.50>	0.025>	0.025>	1.30-1.60			清浄鋼，ベアリング
ばね鋼	SUP6	0.56-0.65	1.50-1.80	0.70-1.00	0.035>	0.035>				鍛接不良
構造用圧延鋼	SS34	約0.10>	約0.10>	約0.43>	0.050>	0.050>				地金用
	SS50	約0.23>	約0.10>	約0.43>	0.050>	0.050>				
機械構造用鋼	SS30	0.27-0.33	0.15-0.35	0.60-0.90	0.030>	0.030>				
	S45C	0.42-0.48	0.15-0.35	0.60-0.90	0.030>	0.030>				

る硫化マンガンが生成しその害が低減されるので，0.3 ～ 0.4 mass％含まれている．また，マンガンは焼入れ性を良くするが，濃度が高過ぎると刃物の深部にまで焼きが入り，全体が硬くなって焼割れが起こりやすくなる．ケイ素は鍛接を困難にし，砥石で刃付けをする時に砥石当たりを悪くするのでこれも濃度は低い方が良い．銅は高温加工時に割れを生じさせ，鍛接性を悪くするが，0.2 mass％以下では影響は小さい．合金鋼にはクロムやモリブデン，タングステンを加えたものがある．クロムは結晶粒を微細化して焼入れ性を向上させ，切れ味の耐摩耗性を向上させる．さらにタングステンを加えると非常に硬い炭化物を生成して耐摩耗性を高める．また，ステンレス鋼は耐食性に優れる．しかし，これらの合金鋼は砥石当たりが悪く，砥石で研ぐ際に刃を付け難い．

10-3　包丁の構造

包丁の構造は図 10-1 に示す 3 通りがある．1 つは，炭素濃度約 1.0 mass％の鋼を用いて作る場合で，「ムク」と呼び，刃の形は諸刃になる．2 つ目は，炭素濃度約 0.2 mass％の軟鉄の地金の 1 面の中央に切り込みを入れ，そこに上記炭素濃度の鋼を刃金として挟み込む構造で「割込」と呼び，刃の形は諸刃になる. 3 つ目は，軟鉄の地金の 1 面の端に鋼を刃として鍛接した構造で

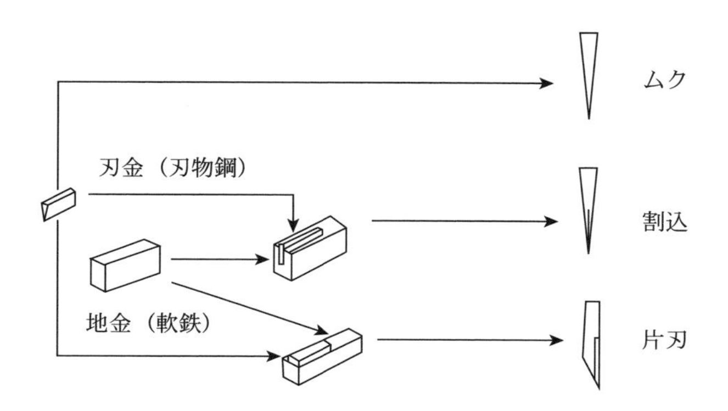

図 10-1　包丁の 3 形式

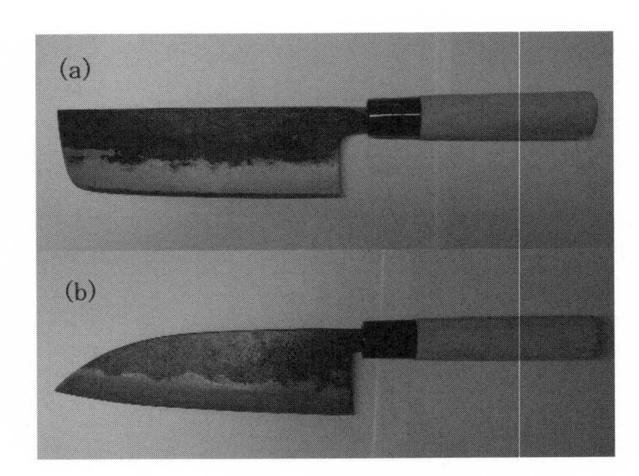

図 10-2　(a) 菜切り包丁（土佐重光作），(b) 三徳包丁（文化包丁，伊豫堀江作）

「張付け」と呼び，刃は片刃になる．割込と張付けの構造は日本の刃物の特徴で，張付けには出刃庖丁の他，鉈，鉋，鑿，鎌，等があり，割込には諸刃の包丁の他，諸刃の鉈，斧，鉞 等がある．

包丁には用途に応じて様々な形状があるが，一般的な形は，長方形と先端を尖らせた包丁で，前者は図 10-2 (a) に示す菜切り包丁で，後者は図 10-2(b) に示す先端を尖らせた三徳（文化包丁）である．この他にも細長い長方形の刺身包丁や，先端を尖らせた細身の柳刃包丁や片刃の出刃庖丁がある．

包丁の形と各部の名称を図 10-3 に示す．日本刀の各部の名称と主なところは同じであるが，意味が異なる名称もある．「反り」は日本刀では刀の湾曲状態を指すが，包丁では切先を含めた先端の曲線を描く刃の部分である．「区」は日本刀では刃と茎の境であるが，包丁では刃と茎の境に付けた段差である．包丁独特の名称もある．「刃境」は地金と鍛接した刃の境である．「刃元」は刃の柄側部分で出刃包丁ではこの部分で骨を断ち切る．「アゴ」は刃の柄側の終点の角で，ジャガイモの芽取りなどに使う．柄の刃側は口金で締める．図 10-2 の黒い帯は，桂あるいは角巻と呼び，使用するたびに収縮して抜けにくくする．角巻には水牛の角を用いている．また，和包丁には日本刀の目釘はない．

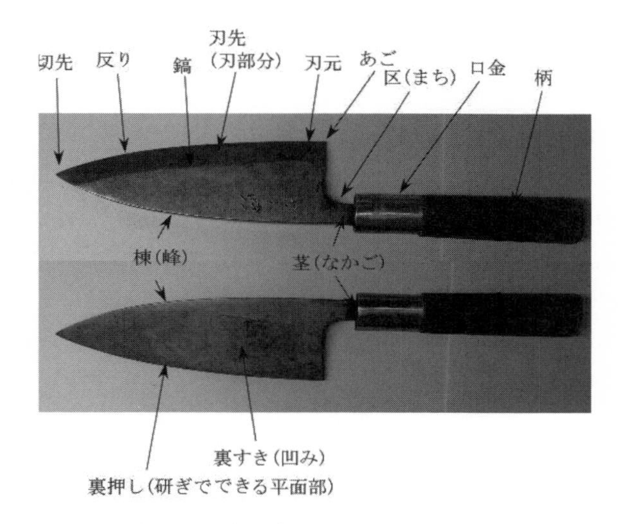

図 10-3　包丁の各部の名称（出刃包丁，研善作）

諸刃の包丁は平作りである．片刃の包丁は右側が表で左側が裏である．裏に刃金が張ってあり，表側は斜めに研ぎ刃を付ける．したがって表には鎬（しのぎ）がある．裏面には浅い凹み（裏すき）が作ってあり，研ぎやすくなっている．

包丁の大きさは一例を示すと，図 10-2 (a) の菜切り包丁では身幅（刃元の刃先と棟の幅）5.5 cm，刃渡り 17 cm，重ね（厚さ）は刃元で 3.5 mm，切先で 1 mm である．その重さは，25 g の柄を入れて 160 g である．図 10-2 (b) の三徳は，身幅 5.5 cm，刃渡り 18 cm，重ねは刃元で 3.5 mm であり，総重量は 150 g である．図 10-3 の出刃庖丁は身幅 4.8 cm，刃渡り 15 cm，重ねは刃元で 9 mm あり総重量 240 g である．包丁の大きさは目的により大小あり重さも異なる．

10-4　包丁の製造

10-4-1　素延べ

ムク造りの場合は，鋼の角棒を素延べして鋼板を作る．

割込で作る場合は，地金にする軟鉄の角棒を加熱し，その一端に鏨で切れ込みを入れる．そこに図 10-4 に示すように冷えた刃金を打ちこみ鍛造して密着させる．刃金は約1 mm地金面から出す．刃金を外し，接合面に硼砂あるいは鉄蝋を撒き，組合わせた後加熱し沸しを掛ける．沸き花が発生したら取り出し，金床上で鍛接する．仮付けと本付けの2工程で確実に鍛接する．その後，刃金が刃側になるように素延べを行い鋼板にする．図10-4は約2 cm角で長さ約9 cmの軟鉄の角棒に，厚さ約5 mm（角棒厚さの4分の1），幅約1 cm，長さ約6.7 cmの刃金が割り込んである．刃金は打込む溝側を少し薄くしてある．総重量は250 gである．

張付けの場合は，地金にする軟鉄の角棒の平面に，厚さが地鉄の約4分の1の刃金の鋼板を刃にする側を地金の角に揃えて乗せて接合面に硼砂あるいは鉄蝋を撒き，加熱し沸かしを掛けて鍛接する．

これらの棒鋼を素延べして鋼板にする．この時，刃金を接合した側がわかるように棟側に小さな切れ込みなど印を付けておく．鋼板の幅と厚さは，その合計が包丁の刃元の身幅になることを注意して決める．例えば図10-2 (a)の菜切り包丁や図10-2 (b)の三徳包丁の場合は，刃元の重ねが3.5 mm，身幅5.5 cmなので，鋼板は厚さ8.5 mm，幅5.0 cmにする．この素延べは和鉄を用いた場合は，軽く沸しを掛けて行う．鋼材は黄色くなる程度（900～950℃）に加熱して鍛造する．

和鉄を用いた包丁の場合は，切先側に藁灰を塗し，鉎子沸しを掛けて鍛接

図10-4　割込みした鋼材

する．これにより切先が割れることを防止する．現代の鋼材では鉎子沸しをする必要はない．

10-4-2　火造り

茎（なかご）を作る．鋼板の4分の1程度を金床の角を利用して棟を打ち，側面を打ってアゴを作り，茎を作る（図10-5）．「区（まち）」は湾曲させ包丁を持った時，指が当たるようにする場合もある．茎の身幅は15 mm程度で茎尻に向かって少し幅を狭め薄くする．

刃元の重ねを4.5 mmに維持し，鋼板をさらに素延べし切先に向かって薄くする．切先の重ねは1.5 mm程度にする．長さは15 cm程度になる．菜切り包丁は矩形のまま，三徳包丁は切先に向かって身幅を狭める．

刃に向かって薄くする．刃の重ねは約1.5 mmにする．刃側を薄くすると棟側に反るので，金床上で刃側を打ち，反りを取り，棟を元に戻す．ここまでは温度は鋼材が赤熱する程度で行う．ここまでの鍛造は，手槌の面が少し凸になっている物を使う方が良く延びる．また，手槌に水を付け，鋼材に掛けながら鍛造する．片刃包丁は表を鎬造りにして刃先を出す．

この後，平面を平らにするために，手槌の面が平らな物を使う．面の角は取っておく．温度は，少し赤熱する程度で行い，赤みがなくなっても水を掛けながら水打ちをして表面の酸化鉄膜を除去する．温度が高いと金槌の角で凹みができるので注意する．

形ができたら包丁を焼鈍（やきなま）しする．火床内で差し引きして均一に赤熱させ，取り出して藁灰の中で一晩焼鈍し徐冷する．包丁の最終の炭素濃度は過共析の状態にあるので，共析温度のA_1点（727℃）より50℃ほど高い約780℃（黄色）に加熱し，それを炭火の上部でA_1点より約50℃低い670℃（赤色）まで

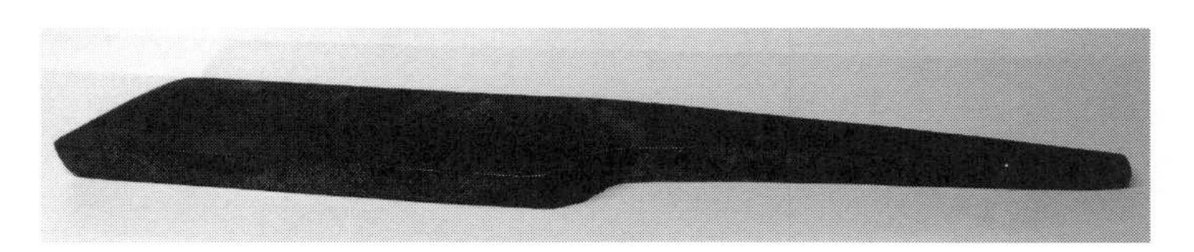

図10-5　包丁の茎作り

冷し，その後藁灰中で室温まで冷却する．これにより脆い網目状セメンタイトが球状セメンタイトに変化して粘りが出てくる．

焼鈍した包丁の表面を鑢（やすり）やベルトサンダーで研ぎ，手槌でついた傷を取り平面を出す．刃の重ねは1 mm程度にする．片刃の包丁の裏には裏すき（浅い凹み）を鏟（せん）やグラインダーで作る．

10-4-3　焼入れ

包丁に藁灰を付けて洗い，乾燥する．これ以降，茎以外は持たない．油が付くと焼刃土が剥がれる．包丁の表面に焼刃土を水に溶いて薄く塗る．和鉄で作ったムク造りの包丁には，日本刀と同じように刃文を付けることができる．五の目等模様を入れることもできる．幅約2 cmの刃部および刃先は焼刃土を薄く塗る．鎬から棟は約1 mmの厚さに塗る．

1）焼入れ温度

割込み包丁や片刃包丁の場合は，地金部分には焼きが入らない．水や油を使って刃に焼きを入れる．刃はマルテンサイトに変態し硬化する．適切な焼入れ組織は球状セメンタイトが残存している微細な針状マルテンサイトである．包丁の刃は過共析鋼なので，焼入れ温度は共析変態温度のA_1点（727℃）より30～50℃高い温度（たばこの火程度の赤い色）から焼入れする．

2）焼入れ速度

水焼入れする場合は，1秒程度で水温まで最も速く冷却する．水に食塩や石灰を溶解するとさらに冷却が速くなる．水焼入れでは300℃以下を急冷するのでマルテンサイト変態が急速に起こって膨張し，厚さが異なる製品は焼割れが生じやすい．

油に焼入れる場合は10秒程度で冷却する．300℃以下を水の場合よりゆっくり冷却するので割れは生じない．油の温度は60～80℃が最適である．厚い製品や脱炭などで炭素濃度が低い製品は油で焼入れすると，不完全な焼入れ組織であるマルテンサイトと結節状トルースタイトの混合状態が発生する．このような製品は水で焼入れする．また，油が汚れてくると冷却速度が遅くなる．

Ms点以下の温度をゆっくり冷やすと焼入れ歪が少なくなり割れを防止す

ることができる．そこで，200℃位で水から引き上げ油に入れる．薄板状の製品は引き上げ後空冷する．引き上げの目安は製品の重ね（厚さ）3 mm につき 1 秒といわれている．しかし，これは熟練を要する技術である．焼戻しをする方が確実である．

10-4-4　焼戻し

焼入れをした製品を再加熱すると140℃ではマルテンサイトから ε- 炭化物($Fe_{2.4}C$)が析出し，300℃ではセメンタイト(Fe_3C)が析出してそれぞれ収縮する．これによりマルテンサイト中の炭素濃度が減少して粘さがでてくる．400℃以上でフェライトが析出するため硬さは下がるが粘さが急増するので鋸の焼戻しに用いる．しかし，200 ～ 400℃の温度では窒化物の生成のため

表 10-3　安来鋼の熱処理条件

鋼種	鋼種	火造温度	焼鈍温度	焼入	焼戻
白紙 1 号（最硬品）	高級刃物付鋼，薄刃物，厚刃物，鉋，鉐，剃刀等	850 ～ 950℃	750 ～ 800℃	750 ～ 770℃ 水中冷却	150 ～ 180℃
白紙 2 号（中硬品）	高級刃物付鋼，薄刃物，厚刃物，鏨，鑿，鎌，鉋，斧	900℃前後	750 ～ 800℃	750 ～ 770℃ 水中冷却	150 ～ 280℃
白紙 3 号（甘口）	鑿，鎌，斧，鉋，鏨その他	950℃前後	750 ～ 800℃	755 ～ 780℃ 水中冷却	230 ～ 270℃
白紙鋸用平鋼	高級木工鋸専用	950℃前後	750 ～ 800℃	800 ～ 850℃ 油中冷却	300 ～ 320℃
黄紙 1 号	高級刃物付鋼，薄刃物，厚刃物兼用その他至硬質材削切用	850 ～ 950℃	750 ～ 800℃	760 ～ 780℃ 水中冷却	160 ～ 200℃
黄紙 2 号	高級刃物付鋼，薄刃物，厚刃物兼用，鑿，鎌，斧，鉈	800 ～ 900℃	750 ～ 800℃	760 ～ 800℃ 水中冷却	230 ～ 270℃
黄紙 3 号（大黒印）	鑿，鎌，斧，鏨，釿等	850 ～ 950℃	750 ～ 800℃	755 ～ 780℃ 水中冷却	230 ～ 270℃
黄紙 4 号（大黒印）	鎌，鉈，斧等の付刃金用 沸しが利くので大量生産用	800 ～ 900℃	750 ～ 800℃	770 ～ 800℃ 水中冷却	200 ～ 220℃
黄紙鋸用平鋼	大工用木工鋸専用	950℃前後	750 ～ 800℃	800 ～ 850℃ 油中冷却	300 ～ 320℃
青紙 1 号	至硬質材削切用高級鉋，鉐等の付刃金	950℃前後	760 ～ 800℃	790 ～ 830℃ 水または油冷却	160℃前後
青紙 2 号	硬質材削切用高級鉋，鉐等の付刃金	900℃前後	760 ～ 800℃	790 ～ 830℃ 水または油冷却	160 ～ 230℃
鑢鋼	鋸目立用	950℃前後	750 ～ 800℃	770 ～ 800 ℃ 水中冷却	150℃付近

衝撃値が著しく小さく脆くなる．薄刃物では150～200℃で焼戻しを行う．鋼種により焼入れ温度と焼戻し温度が異なる．安来鋼について表10-3に示す．

焼戻し後，すぐに金床上で曲りを直す．

10-5　研ぎと切れ味

刃こぼれ等している場合は荒砥から研ぐが，切れ味が落ちた時は中砥から研ぐ．水を付けて研ぐ時生成する砥汁は研ぎに効果的に作用するので流さない．砥石の面は常に平面にする．研ぎ終わったら砥汁を洗い流し乾燥しておく．

刃物の切れ味試験方法を図10-6に示す．(a)は押切り式，(b)は引切り式（本多式切味試験機）である．押切り式は荷重を掛けて切れる紙の枚数を計測する．引切り式は固定した刃の上に置いた紙の束を荷重を掛けると同時に左右に往復させて切れる紙の枚数を計測する．刃の角度は，薄刃物は9.5度まで，中厚刃物は9.5～17度，厚刃物は27度以上と刃物が厚くなると角度は大きくなる．刃の角度が大きくなると反比例して切れ味は落ちる．

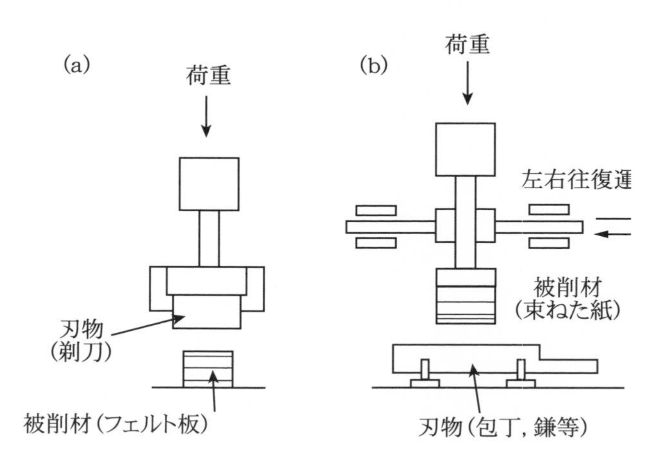

図10-6　刃物の切れ味試験方法．(a) 押切り式，(b) 引切り式

第 11 章　日本刀の作製

11-1　日本刀の大きさと形

日本刀は形と大きさに応じてそれぞれの呼び名がある．直刀は真っ直ぐな刀で奈良朝から平安朝初期に作られ，藤原氏の時代は神器や儀仗用に使われた．刀は一般に刃の長さが約 2 尺 (60 cm) 以上の片刃で反りがある．平安中期から吉野朝にかけて作られた刀は太刀と呼ばれ，刃を下にして吊り下げていた．反りが深く馬上で使いやすいようにできている．特に平安期の太刀は細身で美しい．室町時代以降は戦闘方法が地上戦に変わり，刃を上にして腰に差して使う刀が作られた．脇差は刃の長さが約 2 尺以下 1 尺以上の刀で室町時代以降に作られた．短刀は約 1 尺以下の長さの刀で鎌倉時代以降に作られたが短刀という呼び名は江戸時代からである．刀の他，薙刀や槍等がある．

刀身の各部の名称を図 11-1 に示す．刀身は刀と茎 (中心) からなっており，刀は刃と地肌，鎬地および棟からなっている．刃と地肌の間に刃文があり，地肌と鎬地の間は鎬と呼ぶ．刀の先端は切先である．切先の境を横手といい，刃を鋩子と呼ぶ．刀と茎の境は棟側を棟区，刃側を刃区と呼ぶ．茎には目釘穴があり，銘が刻んである．切先の先端と棟区を結んだ直線から刀の曲りの最大値を反りと呼ぶ．棟の形は多くの刀は屋根型で庵棟 (行の棟) と呼ぶ．丸型の丸棟 (草の棟) もある．一般に刀には鎬があり鎬造りと呼ばれる．鎬のない刀は平造りと呼び，脇差や短刀に多い．

刀の幅は身幅，厚さは重ねと呼ぶ．水心子正秀は，「太刀幅，鎺元 (棟区と刃区を結ぶ線) にて 1 寸より 1 寸 2 分 (30 ～ 36 mm) までを定法とす．…… 重ねは鎺元にて 2 分より 3 分迄 (6 ～ 9 mm) を善とす.」と述べている．身幅と重ねは切先に行くほど少し狭まっている．大切先では横手で身幅を刀の長さ 1 寸につき 6 毛 (0.18 mm)，重ねは 3 毛 (0.09 mm) 落すとしている．

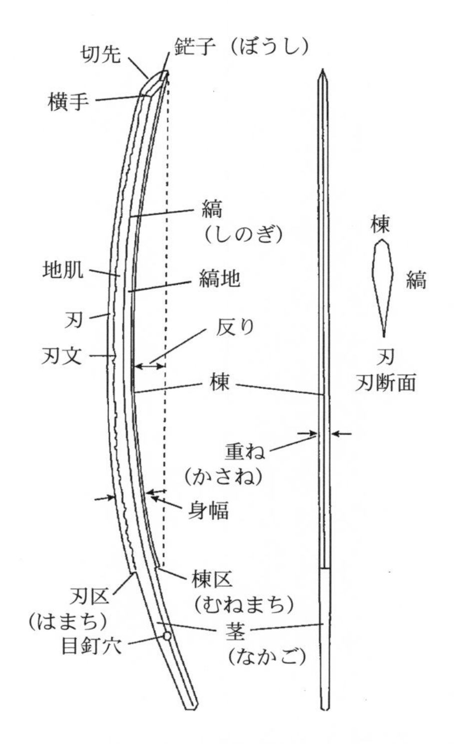

図 11-1 日本刀の各部の名称と刃の断面図

中切先ではそれぞれ 1 厘 4 毛 (0.42 mm) と 4 毛 (0.12 mm)，小切先では 1 厘 5 毛 (0.45 mm) と 5 毛 (0.15 mm) 落すとしている．

茎の長さは刀の長さ 1 尺 (30 cm) につき 3 寸 (9 cm) が良いとしており，釣合いが重要であると指摘している．さらに刀の長さと茎の長さについて細かく論じている．

刀の特徴は反りにある．水心子正秀は，刀の反りを円形としている．刃が円形をしている刀を陰の反り，棟が円形をしている刀を陽の反りと称している．切先の丸みも円形である．このような反りの刀は京反り（きょうぞり）（華表反り（とりい））といい，反りが刀の中心にある．刀の長さ l，反りを h とし，図 11-2 (a) に示すように，半径 $(h/2)\{(l/2h)^2+1\}$ の円を描く．h/ 半径の位置に半径に垂直に線を引くと得られる弦の長さが l になる．この図から刀の反りの形が得られる．

一方，反りが区(まち)側 20 cm あたりにある刀を腰(こしぞ)反りという．この反りの形は懸垂曲線（カテナリー曲線）であるという説がある．これはロープの両端を持って垂らした時重力でできる曲線で自然で美しい形である．つり橋のケーブルがこの形になっている．これを上に凸にしたアーチにすると全ての部分に均等に圧縮応力が掛かり力学的に安定する．スペインのバルセロナにあるアントニ・ガウディ作の教会カサ・ミラの屋根の上のアーチがこの形になっている．この曲線は図 11-2 (b) に示す曲線である．底辺の長さが l，高さが

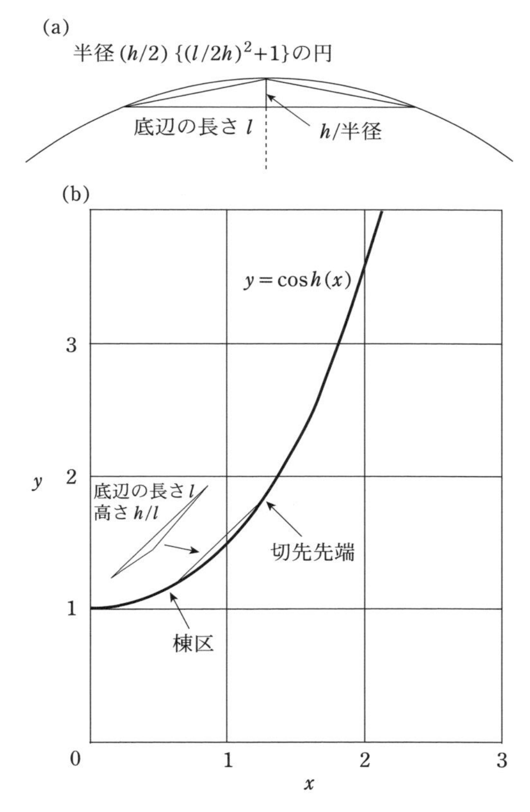

図 11-2　反りのモデル．(a) 京反り，(b) 腰反り

h/l の三角形を曲線上でずらし，三角形の3つの頂点が全て曲線上に乗る位置を見つける．三角形を紙で作っておくと良い．上の交点が切先先端で下の交点が棟区になる．この図を拡大し刀の長さに合わせる．

11-2　日本刀の製作工程

日本刀の材料の組み合わせ方法を図11-3に示す．玉潰しから鍛錬，焼入れと研ぎまではすでに述べた．

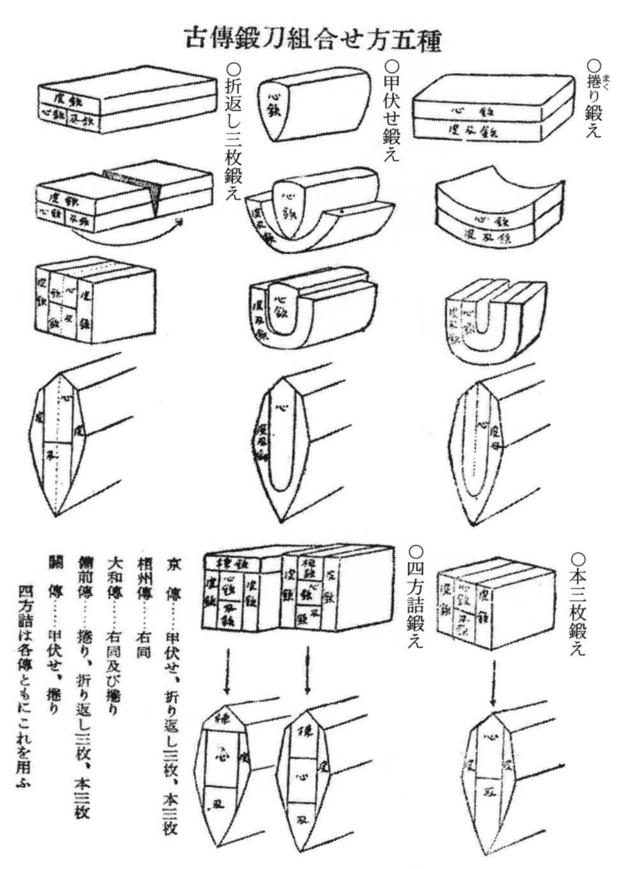

図11-3　日本刀の材料の組み合わせ方法（文献19）を参考にし手書きの図の説明を著者が一部活字とした）

① 玉鋼を玉潰し，手槌で 3 ～ 4 cm の大きさに打ち砕く．炭素濃度の高い鋼片は折れ，破面は直角（四角）になるので皮鉄（かわがね）（刃鉄（はがね））にする．割れないで粘る部分は炭素濃度が低いので心鉄（しんがね）にする．

② 手子台の上に選別した炭素濃度の高い鋼片を積み上げ，積沸かし鍛錬を行う．

③ 次いで折返し鍛錬を 5 回ほど繰り返し，矩形の鋼材にし，鏨で切断して切り餅程度の大きさにする．この工程を下鍛え（したぎたえ）という．

④ 切り餅状の鋼材を積沸し，さらに 5 回以上折返し鍛錬を行い，四角い鋼板にする．手子台から切り離し，皮鉄（刃鉄）とする．これを上鍛え（あげきたえ）という．

⑤ 次に，上記の炭素濃度が低い部分，包丁鉄や玉鋼 2 級，鉧，古釘等の卸し鉄等の炭素が少し低く粘り気のある鋼材を使って，積沸し鍛錬から折返し鍛錬を 5 回ほど行う．これを心鉄とする．心鉄は手子棒から切り離さない．

⑥ 皮鉄が心鉄を挟み込むように様々な方法で組み合わせ，鍛接して造り込みを行う．これを素延べして板の状態に長く延ばす．

⑦ 予定の長さの 9 割程度になったら，刀の切先を作り鋩子沸しする．

⑧ さらに加熱しながら火造りし，刀の形にする．

⑨ 銑（せん）と鑢（やすり）で表面を削って刀の形を整える．

⑩ 刀に藁灰を付けて水で洗い乾燥させ，土置きを行う．土が完全に乾燥してから 800℃程度に加熱し，水中に焼入れる．焼入れ後，刀を 200℃程度で焼戻し（合取り（あいどり））する．焼入れの結果，刀が捻じれや曲りを生じるのでこれを矯正する．

⑪ 刀を研ぎ成形する．これを鍛冶押しという．この段階で刃割れ以外の傷を修正することができる．目釘穴を開け，最後に茎（なかご）を鑢（やすり）で成形する．

⑫ 刀を研師に出す．戻って来てから茎に化粧鑢を施し，作者名と日付の銘を切る．

図 11-3 に示すように，日本刀はいくつかの作り方がある．皮鉄と心鉄の組み合わせにより，甲伏せ（こうぶせ），捲り（まくり），三枚，本三枚，四方詰という鍛え方法がある．作品に必要な重量分だけ下鍛えで作製した切り餅状の矩形の鋼材を用

意する．

11-3　皮鉄作り

11-3-1　積沸し鍛錬

皮鉄の材料は，炭素濃度が約 1.3％の日本美術刀剣保存協会で販売している玉鋼1級品約1.5 kgと筆者が小型たたら炉で製造した鉧塊約1 kgを使った．まず，約 700 g の玉鋼塊を加熱し，電動のスプリングハンマーで矩形状に成形し，それに手子棒を鍛接し，折返し鍛錬を 1 回行って厚さ約 2 分 (6 mm) の手子台を作った．赤熱しているうちに金床上で手子台の平面を水打ちし，水蒸気爆発をさせて鉄錆を除去した．次に，残りの玉鋼と鉧塊を玉潰しした．これらの鋼板を金床上で 2 ～ 3 cm の大きさに割った．破面を見るとほとんどが直角に割れ，破面が鼠色を呈し炭素濃度が高いことがわかった．これらを手子台の上に並べ重ね，積み上げた鋼板を和紙で包み水に濡らして藁灰と泥水で塗した．火床に入れ，積沸し鍛錬を行った．

11-3-2　折返し鍛錬と下鍛え

続いて下鍛えを行った．

1 回目は縦方向の折返し鍛錬である．

2 回目の縦方向の折返しを行った．折返す方向は1回目と反対である．以後，折返す方向は交互に反対にする．

3 回目は横に伸ばす．伸ばし方は，ハンマーを左から右に順に打つ．10 cm 程度に幅が広がったらその中心に手子棒と平行に鏨を当てハンマーで打って切れ目を入れる．まだ鋼材が赤熱している間に折り曲げ，接合面に硼砂を撒いて確実に鍛接面を合わせる．

4 回目は，コバを打って幅を 5 ～ 6 cm に広げた．側面も時々打ちながら鋼材を手子棒の方向に伸ばし，縦方向の折返し鍛錬を行った．5 回目は手子棒の方向に伸ばし，縦方向の折返し鍛錬を行った．

5 回目の折返し鍛錬が終わったら，鋼材を幅 5 ～ 6 cm, 長さ約 25 ～ 26 cm に伸ばし，7 ～ 8 cm 位の長さに鏨で切れ目を入れ 3 分割した．先の 2 枚は切り放し餅形の鋼材を作った．手子棒側は残した．この部分は，次の上鍛えの時の手子台にした.

3回目の折返し鍛錬が終わった時点で，突然，手子棒が折れてしまった．現代鋼の棒の先に付けた鉧の棒との鍛接部分で折れてしまった．この部分は鍛接し難いので電気溶接をした部分である．溶接にもコツがある．接合面の周りに溶接材を盛り上げてもダメである．両側の接合面を少し尖らせるようにグラインダーで削り，溶接棒が入る程度の隙間を作る．まず，先端を合わせて溶接し，手子棒を少しずつ回しながら，溶接材を盛り上げて行く．これ以後，手子棒が折れることはなかった.

4回目の折返し鍛錬が終わった時点で，手子の首と補強で置いた鋼材の接合面が剥がれ隙間が開いていた．このままでは5回目の折返し鍛錬で首が落ちる可能性がある．この隙間に硼砂を掛け，加熱し，沸き花が激しく出たところで取り出して金床上で手槌でこの隙間を打った．パンという乾いた音がして鍛接した.

11-3-3 上(あげ)鍛え

手子台を加熱して7 cmほどに伸ばし，その上に切り餅状の鋼板を2枚積み上げた．これを鍛接し, 下鍛えと同様に5回縦方向に折返し鍛錬を行った. 4回目はコバを打って伸ばし鍛錬した．この間，鍛造中に時々水打ちして鋼材の表面を清浄にし，その色を見た．万一，ふくれがある場合はその部分が少し暗く見えるので，そこに鏨を当て切り込みを入れる．そのまま鍛造を行うと鍛接しふくれはなくなる．幸い，ふくれはなかった．5回目の鍛接は, 本付けを十分沸かして2回行い確実に接合させせた.

5回目の鍛接後, 厚さ約4分 (1.2 cm), 幅3寸 (9 cm), 長さ約3寸5分 (10.5 cm) に伸ばした．鋼板を羽口前に置き時々回転して全体を均一に加熱するため，横幅は羽口と壁の間の距離より小さくした．伸ばす時ふくれが見つかった場合は，そこにチョーク等で印を付け，この面を皮鉄の表にする．皮鉄の表にする方の手子棒側の角に鏨で小さな切り込みを付け目印にしておいた.

この皮鉄の大きさは刀の場合であるが，脇差や短刀等の製品により大きさは異なる.

11-4　心鉄作り

心鉄には玉鋼2級品の塊を2個合計約1 kg使った．玉鋼の塊を加熱し，それぞれをスプリングハンマーで幅約4 cm長さ約7 cmの面を持つ矩形に成形した．次に手子棒の先端を加熱して，鍛造で厚さ約3 mm，幅約2 cm，長さ約5 cmの手子台を作った．この手子台の上に矩形の玉鋼を1個乗せ，接合面には硼砂を少し撒いた．藁灰と泥水を塗し，火床で加熱して仮付けと本付けを行って鍛接した．次に残りの矩形の玉鋼1個を接合した玉鋼の上に乗せ，接合面に硼砂を撒いて，鍛接した．これで積沸し鍛錬を終えた．続いて折返し鍛錬を縦方向に5回行った．4回目はコバを伸ばし，5回目は十分沸かして本付けを2回行った．

この鋼材を半分切り離し，手子棒に付いた鋼材を幅約1寸5分(4.5 cm)，重ね約3分(9 mm)，長さ約4寸(12 cm)に伸ばした．そして先端を刃状に尖らせた．これで心鉄の準備ができた．

11-5　造り込み

皮鉄にする鋼板を火床で時々回転させながら加熱し，燃焼している木炭と同じ黄色になったら箸で取り出した．皮鉄の印を付けてある側を表にして，手子棒と平行する皮鉄の中心から両側にかけ山形に傾斜を付けた．両端の重ねは約3分(9 mm)にした．

皮鉄を加熱し，直径4 cmくらいの鉄棒をU字型に曲げた治具の上に，皮鉄の裏を上にして橋渡しに置いた．直径2 cmくらいの鉄棒を真ん中に当ててスプリングハンマーで打ち曲げた．U字の治具を除去し，皮鉄を側面から打ち，隙間が1 cmくらい開く程度に曲げた．さらに切先(きっさき)側は角を合わせた(図11-4)．その後，鏨で皮鉄を手子棒から切り離した．

加熱した皮鉄の隙間に心鉄を差し込み，金床上に立てて手子棒の把手を手槌で叩き打ちこんだ．心鉄の尖らせた先端を皮鉄の切先側の5 mmくらい手前まで打ちこんだら，皮鉄の側面を打ち心鉄と皮鉄が密着するようにした．心鉄を外し，皮鉄を加熱して隙間にできた酸化鉄を鐴で削ぎ落とした．隙間に硼砂を撒き，心鉄を手槌で打ちこんでハンマーで密着させた(図11-5)．

図 11-4　折り曲げた皮鉄

図 11-5　甲状の造り込み

藁灰と泥水を塗し，加熱して仮付けを行い皮鉄の側面を 1 回スプリングハンマーで打った．鍛接していることを確認後，本付けを行い側面を打ち，さらに心鉄を押し込むように打った．これで甲伏せの造り込みは完了した．

11-6　沸し延しと素延べ

造り込みした鋼板を沸し延しした．藁灰を塗して加熱し，沸き花が少し出たところで取り出し，ハンマーで打って伸ばした．この時，皮鉄と心鉄が完全に鍛接するように注意した．特に真ん中部分の鍛接が不十分になることがある．一部接合していない部分が見つかったので，その部分に藁灰を塗し，沸き花が少し激しく出るまで加熱して金床上で手槌で強く打つとパンという音とともに鍛接した．さらに加熱しながら素延べを行い，幅9分(27 mm)，重ね3分(9 mm)にまで鋼板を伸ばした．この幅と重ねの合計の長さが，刀の幅になる．長さは約1尺3寸(39 cm)であった．ここで，手子棒と切り離した．

素延べ材の表面を鑢(やすり)やグラインダーで削り，スケールと鍛接不良等による傷を取り除く．特に，皮鉄と心鉄が鍛接していない部分は，藁灰を付けて沸しを掛け鍛接する．

素延べ材を赤くなる程度に加熱し，平らな面を持つ手槌で水打ちしながら表面を平坦にする．平坦かどうかは目視で確認し，出ている部分にチョーク等で印を付けて加熱し打つ．これを繰り返しながら目視と手触りで平坦さを確認する．

素延べ材の心鉄が出ている側が棟になるので鏨(たがね)で茎の端に軽く印を付けておく．茎の長さは，刀の長さの約30％なので約3寸(9 cm)取り，棟区にチョークで印を付けておく．箱箸で素延べ材の刀の端を掴み，鋼の輪で把手を締めて鋼材を固定する．

棟区のところが一番身幅が広く，刃の先に行くほど狭くなる．まず茎を作る．素延べ材を赤くなる程度に加熱し，棟区から先の茎の棟を打って図11-6に示すように真っ直ぐに傾斜を付ける．さらに，側面を打って先端に向かって少しずつ重ねを減らす．そして，茎の端で重ねと幅の合計が切っ先の横手における大きさと大体同じ程度にする．一度に成形するのではなく，加熱と鍛造を繰り返し少しずつ形を作る．棟を叩くと重ねが膨らむので側面を打って元に戻し平坦にする．同様に，棟区から刀の部分の棟を真っ直ぐ傾斜させ，重ねを少しずつ減らす．

素延べを行う時，藁灰で塗して少し沸しをかけて鍛造する．板目や柾目，綾杉など肌の模様は微細な酸化鉄FeO介在物でできている．素延べを行う時，そのまま伸ばすと伸展方向に並ぶ傾向がある．これを「肌が流れる」という．皮鉄の炭素濃度が0.7 mass％とすると，液相が生成するのは1420℃である．鉄の燃焼熱で表面温度が上がり鋼の表面が溶け始めて沸き花が出始める．この状態で伸ばすと酸化鉄介在物は流れないでそのままの状態を保つので，特徴的な肌模様を維持することができる．

11-7　火造り

11-7-1　鋩子沸し

図 11-6 に示すように，刀の先端を切先とは逆の傾斜で切断する．そして，先端に藁灰を付け火床で加熱し，沸き花が出たところで取り出して手槌で打ち鍛接する．鋩子沸しである．切先は鍛接後，手槌で打って棟側に少し戻しておく．

11-7-2　棟造り

庵棟を作る．素延べ材を赤熱し，茎側から棟を少し斜め上から手槌で打って屋根型に傾斜を付ける．庵棟の中心になる頂点の線と鎬地との境の線が一直線になるようにする．鑢で削っても良い．

11-7-3　鎬を立てる

鎬は刀の側面に身幅の一定割合のところに作った角で，真っ直ぐな素延べ材の状態では一直線になる．まず，茎の棟区近傍を赤熱して茎を棟側に少し戻す. 次に，茎の刃側の側面を金床の端に置いて，平らな面を持つ手槌で打ち，少し傾斜させる．刃側の角から傾斜させ，次第に鎬を棟側に押し上げていくように打つ．そして, 鎬を棟側から 1/3 より少し大きめの位置に付ける. 順次，刀の部分にも鎬を付けていく．金床は常に水で濡らしておく．次に，金床の反対側の端を使い，刀の反対側の面にも同じように鎬を付ける．刃の部分は 5 厘（1.5 mm）程度の厚さになるようにする．刃側が次第に薄くな

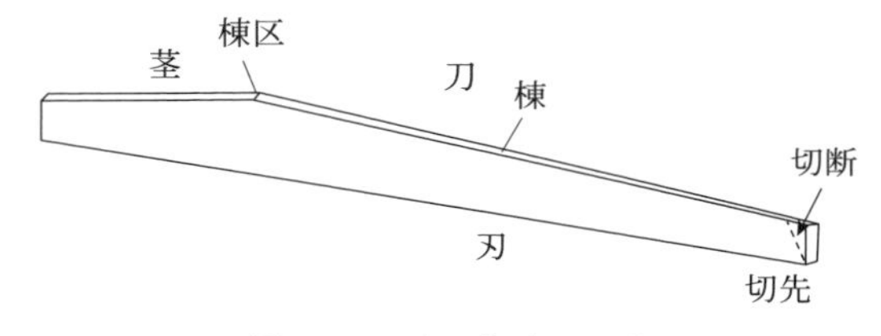

図 11-6　刀の素延べの形

ると棟側に反るので，反った部分を赤熱し，木の台の上で木の棒を使って刃側を叩き，真っ直ぐに戻す．

次に，茎を赤熱して棟側の鎬地を手槌で打ち，鎬がはっきりするように立てる．順次刀の部分の鎬を立てる．この時も棟の角側から打つようにする．反対の面を打つ時は，裏面に少し傾斜が付いているのでこの面を金床に密着させて打つ．

切先を赤熱して，刃側を打ち側面を傾斜させる．刃が伸びるので棟が一直線になるようにし，庵棟を切っ先まで延長する．鎬は切先の刃の丸い形に平行に曲るように立てる．刀部分との境の横手は角を立て線状に見えるようにする．

刀身に刀から茎まで鎬の線をマジックインキ等で描き込む．この時，比例コンパスを用いると便利である．棟から 1/3 のところに両面に線を入れた．ほぼ直線である．

角材等の木の台に鎹(かすがい)を門の形に打ちつけ，その間に木の楔(くさび)で刀を固定する．これを図 1-10 (p.15) に示した．鏟(せん)で鎬地および刃と地肌，棟と刃先を平坦にすると同時に鎬を立てる．細かく削り，削りすぎないように注意する．次に中目の粗さの鑢で研磨する．棟と刃先は万力に挟んで研磨する．常に目視で刀の曲りがないかを調べ，曲りを金床上で手槌で叩いて直す．

11-7-4　茎と反り

刃と茎を分ける棟区と刃区を作る．図 11-7 に示すように茎の棟を鑢で削り平面にする．棟より約 2 mm 下がる．この棟との境が棟区である．刃区は棟区の位置より 1 mm 程度刃に入ったところで茎の刃側を約 1 mm 鑢で摺り下げる．茎尻(なかごじり)に向ってわずかに曲線を描きながら少し細くする．これは新刀茎(しんとうなかご)と呼ばれ，先が細く刀身と良く釣り合いが取れている．この他にも様々な形がある．

茎尻は鎬を頂点にして斜めに削る．これは剣形(けんぎょう)と呼ばれる形である．この他にも鎬を頂点にして丸く取った形を栗尻(くりじり)，鎬に対して直角にした形を一文字(いちもんじ)と呼ぶ等色々な形がある．

次に刀に反りを付ける．焼入れで刀が自然に反るので，その分を考慮して

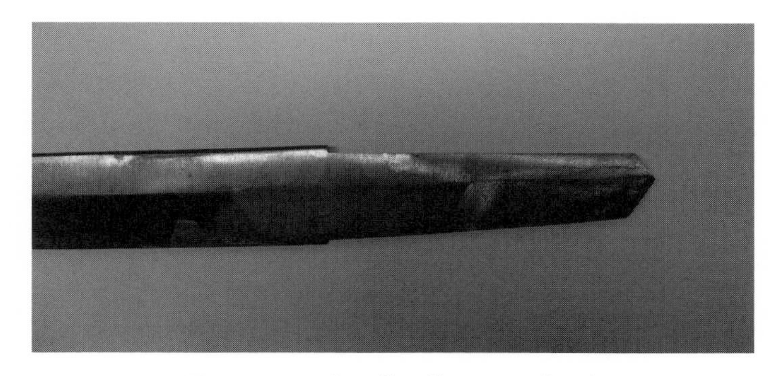

図 11-7　刀の新刀茎と茎尻の形（剣形）

予定の反りの半分程度に反りを付ける．刃の部分を軽く叩くと伸びるので刀が反る．焼入れで反る大きさは，刃の幅や鋼の炭素濃度，焼入れ温度によっても異なるので，あらかじめ付けておく反りの大きさは経験で決める．これで火造りの工程は終りである．

この後，焼入れを行う．すぐに刀の捩れや歪を金床上で直す．

11-8　刀の研ぎ

11-8-1　鍛冶研ぎ

荒砥石（#120）で刀の表面を磨き，さらに一部を目の細かい砥石で磨いて刀の模様などの状態を確認する．

裂き布帯を刃物に巻く．この布を鞘手（さやで）という．布は棟から刃へ上から巻くように巻く．布が緩まないように絞って右手で持つと常に刃に力が掛かるようになる．押し手（左手）は軽く刀身を押さえる程度に握る．切先を研磨する時は，右手を支点にして切先近傍を持った左手を砥石に沿って切先を砥面に当て動かす．

11-8-2　研師の研ぎ

刀の形を整え，表面の模様を研ぎ出す．

1）下地研ぎ

備水砥の研ぎの工程で刀の形を整える．刀の研ぐ場所に応じて研ぎ方を変える．鎬地を研ぐ時は，砥石に対し刀を斜めに当て，鎺（はばき）から先に研ぎ，裏を先から鎺にかけて研ぐ．「筋違（すじかい）研ぎ」という．これに対し，地肌を砥ぐ時は，砥石に対し直角に刀を当て鎺から先へ砥ぐ．「切り研ぎ」という．これは地肌の肉置き（ふくらみ）を落とさないための研ぎ方である．順次，目の細い砥石で砥目線が消えるまで研ぐ．

中名倉での研ぎ方はまず刀身を砥石に大筋違（筋違より角度を大きく取る）に当てて研ぐ．次に角度を少し小さく斜めに当て，刀身方向にしゃくるように砥ぐ．突く時に力を入れるので，「立つを突く」という．細名倉砥での研ぎ方も立つを突く方法である．この段階で砥目線がほとんどなくなる．

内曇り砥の研ぎ方は，名倉砥の場合と逆に左から右に引く時に力を入れ，しゃくらず刀身を水平に維持して大きく腕一杯に研ぐ．これを刃引きという．これは押す時より力が弱く滑るように砥面に当たるので砥目が付かない．この研ぎで刃文や地鉄の状態が見えてくる．ここまでを「下地研ぎ」という．

2）仕上げ研ぎ

刀身に艶を出すために行われる．

刃光澤（はずや）は刃の部分を研磨する砥石で，内曇り砥を薄く 5 分角（1.5 cm）の大きさに割り，平らに摺って 0.5 ～ 0.25 mm の厚さにする．これを漆で和紙に張付けたものである．これを刃部に当て右手親指の腹で押さえ，内曇り砥とその破片を摺ってできた砥汁を灰水で溶いた液を付けて磨く．うねり曲りして研ぎ，単に砥汁を押さえる程度にするのが適当である．

地光澤（じずや）は刃以外の部分を研磨するのに用いる．図 8-2（h）（p.79）に示す鳴滝砥を薄片にして，和紙に漆で張付けたものを用いる場合と破片のまま用いる場合がある．地光澤は砥汁を用いず灰水のみで研ぐ．研いでいると灰水が黒くなるがこれを洗い流さずそのまま使う．平地はトルースタイト組織なので弱酸性の砥汁で腐食しやすい．そこで弱アルカリ性の灰水を用いて腐食を防止する．刃はマルテンサイト組織なので腐食され難く，刃光澤で砥汁を用いることができる．鎬地から棟，最後にこれらを磨いた地光澤で平地の部分を磨く．

拭いは，地肌を錆び難くするとともに黒光りさせる磨きである．日本刀の

図 11-8　拭いに用いる丁子油．上の箱：金肌を懸濁，下の箱（中）：青粉（酸化クロム粉末）

火造りの際発生する金肌と呼ぶ酸化鉄を赤黒く焼き，微粉末にして丁子油で溶き，濾紙で漉したもの (図 11-8) を清浄な綿や和紙に含ませ，親指の腹で押さえて刀身の地を辿って拭い込む．特に刃文近くでは匂や砂流れ等がたくさんある場合は手加減をする必要がある．金肌は軟らかくほとんど研磨効果はない．これより硬い磁鉄鉱粉末や青粉（酸化クロム）を用いる場合もある．

刃取りは，刃文の部分を白く研磨してはっきりさせるように仕上げる研磨である．これには刃光澤が使われる．拭いで磁鉄鉱粉末を用いた場合は刃は白くなるので「刃取り」は行わない．これを「差込み研ぎ」という．

下磨(したみがき)と上磨(あげみがき)は，鎬地と棟に金属光沢を付ける工程である．全体を磨く下磨と磨き残した部分を精細に磨く上磨がある．図 11-9 に示す先の尖った部分に焼きを入れた鉄棒の磨棒(みがきぼう)で表面を磨く．刀面は良く揉んだ和紙を水に浸し藁灰あるいは鹿角を蒸焼きにした粉末の角粉を付けて擦り，後良く拭き取る．次にカイガラムシの粉で作ったイボタロウを潤滑剤として打ち，鉄棒で磨く．

図 11-9　下磨と上磨に用いる磨棒

横手の筋切りとナルメで横手の線を出す．定規を当て内曇りの砥汁を付けた刃光澤を竹ヘラで押さえ定規に沿って磨く．これにより地光澤を掛けた時の跡が消える．この時，刀身は奉書紙や布で包み傷が付かないようにし，横手から 4, 5 cm 手前の部分は美濃紙の帯を硬く巻き付け紙縒(こよ)りで縛る．次にナルメ台で切先を研ぐ．ナルメ台は，幅約 2 cm 厚さ約 2.5 cm の角材に縦方向に鋸で 22 cm ほどの深さに切り込みを 4 か所入れた台で弾力がある．切り込みを入れた板に地光澤を貼り，切先全体を一様に研ぐ．

3）研ぎに関する研師吉田秀雄氏のコメント

日本刀の研ぎで最も重要なのは内曇り砥での研ぎで刃文や地鉄の状態が見えてくる．内曇り砥での研ぎの発見で日本刀が完成したと言っても過言でない．この段階での塵の影響は大きくない，むしろ仕上げ研ぎの段階で注意すべきである．

仕上げ研ぎでは，刃光澤と地光澤を用いるが現在は刃艶，地艶と称している．地艶の作り方は，内曇り砥を層に沿って割って薄い板状にし，その面を大村砥，青砥，内曇り砥の順に摺り，表面を細かく整えそれに生漆で吉野紙を裏打ちして補強する．完全に乾いてから使いやすい厚さにまで摺り 1 cm 角位の大きさに切って使用する．

次の「拭い」では，金肌を微粉末にして丁子油で溶き吉野紙の濾紙で漉した液を刀面に付け，綿で親指の腹で押さえて拭いこむ．「差込み」では拭いで磁鉄鉱粉末を用いるが，これにより刃文が浮出るので刃取りは行わない．最後に，切先を研ぐ時，数本の切り込みを入れ弾力を持たせたナルメ台を用いるが，この台に複数枚の和紙を重ね置き湿らせ，その上に極薄に摺った刃艶を置く．

11-9　日本刀の研ぎ面の模様と鍛錬組織

日本刀の研ぎ面の模様と鍛錬組織の関係について俵は詳細な研究を行った．日本刀の金属組織は，刃部にはマルテンサイト，地にはマルテンサイト，トルースタイト，ソルバイトおよびフェライトが現れており，さらに FeO の鉄滓が細かく分散している．マルテンサイトは白色で非常に硬く，研ぎにより平滑になり光沢を生じる．これに次いで黒色のトルースタイトとソルバイトおよび白色のフェライトはこの順に軟らかく，砥石の砥粒により條痕が付く．黒色の FeO も軟らかい．この條痕の凹みに削り屑，砥粒，粘土が詰りまたは孔ができる．條痕の幅は砥粒の大きさに依存し，荒砥，備水砥，名倉砥, 内曇り砥と砥粒の径が小さくなるに従い條痕の幅は狭くかつ浅くなる．また，研いだ後研ぎ面が黄橙色や藍色を呈するが細名倉砥まで研ぐとその色は消える．金属組織はマルテンサイトの部分は硬く平滑になるので識別が可能であるがトルースタイト等は軟らかいので條痕が付き黒色の汚点が付く．細名倉砥で條痕幅は 0.5 から 1 μm 程度，長さも 0.5 ～ 1 mm 程度になり，條痕は消えかかる．細かい砥粒の内曇り砥で研いでも條痕や金属組織の現れ方は細名倉砥とそれほど変わらない．

仕上げ研ぎで刃光澤や地光澤で研ぐと，條痕はほとんど目立たなくなり，刃のマルテンサイトの輪郭がはっきりしてくる．地肌のソルバイト塊とマルテンサイト粒は明瞭になるが，フェライトとソルバイトの網目組織は現れ難

表 11-1　日本刀の研ぎ面の模様と鍛錬組織

砥石種類	条痕				汚れ			染色	砥汁の多少	金属組織
	刀身に対する方向	長さ(mm)	幅(μm)	谷の傾き(度)	大きさ	量	集合			
備水	直角	約 1.5	2 ～ 5	20～40	大, 伊予より小	多い	塊をなす	黄橙と藍の斑点	多い	マルテンサイトの島わずか現る
改正	平行, 傾く	約 2	2 以下	15 以下	同	わずか少ない	同	同, 薄く藍多い	少し少ない	同, 不明瞭
中名倉	平行	0.5–1.5	0.5～1	約 2	改正より小	少ない	ほとんど塊をなさず	さらに薄い藍	少ない	同
細名倉	同	0.5–1.0	0.5～1	条痕消かかる	中名倉より小	少ない	塊なし点もなし	甚だ薄く褐色を呈す	甚だ少ない	同, ソルバイト塊少し現る
内曇り	同	0.2–0.5	約 0.5	同	細名倉より小	多い	微細点塊あり	同	多い	ソルバイト塊, マルテンサイト明瞭
刃光澤地光澤	同	0.5 以下	0.5 以下	同	同	わずか少ない	微細点塊なし	同, さらに薄い	少ない	輪輪郭さらに明瞭
拭い	同	同	同	条痕浅い	甚だ小	極少量	わずかに点状あり	同, 薄き褐色残る		凹凸の高低によりわずかに明瞭

注：文献 7) より抜粋.

い. 砥汁を少なくして仕上げることが重要である. 表 11-1 に俵がまとめた各砥石による研ぎ面の特徴を示す. 磨棒で磨くと凹凸は緩慢になり汚点はほとんどなくなるが, 地沸などの模様がほとんど消滅することがある.

刃端を研ぐ場合, 刃端は箔のような薄片のマクレが生じ刃端に凹凸ができる. 細名倉で刀身に平行に研ぐと刃端は直線状になり幅は 1 ～ 2 μm で, マクレもなくなる. 細名倉砥の前の研ぎで使う中名倉砥では刃端の幅が 3 μm 程度で, 曲り方が一様な直線状のマクレが現れて, 切れ味が最も良いといわれている. 日本刀では刃端に続く背部の肉置きの適切さも切れ味に利く.

11-10　剣刀秘実と剣工秘伝志における造り込み

水心子正秀著の『剣工秘伝志』には甲伏せについて記述がある. 良く鍛えた鋼板を幅 2 寸ほど (6 cm), 長さ 3 ～ 4 寸 (9 ～ 12 cm), 重ね 4 ～ 5 分 (12 ～ 15 mm) の大きさにして面鋼 (皮鉄) とする. これを U 字の形に曲げ, 眞鉄 (心鉄) の上に乗せて沸し付け, 打ち延ばす. もしふくれがある時はたがねで切り破り，中に含まれる風を抜き，あとは良く打ち締めて沸かす．この方法は，当時の一般的な作り方で，「打ちまくり」や「筒沸」ともいわれていた．刃鉄と心鉄を皮鉄で挟んだ「三枚合わせ」（本三枚）を「眞の鍛」や「丸鍛」と呼んだ．「まくり」で柾目肌や板目肌の刀を作る．板目肌に鏨でまばらに穿って木肌を表す方法や，鏞で横に摺って月山のような綾杉肌にするものもある．

「割込造」の紹介もしている．これは生鉄（包丁鉄）を鏨で少し割り込みを入れ，ここに鋼を挟み込んで作る．これは「数打ち」（大量生産）の仕方で，山刀，鎌あるいは諸職人の細工道具を作る方法で良く切れる．軽卒の刀はこれで十分といっている．

大村加卜著の『剣刀秘実』（成瀬関次解題）には，著名な日本刀の作り方について述べている．その中で「伯耆安綱　真の十五枚甲伏造」の節がある．安綱は，延暦（782 ～ 806 年）の頃の鍛冶で鬼を切った「童子切り」の太刀で有名である．

まず，炭素濃度の低い粘りのある鉄を積沸し鍛錬し，かつ 2, 3 回折返し鍛錬した「心地鉄」を作る．次に，四方折れする（破面が四角に割れる）炭素濃度の高い鋼を積沸し鍛錬し，7 回～ 9 回折返し鍛錬した「心刃鉄」を作る．心刃鉄には，鉧塊を空冷した宍粟鋼に水冷した出把（出羽）鋼を 4 分の 1 混ぜ，沸しを控えめにして脱炭を押さえる．さらに出把鋼で「面状上鉄」を作る．沸しを強くして鍛えは 12 回～ 15 回行う．少し脱炭させ「柔かに美しく鍛」える．

造り込みは，心地鉄が刀の峰（棟）の側になるように心刃鉄の上に置き，これを面伏上鉄で皮のよう包む．まず，心刃鉄と心地鉄を鍛接し，心刃鉄が中になるように折り返し，包み込むように鍛接する．心刃鉄が出ている面の上に面伏上鉄を心刃鉄が 1 分（3 mm）ほど出るように重ねて鍛接し，面伏上鉄が 2 分（6 mm）ほど出るように鍛造して伸ばす．次に，心地鉄と心刃鉄の境目から刃側にかけ面伏上鉄を切り鏨の角を使って細かく深く打ちこんで切る．これを「ささら切り」と呼ぶ．これは，鍛接が不十分でできた隙間（ふくれ）を鍛接する方法である．これは，現代でも造り込みを行った後，皮鉄に数か所小さな穴を開ける方法がある.

その後, 面伏上鉄の真ん中を切り, 心地鉄を内側に「まくり」の方法で折り返す（図11-10). まず1回良く沸かし, 小槌を中央に当て, 小槌の頭を大槌で打ち仮付けする. 2回目鍛造は大槌を20～30 cmの高さから打ち下し, 強く打たない「ならし槌」で本付けする. 藁灰を付け沸かしを掛けて今度は反対の面をならし槌で打つ. ならし槌を20～30回打った後,「大首より打て」と横座が声を掛けて強く打つ. その後, 2回強く打つ. ならし槌は, 面伏上鉄が薄くなり過ぎて下の心刃鉄や心地鉄が表面に出ないようにするためである.

この作り方を「十五枚大平伏」と呼ぶ. 成瀬の解題では, 心地鉄を鍛える時, 鋼鉄を2回折返し鍛錬して4層を作る. 次に錬鉄（包丁鉄）を2回鍛錬して4層を作る. 錬鉄を手子台にして鋼鉄を積み重ね3回折返し鍛錬すると, 折返し鍛錬の層が64層でき, 鋼鉄と錬鉄の層が16枚できる. 「真の十五枚」と呼ぶのは心地鉄を作る秘伝を意味している. これだと折り返す時, 同じ材質が鍛接される. そこで, 伸ばして切り離しそれを上に乗せ鍛接することを2回行い, 3回目は折返し鍛錬する. これにより鋼鉄と錬鉄の層が交互に15

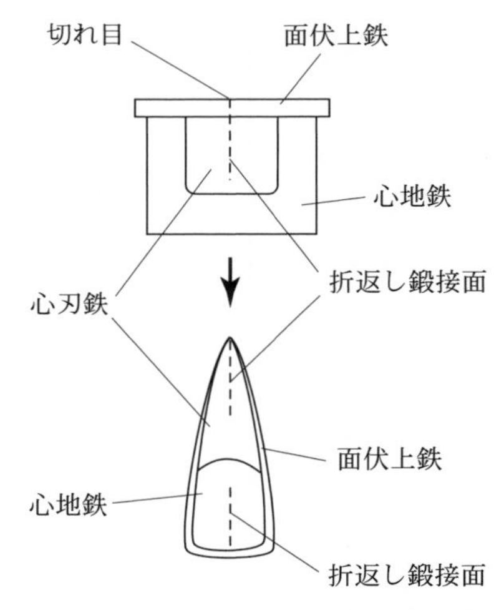

図11-10　「十五枚大平伏」作りの推定図

層できるという説もある.

11-11　古文書に見る刀の鍛錬法

水心子正秀による「剣工秘伝志」は1821年に著されており，応永年間（1394年～1427年）以前の作刀法を研究した書である．水心子は日本刀の各伝（技法），特に相州伝と備前伝の蘊奥（うんのう）を極めるが，52, 3歳の頃に作風を変えた．当時の刀は「新刀」と呼ばれ，美術品として見た目は良いが折れやすく刀としての機能に劣る．そこで，実用刀の要件は刃文の美醜ではなく，地鉄によるものであるとして，応永以前の作刀法「復古鍛刀」を提唱した．

応永以前はたたら製鉄ではただ銑だけを流し採っていたが，それ以後は3日4夜の操業で最初銑を流すが，最後には炉を崩して鉧塊を取り出す方法に変わった．したがって，応永の頃までの鍛冶は自ら銑を吹き卸して鋼を造っていた．上手く鋼ができた場合はそのまま打ち延べて刀剣にしていた．できの悪い時は2, 3回鍛錬を行った．多くても7, 8回の鍛錬であった．しかし，卸し鉄法では鋼の剛柔の出来不出来があり最適な鋼を得ることが困難で，結局，3日4夜吹きで造った鋼を用いるようになった．これにより，慶長（1596年～1615年）以来の作を「新刀」と呼ぶ．しかし，地鉄の性質が違うので，古刀を作るためには銑卸し鉄が必要であると述べている．

当時良く使われた出羽千種鋼（3日4夜吹きの鉧を割った「白鋼」）の鍛錬について述べている．鍛錬の際，崩れない鋼は粘り気があって刀剣に鍛えると刃色白く麗しくなり上質であるが，ふくれが出やすく肌気が現れ（表面が荒れる）取り扱いが難しい．崩れる鋼は銑気があって上質ではなく，鍛錬の際に飛び散ることがある．したがって，崩れない鋼を使うのが良い．1 kg程度を手子棒の先に鍛接し，20回程度鍛錬する．鍛錬の回数は鋼の性質によって変える．しかし，20回も鍛錬すると鉄が弱くなり，刃色もどんよりとして冴えがなくなると述べている．

著者の体験した鍛えから造り込みおよび火造りまでを述べた．鍛接における沸き花の見分け方や，鍛造中の鋼材の色の見分けなどが重要であり，作業は手早く行わねばならない．もたもたしていると温度が下がり，加熱しなければならずその分余計に時間と炭代がかかる．何度も加熱しているうちに手子棒の首が細って落ちてしまう．経験で体得するしか方法がなく，横座に座っている時間に比例して上手くなるといわれている．特に，手子付けは失敗の連続であった．

第 12 章　鋸の製造

大工道具などの刃物には，鉈(なた)や鉞(まさかり)等のたたき切るもの，鉋(かんな)や鑿(のみ)等の削るもの，包丁など引くか押して切るものがある．これらの刃は直線あるいは緩やかな曲線を描いている．これに対し，鋸は歯があり引いて切る方法であり明らかに他の刃物とは形態が異なっている．

大工道具の刃物の製造は各地にありそれぞれ特色のある刃物を製造している．兵庫県三木市は鉋，鑿，鋸，鏝(こて)および小刀の産地である．鋸の伝統工芸士光川大造氏から製造技術を聞いた．

12-1　鋸の形状と名称

図 12-1 に鋸の形状と各部の名称を示した．鋸には木目に沿って切る縦挽きと木目を切断して切る横挽きがありそれぞれ片刃のものがあるが，両者を持つ両刃もある．鋸の形状は刃が付いている「ノコ身」，柄に差し込む「コミ」，ノコ身とコミの間の「クビ」からなっている．ノコ身の刃側を「歯道」，反対側を「背」または「峯」，先から首へ順に「サキ」，「コシ」，「モト」と呼ぶ．歯道のサキ側を「サキの親目」，モト側を「アゴ」，アゴとクビの間の凹みを「エ

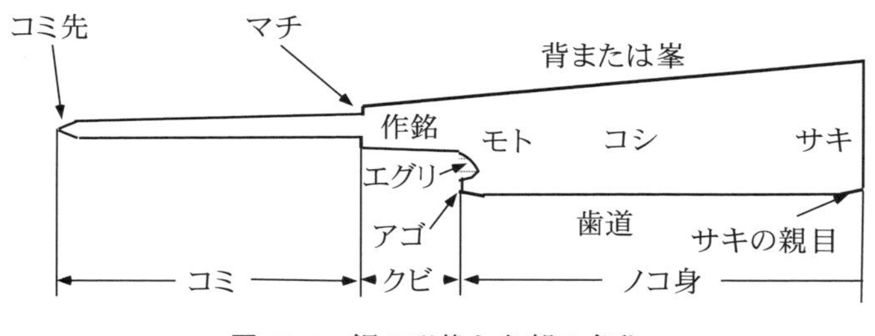

図 12-1　鋸の形状と各部の名称

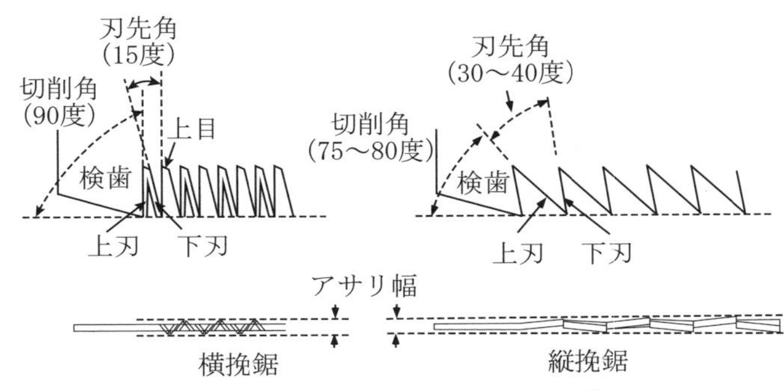

図 12-2 横挽き鋸と縦挽き鋸の歯の構造

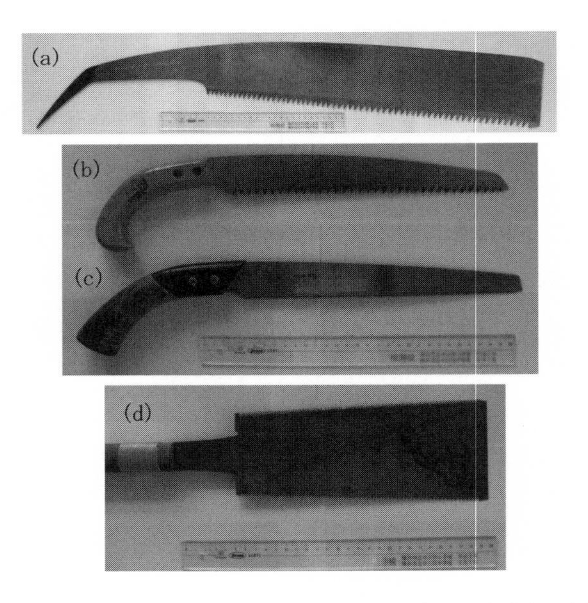

図 12-3 鋸の例（スケールは 30 cm）．(a) 手曲り鋸（玉鋼打），(b) 枝切り鋸，(c) 竹伐り鋸，(d) 両刃鋸

グリ」と呼ぶ．クビとコミの境の段差を「区（まち）」，コミの端を「コミ先」と呼ぶ．

片刃の鋸の表は歯を下に持った時の右面をいう．両刃の鋸は横挽き歯を下にして持った時の右面をいう．

縦引き鋸のコミは背側に反り，横挽き鋸のコミは俯き加減になっている．

したがって，両刃のコミは横引き歯側に少し傾いている．両刃のコミの位置は中心から縦挽き歯側にずれている．これは横引きの歯は欠けると全て取り去り歯を切り直すので減り代を取ってある．

鋸の歯の形を図 12-2 に示す．歯の形は三角形で，挽く方向の辺を下刃，反対側を上刃と呼ぶ．歯の先端を上目(うわめ)あるいは天目(てんめ)という．歯は 1 枚置きに交互に左右に出ており，これをアサリという．出した幅をアサリ幅と呼ぶ．

図 12-3 には，手曲り鋸，枝切り鋸，竹伐り鋸，両刃鋸の例を示す．

12-2　鋸の材質

現在は，SK95 (旧 SK4) あるいは SK85 (旧 SK5) の板鋼を用いる．その組成を表 12-1 に示す．炭素濃度はそれぞれ 0.90 ～ 1.00 mass％と 0.80 ～ 0.90 mass％である．厚さ約 1.5 mm 程度である．Si が 0.1 ～ 0.35 mass％, Mn が 0.10 ～ 0.50 mass％含有している．

明治中頃に洋鉄が輸入されても昭和 5 年頃までは玉鋼が使われていた．積沸し鍛錬に続き折返し鍛錬を 1, 2 回行い鋼板にする．回数を重ねると脱炭が進み, 鋸が甘くなる．すなわち比較的早く切れなくなる．玉鋼は炭素濃度 1.0 ～ 1.5 mass％の高炭素鋼であるが炭素濃度が不均質である．しかし，鋼の機械的性質に悪影響を与えるリンや硫黄の濃度は非常に低く，Si や Mn はほとんど含まれていない．そのため，熱処理条件に敏感になり焼き割れなどが生じやすかった．

洋鉄が使われるようになると，角鋼(かくはがね)と呼ばれた一辺が 5, 6 分 (15 ～ 18 mm) の角棒を鍛造して板にした．これは折返し鍛錬の必要はなかったが鍛造で鋼板にする荒打ちが必要であった．そこで，平鋼と呼ばれる厚さ 1 分 (3 mm) 程度の鋼板が使われた．「東郷鋼(とうごうはがね)」には「黄紙和鋼質鋸用平鋼」と称し

表 12-1　鋸用鋼材の成分組成 (mass％)

種類	C	Si	Mn	P	S	焼鈍温度 (℃)
SK95 (SK4)	0.90～1.00	0.10～0.35	0.10～0.50	<0.030	<0.030	740～760
SK85 (SK5)	0.80～0.90	0.10～0.35	0.10～0.50	<0.030	<0.030	730～760

図 12-4　「東郷鋼」のカタログの一例

たスウェーデンのSKF・フーホス社から輸入された鋼板が売り出されていた（図12-4）．この鋼にはNiが入っており焼入れ性が良かった．コミには，安価な包丁鉄や軟鉄が使われた．

12-3　鋸の製造

12-3-1　成形

玉鋼を鍛錬した鋼材あるいは洋鋼を使う場合は，短冊形の鋼板を先手（向槌）で延ばし，中心に鏨目（たがね）を入れ，2枚に折り重ねる．厚さは3 mm程度である．鏨目を入れたところはサキになる．重ねた端に角押槌を使って金床の角を利用してクビを作り，鋸の原型を作る．このようにして作った鋸の原型を6枚重ねてさらに打延ばす．時折，中の板を交互に外に出すよう入れ替えて全ての板厚が均等になるように延ばす．この工程は赤みがかる程度に焼いて延ばす．黄白色まで加熱すると鉄の酸化が進行して鋼の質が落ちる．予定の寸法まで延びたら，水打ちをしてスケールを取り去り金肌をきれいにする．この工程を荒打ちと呼び，鋼板の厚さを約1.5～2 mmにした．

次にクビにコミにする軟鉄の板を硼砂を使って沸し付けで鍛接し，延ばして成形する．さらに逐次部分を軽く加熱して水打ちし平らにする．これを「水ならし」と呼ぶ．

水ならしした鋼板に寸法に合わせて線を引き，その線に沿って切箸（金切り鋏）で裁断し鑢で鋸の形を整えた．

現在，市販の鋼板を使う場合は上記の工程はない．プレスで鋸の形を打ち抜き成形し，電気溶接でコミを接合している．

12-3-2　ノコ身の肉厚調整

鋸の板の厚さは，片刃では，歯の方が厚く背の方で薄くなっている．マチ辺りは最も厚く約 1.5 ～ 2 mm で首のところは約 1.5 mm あり，モトからサキにかけて薄くなり，歯近辺で約 0.5 mm で背は約 0.4 mm と 0.1 mm だけ薄くなっている．両刃ではノコ身の中央サキ側が薄くなっている．この厚さ調整は鋸で切り進む時，ノコ身が木材と擦れて抵抗にならないようにするためである．この厚さ調整は鐽（せん）で削って行う．鐽には荒削り鐽，中削り鐽，仕上げ鐽など各種あり使い分けている．厚さの調整は，鋸のコミを右手に持ちサキを左手に当て，目の位置に水平にして腕の長さ一杯に離して静かに曲げる．背側も歯側も半月形を描いて曲るようにする．図 12-5 に鋸の厚さ分布の例を示した．この厚さ調整を「定平を決める」といった．

現在は，切削加工機で厚さ調整を行っているが，高級鋸は鐽掛けで行っている．

12-3-3　焼入れと焼戻し

現在，焼入れは鉛浴を使い 800℃で行う．鉛は密度が大きく処理鋼材が浮上するので注意が必要である．また，表面が酸化するのでグラファイト粉末で浴表面をカバーしている．

まず，760℃の鉛浴で均一に加熱し，次いで 800℃の鉛浴でさらに加熱する．焼入れは 60℃の菜種油に焼入れする．約 300℃まで急冷する 2 秒で取り出し，直に板に挟んで圧力を掛け冷却する．焼入れした鋸の表面の一部を鐽で軽く擦って黒い表面を掻き落しておく．

焼戻しは，280℃の塩浴を使う．塩浴中のプレスの間にノコ身を入れ圧力

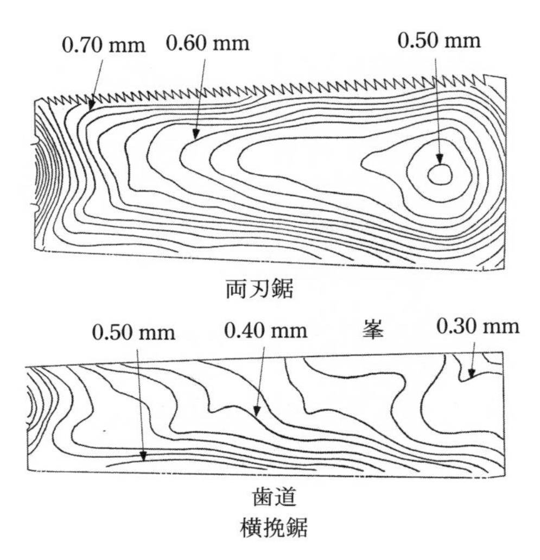

図 12-5　ノコ身の肉厚分布．両刃鋸（作銘：MT，年代：現代，刃渡：305 mm，歯数：モト縦 7・横 12，サキ：縦 5・横 12，ノコ身肉厚：モト刃部 0.76 mm・最小 0.74 mm，硬度：72.4 ± 1.71）．横挽き鋸（作銘：MT，年代：現代，刃渡：247 mm，歯数：モト 33，サキ 29，ノコ身肉厚：モト刃部 0.49 mm・最小 0.334 mm，硬度：79.2 ± 1.80）（平澤一雄による）

を掛けた状態で 1 分加熱し取り出し冷却する．圧力を掛けるのは焼入れ，焼戻し時に起こる曲りや歪を取るためである．表面を掻き落した部分の色で焼戻し後の硬さを見る．焼戻しの色は，薄い黄色，美しいトカゲ色，美しい藍色，緑色，黄色の順に変化し，軟らかくなる．鋸の多くはトカゲ色，藍色，緑色に調整する．一般的に大型の鋸は甘く（軟らかく），小型の鋸は硬めにする．大工物は硬く，薪挽鋸は甘い．厚い鋸は甘く，薄いものは硬めにする．

手工業的には，次の工程の「歯の打ち抜き」の後に焼入れを行った．加熱は火床で行った．焼入れ用の炭は 5 分角程度（15 mm）に小さく切った．火が付いたら炭掻棒で炭を良く掻き混ぜる．まず，クビを炉に入れて加熱する．加熱したらすぐに前後を返しコミを箸で掴んで炭火の中に 2 ～ 3 回出し入れする．この時炭掻棒で炭を掻き分け鋸のサキを保護する．鞴は静かに吹き，鋸が炭から出ないようにする．薄い鋼板の加熱は羽口に近い部分が短時間に昇温するので裏返しかつ出し入れして均一に加熱するよう注意が必要である．全体が800℃（赤黄色）程度になった時，鋸を火床から出し，壺中の菜種油に焼入れする．

次に炭火で焙って焼戻しを行う．クビから始めてサキで終わる．片刃はクビとモトおよび背を甘くし，歯先は硬くする．両刃は中央を甘くする．焼入れや焼戻しでノコ身はスルメのように曲るので，金床上で槌で打ちならして真っ直ぐにする．これを焼刃ナラシといった．これは大変な熟練を要する作業であった．現在，火床で加熱し焼入れする場合も2秒で取り出し，すぐに板に挟んで圧力を掛け冷却する（図12-6）．

12-3-4　歯の打ち抜き

歯道と下刃の角度を切削角と呼び，上刃と下刃の角度を刃先角と呼ぶ．縦引き鋸の場合は切削角を75～80度に取り，刃先角は30～40度である．横挽き鋸の歯の切削角は90度で刃先角は15度と鋭角になっている．

刃の数は，鋸の種類によって異なる．例えば，図12-3の手曲り鋸では幅がモト側で84 mm，サキ側で120 mm，刃渡り550 mmで，30 mm（1寸）の間の歯数はモト側で4枚，サキ側で3枚であり，刃の高さもモトで10 mm，サキで13 mmである．枝切り鋸は，幅がモト側で38 mm，サキ側で20 mm

図12-6　焼入れ用菜種油と焼入れ後鋸のヒズミを直すプレス機

刃渡り 270 mm で，歯数は 8 枚である．竹伐り鋸は大きさは枝切り鋸と同じであるが，歯数は 18 枚で細かい．両刃鋸は，幅がモト側で 80 mm，サキ側で 100 mm，刃渡り 240 mm で，歯数は縦挽き刃でモト 10 枚とサキ 7 枚，横挽き刃で 18 枚である．

現在は，ダイヤモンド粒を埋め込んだ回転カッターが開発されたため，焼入れ，焼戻し後に機械加工で硬化した鋸の歯の切り出しを行っている．台に固定して，一定の幅で機械的に送りながら回転するカッターで自動的に切っている (図 12-7).

手工業的に打ち抜きを行う場合はノコ身がまだ柔らかい焼入れ前に刃の打ち抜きを行った．手作業で歯を打ち抜く場合は，目本（目盛り）を側面に当てて印を付ける．荒い歯は切箸で切り，細い歯は鑢で擦って立てた．明治末期から昭和初期には 30 mm 当たり歯が 15 枚以下のものは「打抜き」と呼ぶ自家製治具を使って打ち抜いていた．

12-3-5　アサリ出し

アサリ幅は鋸の板厚より少し大きいので鋸で挽き進んだ時，ノコ身と木材

図 12-7　歯付け自動機械

との接触抵抗を小さくし切りやすくしている.

歯は槌で打って1枚おきに左右に出す. 槌の打撃面には小さな山があり, この山により打たれた歯の面が伸びて少し曲る. 歯を1枚おきに少し曲げて出し, 裏返してその間の歯を出す.

機械的には, 鋸を台に固定して, 一定の幅で自動的に送りながら打撃面に小さな山があるハンマーで自動的に歯を1枚おきに一定の力で打ち出す. 全く左右対照の機械に鋸を裏返してセットし, 1枚おきに歯を打ちだす(図12-8). マイクロメーターで歯の打ちだし幅を計測し, ハンマーの打撃力を調整する.

アサリは, 鋸を挽きやすくするが, 木材の切断面は荒くなる. 一方, 精密細工用鋸のようにアサリ幅を少なくすると木材の切断面は美しくなるが, 切断面との摩擦が大きくなり鋸が破損する. この場合, ノコ身の板厚を背の方が薄くなるようにする.

12-3-6　目立て

縦挽き鋸の歯は表面に対し直角に切ってある. 上目は鑿(のみ)の刃のように真横になっており, 鑿あるいは鉋で削るように木材を切る. 横挽き鋸は, 歯1枚

図 12-8　アサリ付け自動機械

おきに内側に向かって下刃と上刃および上目はそれぞれ約45度の角度で刃が付けられている．これは小刀で切るように木目を切る．

挟み板に鋸を挟み，歯を出して固定する．金床などに斜めに縦掛けて断面が三角形の鑢で刃を付ける．まず，鑢で歯の高さを揃える．次に歯1枚おきに上刃を擦り上げ，次いで下刃を擦り上げる．横挽き鋸ではさらに上目を擦り上げる．終わったら裏表を返して同様に歯1枚おきに上刃，下刃，上目を擦り上げる．

現在は，目立ても自動機械で研磨しているが，高級鋸や目立ての依頼は手作業で行っている．

12-3-7　歪(ひずみ)取り

鋸の最後の狂い直しである．「あげ歪」という．ノコ身の凹凸を調べ金床上で槌で打って修正する．片刃では背に両刃では中央に，圧縮応力が掛かる場合と引張応力が掛かる場合がある．それぞれ「抜け歪」と「引張歪」と呼ぶ．コミとサキを持って曲げるとペコペコという音がする．歪があると鋸で挽き切る面が湾曲する．金床上で槌で打って歪を取るが，「抜け歪」が少し残るようにする．こうすることにより，鋸の歯の温度が摩擦で上がって膨張してきた時釣り合いが取れるようにしている．

12-4　鋸の焼入れの原理

800℃から60℃の菜種油に焼入れし，300℃になる2秒で取り出し板の間に挟んで圧力を掛け冷却する．この方法はマルクエンチ法である．これはマルテンサイト変態が起こる温度Ms点（共析組成で約220℃）より高い温度の300℃まで急冷し，そこから徐冷させてマルテンサイト変態を起こさせる方法である．油焼入れではAr′変態は不完全に起こり一部微細パーライト組織が現れるが，未変態のまま残ったオーステナイトは徐冷の際に徐々にマルテンサイトに変態する．このため，焼割れや焼曲りが生じなくなる．割れず硬く焼入れる最適な方法である．

高炭素鋼の衝撃値はもともと小さいので焼戻し脆性は顕著でない．むしろ焼戻し温度が高いほど硬さが下がる．焼戻し温度を280℃に取っているのは適切な硬さにするためである.

12-5　ノコ身の硬さ

平澤一雄は歴代の名作といわれる鋸の詳細なデータを著している[17]. 作者, 年代, 刃渡り寸法, 歯数, ノコ身肉厚, ノコ身の硬度である. ノコ身の適切な硬さは歯列際のショア硬度で 70 ～ 80（ビッカース硬度で 540 ～ 760）である. 70 を下回る硬度は甘く永切れしない. 80 を越える硬い歯は目立てで鑢が滑って掛りが悪く, 鑢の消耗も早い. 良い歯もつかず, アサリ出しや使用時に歯が欠けることもあるので, 好ましくない.

12-6　鋸製造の機械化

鋸の製造の機械化ができたのは, 戦後, ダイヤモンドカッターが開発され, 歯が連続的に切れるようになってからである. さらに, プレス打ち抜きでは成形と歯付けを一度にできる. アサリ出しと目立ても機械化できる. これらが可能なのは 1.5 mm 厚の市販の鋼板を利用できるからである.

日本の鋸の特徴は 1 人で使う手前挽きである. 真っ直ぐに切れるようにノコ身を平らにするため, 各工程間で常に歪直しを行っている. また切り口面との摩擦を軽減するため, 前述のようにノコ身の厚さを 0.1 mm 単位で調整している. この厚さ調整は切削機や研磨機で行うが, 高級な鋸は鏟で削る. 熱処理はマルクエンチ法と圧力を掛けて冷却する方法で, 各部に微妙な強度を与え焼割れや焼曲りを防止している.

吉川金次は, 明治 31 年生まれの鋸鍛冶金子氏の話を紹介している. 玉鋼で造った鋸は比較的甘く, 歯が潰れるのが早く特に堅木には摩耗しやすいが, 歯のアサリが素人でも加減できる. 一方, 現代鋸は堅木も良く切れるが歯も欠けやすく, 目立ても大工ではできない. 玉鋼や洋鋼を刃物に使っていた時代は, 研ぎは使用者が行っていた. 昔は, 鋸の製造と歯の目立ては分業であったが, 目立て屋がいなくなった. 現在は, 道具も使い捨ての時代であるが, 良い道具を自前で手入れして使うことも, 限りある資源を有効に使うために重要である.

第 13 章　刃物の切れ味

刃物の使い方を見ると，鉋(かんな)は刃に直角方向に引いて木材を削る．鑿(のみ)も刃に直角方向に叩くか押して削る．鋸(のこぎり)は手前に引いて切る．包丁も手前に引いて切る．一方，日本刀や鉈(なた)，鉞(おの)は振り下ろして刃に直角方向に叩き切るが，日本刀には反りがあり，鉈や斧の刃は直線でなく湾曲しているので，刃の動きは刃に垂直方向と同時に引く方向にも作用している．

包丁の切れ味の検査方法として，圧力を掛けながら刃を水平に引いて重ねた紙を切る枚数で切れ味を定量化した．この結果，刃稜の角度が小さいほど切れ味が良くなることがわかった．

一方，俵國一は，この切れ味を日本刀で定量化した．本章では，俵の研究を紹介し，切れ味の評価方法を述べる．

13-1　打撃中心

支えのない棒に衝撃を与えると重心の反対側に動かない一点（静止点）ができる．この衝撃が与えられる点を静止点に対する打撃中心と呼び，静止点には衝撃が生じない．打撃中心の位置を求める．

図 13-1 に示すように重心を G，打撃中心を P，静止点を S とし，GP の距離を a，GS の距離を b とする．図 13-2 に刀の打撃中心と静止点（目釘穴）を示す．刀の目釘穴を中心とした振り子の周期 T を測定する．次に刀の重心位置を求め，静止点からの距離 b を測定する．重心を中心とする回転半径 k は次式で与えられる．

$$k^2=(T^2gb/4\pi^2)-b^2 \qquad (13\text{-}1)$$

$$k^2=ab \qquad (13\text{-}2)$$

(13-2) 式から a を求める．$(a+b)$ が静止点からの打撃中心の位置である．g

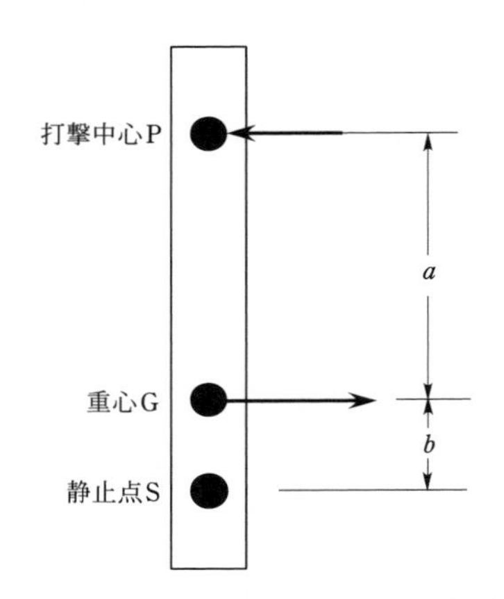

図 13-1　打撃中心と重心および握り中心（静止点）の関係

は重力加速度 9.81 m/s² である．

表 13-1 には，俵が測定した各種日本刀の静止点（握り中心）に対する打撃中心の位置および回転半径 k を示した．ここで握り中心は鎺（はばき）の手前 5 cm としている．握り中心から重心までの位置は全長の約 3 分の 1 であり，握り中心から打撃中心までの距離は全長の平均 54.6％である．

静止点から打撃中心までの距離が長く，刀の質量が大きいほど慣性モーメントが大きくなり，打ち下す力は大きくなるが，小回りは利かなくなる．小さいと打撃力が落ちる．刀の回転半径と静止点から打撃中心までの距離及び重心の位置はこの相反する効果を最大限にするよう経験的に設定されている．

13-2　反りと切れ込み深さ

俵は切れ味の特徴を次の 2 つに分類している．第 1 の刀の磨き上げ直後の「切れ味」または瞬時的「切れ味」と，第 2 の「切れ味」の耐久性または瞬時的「切れ味」を保つ時間の長短である．第 1 の主な因子は，刀の打撃中心の位置と，刀の外形および「反り」の角度であるとして実験を行った．刀の反りは図 13-2 に示すように，打撃中心における刃の接線と茎（なかご）尻と握り中心を結ぶ線とがなす角度で定義されている．第 2 の主な因子は刃の硬度あるい

表 13-1 刀剣の重心，打撃中心，反りの角度，および慣性モーメント

刀剣銘	全長 (cm)	重心		打撃中心		反り角	重心周り	
		握り中心からの距離 (cm)	全長に対する%	握り中心からの距離 (cm)	全長に対する%		回転半径 (cm)	全長に対する%
長光	79.7	26.5	33.2	43.5	54.6	15°30′	21.2	26.6
國包	95.5	29.5	31.0	50.7	53.1	13°20′	25.0	26.2
祐長	87.5	28.8	32.9	48.2	55.1	12°45′	23.6	27.0
清麿	51.5	18.3	35.5	28.2	54.8	6°10′	13.5	26.2
兼房	49.2	17.2	35.7	26.3	54.6	10°00′	12.5	25.4
虎徹	69.0	22.1	32.0	37.3	54.1	11°30′	18.3	26.5
國廣	33.7	12.6	37.4	18.5	54.9	6°30′	8.62	25.6
有功	48.8	17.0	34.8	26.8	54.9	10°10′	12.9	26.4
忠吉	40.7	15.0	39.3	22.2	54.5	9°00′	10.4	25.6
順慶長光	91.3	27.4	30.0	49.5	54.2	12°40′	24.6	26.9
歳長	86.8	31.0	35.7	47.4	54.6	6°40′	22.5	26.0
直綱	80.3	25.3	31.5	44.8	55.8	13°30′	22.2	27.7
國義	65.9	22.6	34.3	35.6	54.0	6°50′	17.1	26.0
兼氏	92.4	29.8	32.3	51.0	55.2	15°30′	25.1	27.2
平均			34.0		54.6	10°43′		26.4

注：文献 7) p.446-447 の表のデータを用いた.

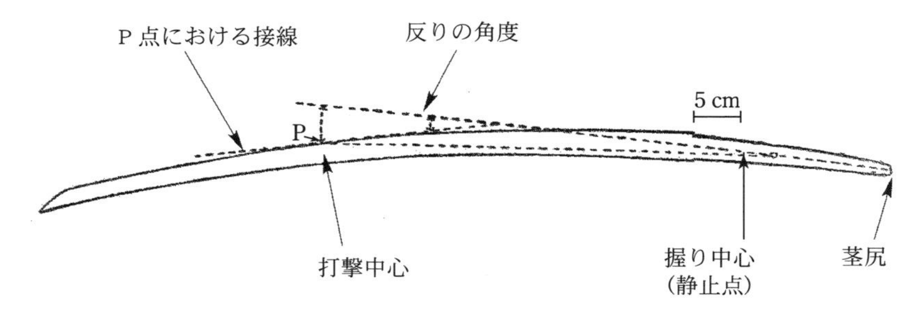

図 13-2 刀剣の反り角度の定義

は材質であるがこれについては十分な研究ができなかったとしている.

刀には反りがあるので，切断方向は刃に垂直ではなく反りの角度で斜めに切り込む．反りと切り込み深さに関して，俵は2種類の実験を行っている．最初の実験では，シャルピー式衝撃試験機を用い試料刃片で油土(ゆど)の棒を破断する際に要したエネルギー(吸収エネルギー)を測定した．刃片の長さは8.5 cmで，試験機の振り子の半径方向に対し刃線の角度を0度から45度に設置して「反り」とした．刃稜(刃の鋭さ)の角度は10度から30度にとった．図13-3に示すように，「反り」が10度の時最も吸収エネルギー比(振り子の最初のエネルギーに対する吸収エネルギーの比)が小さくなる．すなわち

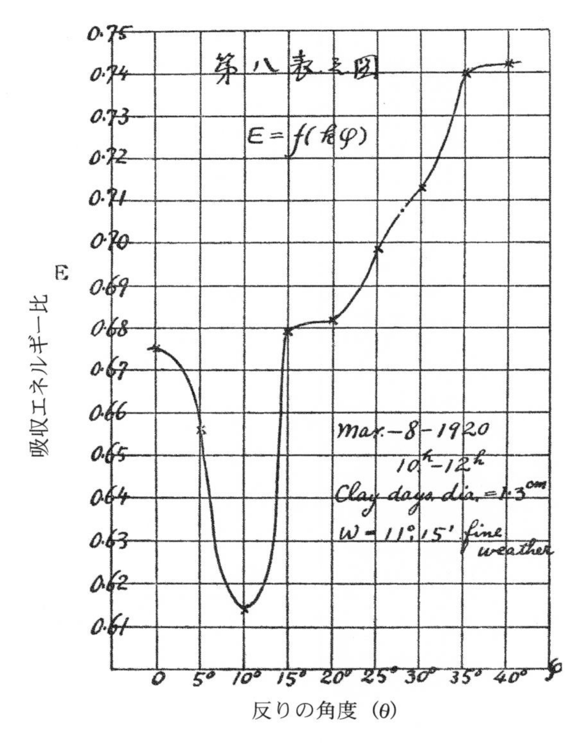

図 13-3　シャルピー式衝撃試験機で刀剣により油土を切断したときの吸収エネルギー比と刀の反りの角度の関係(俵による)

最も良く切れる角度で，これは刃稜の角度によらない．37 本の刀の「反り」を調べると 10.5 度を中心に正規分布（$\sigma= \pm 1.5°$）していると指摘している．

2 つ目の実験では，刀を振り下ろす速度を変えるためにアイゾット型衝撃試験機を用いた．これは図 13-4 に示すように，試料刃片を油土に落下させ切り込んだ深さで切れ味を判定した．試料刃片を固定した重さ 75 kg の治具 B を垂直に立てた滑らかな表面を持つ 2 本の鉄棒 A に沿って滑り落す方法である．油土に接触する寸前の速度を落下距離を変えて変化させた．速度の測定は，電気式音叉で 555.5 Hz の定在波を発生させ試料刃片と一緒に落すと，ドプラー効果で速度が速くなるほど波長は長くなる．波長を測定して 555.5 を割り，音速を掛けると落下速度が得られる．さらに滑り摩擦による加速度の誤差を実験で補正している．

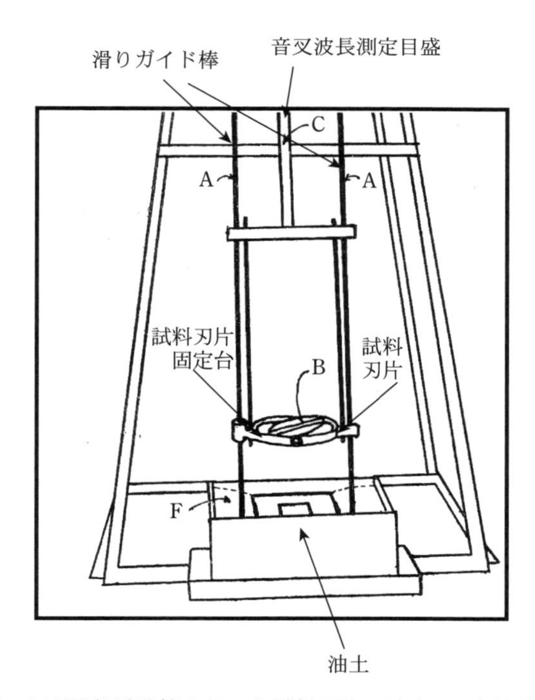

図 13-4　アイゾット型衝撃試験機を用いた試料刃片の油土への切り込み深さ測定機（俵による）

試料刃片の形状を図13-5に示す．試料は炭素濃度0.6 mass％のスウェーデン鋼で一部の試料を除き焼鈍のまま使用した．ABCD面と刃の断面ABEとDCFは直角で，ABの中点HとCDの中点Gを結んだ線に平行な線と刃線EFのなす角度θが「反り」になる．刃線EFに直角の刃の角度ωが「刃稜の角度」である．「切り込み深さ」はEから測定した深さである．

反りの角度は0～30度，刃稜の角度も0～30度で変化させた．刃稜の角度0度は薄い刃片である．油土の強度は，形状，質量，温度，気孔率，湿度により変化するので，これらが一定になるようにした．

実験結果の一部を図13-6に示した．この実験では次の結論を得ている．(1)刃稜の角度が18～30度の間では反りが10度付近が最も切れ味が良い．(2)刃稜の角度が0度では反りが大きいほど切れ味は良い．(3)刃稜の角度が大きいほど切れ味は悪くなる．(4)表面が荒い方が切れ味は良い．試料刃片の表面は落下方向に直角に紙鑢で擦ってあり，荒いほど油土との接触面積が減るので切れ味が良くなる．(5)刃先の硬度は切れ味の差異に影響しない．

しかし，俵の実験結果はばらつきが大きく，傾向としては刃稜の角度が0

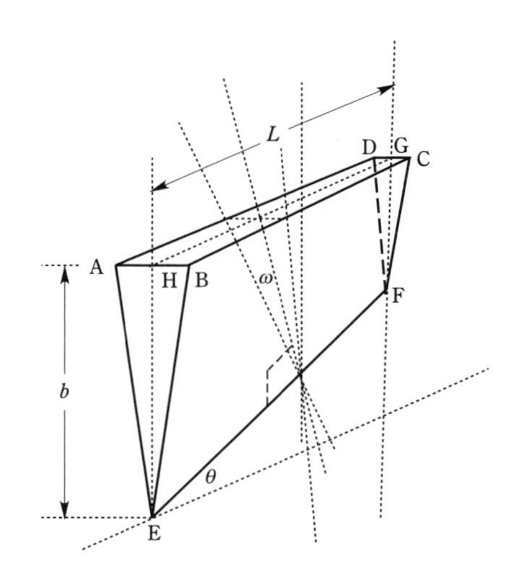

図13-5　試料刃片の形状

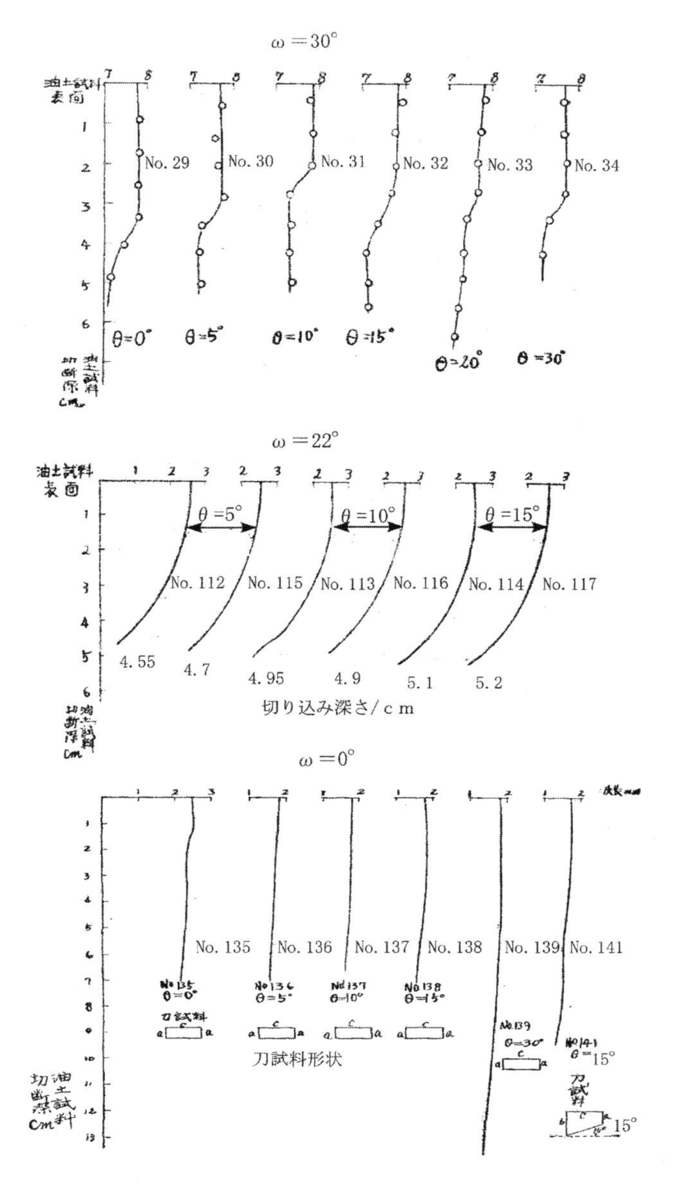

図 13-6 刀剣の切込み深さと反りの角度および刃稜の角度との関係の測定結果
（俵による．ただし一部の手書き文字を著者が活字に書き換えた．）

でない場合でも反りの角度を大きくすると切り込み深さが少しずつ大きくなる傾向がある．

13-3　刃物の形状と切れ味

切れ味を定量的に研究したのは俵である．彼は刀が引きの操作で切れることから刀剣の反りの角度と刃稜の角度に着目した．その結果，刃稜の角度が0度，すなわち非常に薄い刃の場合は，反りの角度が大きいほど切れ味は良いことを示した．また，刃稜の角度が0度より大きい場合は，反りの角度が10度近傍で最も切れ味が良くなると俵は結論した．一方，筆者の解析（付録2）では，刃稜の角度が0度以上でも反りの角度が大きいほど切れ味は良くなることを示した．これは俵の実験値の傾向とは一致している．また，刃稜の角度が大きくなるほど切れ味が悪くなることを示したが，これは俵の結論と同じである．

ではなぜ，日本刀の反りは10度近傍にあるのか．反りを大きくすると切れ味は良くなるが切先を延ばし刀剣をあまり長くすることはできない．延ばすと刀剣の重量が増し，重心が切先の方になるので慣性モーメントが大きくなり振り回し難くなる．結局，刀剣の全体のバランスと振り回しやすさを追求した結果，反りの大きさが10度近傍になったと考えられる．

第 14 章　和銑の脱炭と包丁鉄

14-1　大工渡部平助

わが国では明治期まで，たたら炉で作られた銑は大鍛冶工程で脱炭され，錬鉄が製造されていた．その方法は，俵國一が『明治期に於ける古来の砂鐵製錬法』の第 6 章「錬鐵（包丁鐵）製造法」で詳述している．また, 館は『近世たたら製鉄の歴史』の第 3 章「近世たたら製鉄法の発展—その 1」で，日本式間接製鉄法としてまとめている．この大鍛冶法の成立時期は明らかではないが，江戸期に入り 18 世紀には，天秤鞴や地下構造などの完成でたたら製鉄の銑鉄生産能力が拡大し，大鍛冶技術も完成の域に達していた．

大鍛冶工程の作業長を「大工（だいく）」と呼ぶ．渡部平助は田部家の杉谷大鍛冶屋で大正 4 年の 16 歳から大工の修行を始め，閉山となる大正 14 年まで大工として働いた．渡部家は代々大工職で，吉田町鍛冶の名大工渡部儀右衛門から分家した．祖父は名大工と呼ばれた政兵衛で，「政兵衛鉄」と呼ばれた製品は問屋や小鍛冶で名が知られていた．明治 32 年に生まれた平助は大正元年の 13 歳から大鍛冶屋で下働きをしていた．大正 4 年は田部家では製鉄業を縮小した年で，たたら場を 2 か所に，大鍛冶屋も 2 か所に減らした．平助の大工修行は技術継承のために田部家本家の支配人から受けた指示でもあった．祖父からは「ぼろくた（下手）大工」と言われるなと叱咤激励され，厳しい修行を積んだ．

14-2　大鍛冶の原料と木炭

大鍛冶の原料は銑と，鉧を破砕して得られる歩鉧である．歩鉧は，破砕した鉧中の炭素濃度の低いノロを噛んでいる部分である．銑の炭素濃度は 3.61 から 4.46 mass％，リン濃度は 0.033 から 0.15 mass％であった．

燃料として用いるのは小炭と呼ばれる木炭で，たたら炭を焼く山子が大炭用に伐採した木の枝を焼いたものである．枝木は大量に出る．町の大鍛冶屋は農民の焼いた小炭を買っていたが，田部家では専属の山子が焼いた小炭を購入していた．

小炭の焼き方は田部清蔵が『語り部』[29]で，芦谷の専属山子であった高田万輔老人から聞いたことを紹介している．「枝木を焼く時には，ある程度傾斜のある場所が良い．円形に約8 m少し山を掘り土を周囲に積み置き，その中で小木，枝木を焚いて木の分が燃つくした頃合を見て土を掛けて火を消す．冷えて火の無いものが小炭である.」農民が焼く時は，山を2 m四方に少し掘って土を周囲に積む．小木や立木を約1 m程度に切り，割る．枝木や粗朶を割木の間にいれ，燃え上るに従って割木を積む．火が燃え上る時は青草などを掛けて蒸し焼き状態で焼く．最後に土を掛けて火を消す．

焼いた小炭は吸湿性があるので夜露に当てないようにその日に大鍛冶屋に運んだ．小炭は，直径約90 cm，高さ約90 cmの竹籠の枡で計り，山盛り1杯を1升と呼んだ．生産は1日に1升8合から2升が普通で，これは米に換算して1升5合から1升8合に相当した．また，多い人は1日に2升5合を焼いたという．大鍛冶屋の消費量は1日に1斗1升～1斗3升で，竹籠11杯から13杯である．嵩張るので駄馬に積めず人の背で運んだ．このように運搬に費用が掛るので大鍛冶屋は炭焼き場の移動に従って場所を移した．杉谷大鍛冶屋も明治40年までは矢入の公谷(きみたに)の炭焼山にあった．製品の鉄の輸送は，1日に駄馬3頭で間に合った．

14-3　大鍛冶の作業場

大鍛冶の作業は，「左下(さげ)」と「本場(ほんば)」の2工程からなっている．左下では最初3％以上の炭素濃度の銑鉄から炭素濃度0.4～1.0％程度の鋼にし，後段の本場ではさらに0.1～0.2％に脱炭した．

作業場は図14-1に示すように，左下場と本場に同じ炉がそれぞれに設置されている．この配置は鍛冶屋によって異なっている．俵は，調査した明治31から32年頃の鳥取県日野郡都合山の大鍛冶炉について述べている．この大鍛冶の火床はたたら炉の地下構造と較べると簡単に作られている.

火床の構造を図 14-2 に示す. 長さ 1.5 m, 幅 1.2 m, 深さ 1.3 m の穴を堀り,

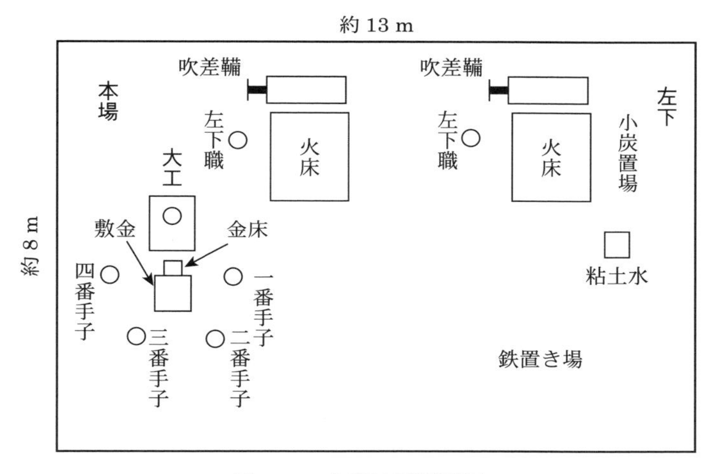

図 14-1 大鍛冶屋配置図

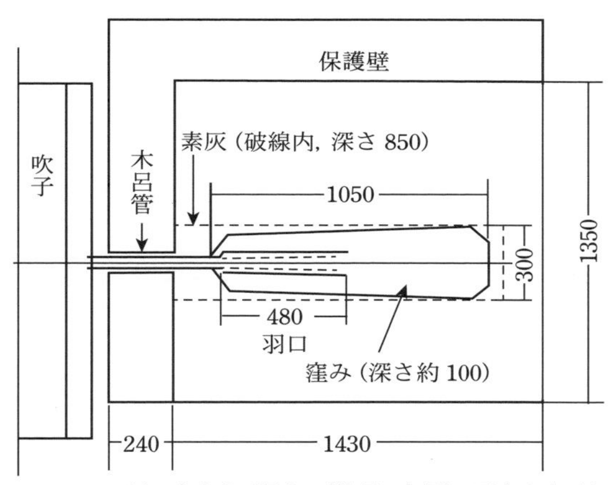

羽口大きさ（長さ,（外径, 内径）, 下向き角度）
左下用（360, 元（73, 25）, 先（50, 30）, 18 度）
本場用（480, 元（78, 30）, 先（60, 40）, 4 度）
（単位 mm）

図 14-2 火床の構造

その底中央，羽口方向に溝を堀って，地下水を排水する．溝に木材で蓋をする．その上に幅30 cm，深さ85 cm，長さ1.2 mの方形の穴を残して底と壁に粘土を張る．その穴には「素灰」を充填する．杉谷大鍛冶の炉もほぼ同じ大きさで，長さ1 m，幅30 cm，深さ80 cmの穴に素灰が充填されている．

図14-3に示すように，鞴と炉床の間に厚さ24 cmの保護壁がありその左側にL字型になった壁で炉床を囲んでいる．鞴の右中央下部の送風口から木呂管を保護壁の下部に通し，その先に粘土製の羽口を接続する．羽口の先には縦長の素灰の灰床がある．

左下用の羽口は長さ36 cm，先端内径3 cm，本場用は長さ48 cm，先端内径4 cmである．炉床は羽口から徐々に下がっており，反対側は6 cm低い．羽口の傾斜は「左下」で18度，「本場」で4度下向きになっている．送風は吹差鞴で，0.39 m^3の内容積がある．明治40年から杉谷大鍛冶屋では水車動力による吹差鞴が使われ，トタン製樋の送風管で2軒の大鍛冶屋に供給された．

左下と本場の炉の構造はほとんど同じである．本場の場合は素灰を充填した穴の上部に小枝や木炭塊を混ぜた粘土を張り，錬鉄の付着を防ぐ．

本場には，脱炭した鉄を鍛造して板状の割鉄にするため，金床と敷鉄（当

図14-3　火床[31)]

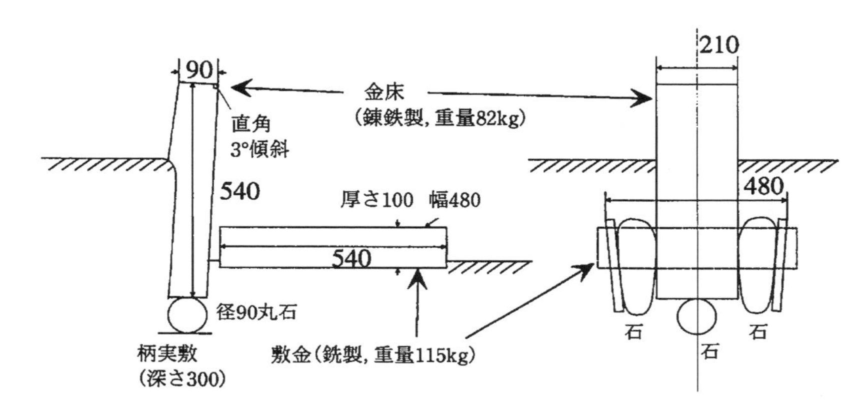

図 14-4　金床と敷金

て鉄（がね））がある．図 14-4 に示す金床は大きさが幅 9 cm，長さ 21 cm，高さ 54 cm の錬鉄で，大工から見て横長にして，下に丸石を置いて土間に約 10 cm 埋め込み，両脇を石で挟みさらに鉄板を打ち込んで補強してある．大工の位置は金床を境に土間から約 30 cm 高くなっており，金床は 3 度大工から外側に傾いており，鍛える板が金床面に当たるようになっている．敷金は長さ 54 cm，幅 48 cm，厚さ 10 cm の銑鉄製ブロックで，金床に接して大工の反対側に置いてある．

杉谷大鍛冶屋の作業員は，大工 1 人，左下職 1 人，向打（むこううち）（手子（てこ））4 人，引差人夫 2 人，下働き 1 人である．都合山の大鍛冶屋では引差人夫が入ってないが，漏れたと思われる．しかし，水車動力になっていたとすれば不要になったと考えられる．向打は図 14-1 に示すように時計回りに 1 番手子から 4 番手子まであり，この順に繰り返し玄翁（ハンマー）を金床上に振り下ろす．玄翁の重量は 1 貫 500 匁から 2 貫（5.6 kg から 7.5 kg）あり，これを廻し打ちするには体力と技術が要求される．各手子の位置は人が決まっていた．大工と左下職は高温に曝されるため，顔の前に網目の黒い布を垂らし保護した．

14-4　操業

14-4-1　左下

左下で使う銑塊の量は，都合山大鍛冶では319 kgであるが，杉谷大鍛冶では200 kgから250 kgと少な目である．出雲の内谷大鍛冶屋では銑塊に鋧鉄を加えて255 kgとし，石見国邑智郡市木村坂の大鍛冶では225 kgを使用しており，都合山大鍛冶は通常より多い．

左下では，羽口前に大きめの銑鉄塊を合掌させて立掛け通風路を作り，その上に大小の塊を乗せトンネル状にする．銑鉄塊を小炭で覆う（図14-5）．炭に点火して最初は送風弁を1/3程度に絞って風を送る．次第に温度が上がり，沸き花が激しく発生する．温度が上がり過ぎないよう散水する．銑鉄塊はトンネルの内側から漸次溶融し滴下する．1時間ほど経つと銑の炭素濃

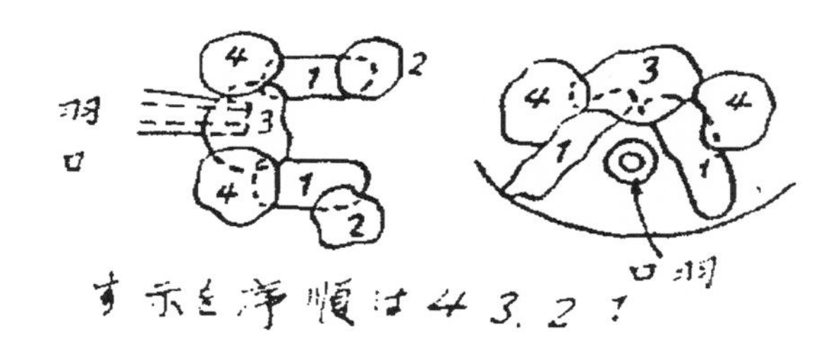

図14-5　左下工程での羽口前にトンネル状に積んだ銑鉄[30) 31)]

度が減少し底に溜まる．これを「底突」という道具で突付き粘り気があれば吹子の送風弁を全開して風を盛んに送り温度を上げて酸化作用を強める．銑が溶けると炎中に沸き花が激しく発生し，銑鉄は氷柱状となって滴下する．滴下する銑鉄は高温の空気と触れて，炭素が漸次酸化され，0.7％以下に減少する．木炭の外面に火炎が盛んに出るときは水を振り掛けて抑える．温度が上れば良いというわけではない．「炉が冴え過ぎる」，すなわち炉内が乾燥すると鉄が「はしかく」なる，脆くなるという．こうなると鉄は軟らかくならない．常に水を掛けて炉内の湿気に気を配らねばならない．小炭や風の具合など炉内状態に応じて土水や水の掛け方を工夫する．結局，温度上昇を抑えながら脱炭するというこの作業が一番難しい．20 分から 30 分後から羽口前に溜まった左下鉄を底突で数分おきに引き出す（図 14-6）．約 2 時間で 1 回の左下工程が終了する．左下鉄を出す時間は約 40 分である．

歩留りは 100％である．小炭の原単位は左下鉄 300 kg 当り 450 kg である．羽口は 1 か月に 2 本程度でほとんど消耗しない．

14-4-2　本場

杉谷大鍛冶の本場では，左下鉄約 200 kg と歩鉧約 100 kg を混ぜた約 300 kg を 9 等分した．都合山大鍛冶屋では左下鉄を 10 等分している．この混合の割合は大鍛冶や大工により異なっている．杉谷大鍛冶では歩鉧の混合率が

図 14-6　底突で左下鉄を取り出す [31)]

大きかった.

左下鉄の塊約30 kgを羽口前に左下工程と同様に積み，小炭で覆い送風して燃焼，加熱する．初めは弱めで火勢が盛んになったら強く吹く．沸き花が激しく発生する．温度が上がり過ぎないよう散水する．約20分で左下鉄は半溶融状態になり，7割が火床の底に落ち一塊になる．これを底突で絶えず鉄塊の向きを変えて炎に当て，脱炭を進行させる．これを羽口から少し遠ざけ，残り3割に充分風を当て羽口前の火床に吹き下す．約10分かかる．これを「下し鉄（おろしてつ）」と呼ぶ．この工程も左下職が行っている．ここまで約30分である.

図 14-7　下し鉄の鍛造．(a) 脱炭後即座に鍛造し長方形にまとめる（1焼（ひとやき）），(b) 板状の包丁鉄にして中央に切れ目を入れる [31]．

真っ赤に加熱した一塊の下し鉄を左下職が鋏で挟んで敷金の上に置き，大工に渡す．大工はすぐに火鋏でこれを挟んで敷金上で長方形に鍛造し（図14-7(a))，すぐに「当て鉄」（金床）上に引き上げて手子4人で5分間ハンマーで毎分60～90回叩く．最初は軽く後に強く叩く．ある程度長めに平たくして長め方向に鏨で2枚に切るが切り離してはいない（図14-7(b))．これを1焼(ひとやき)（胴切り）と呼ぶ．

これを左下職が火床で加熱し，再び大工に渡して鍛造する．さらに長手方向に切り，4片に切り離す．これを2焼（2番切り）と呼ぶ．3焼から6焼までは1片ずつの処理をいう．

最初の片を火床から取り出し，金床上で一方向に延ばし，その端を切って形を整え（鼻切り），再加熱する．これを順次他の3片を取り出して行う．次に最初の片を取り出し他の端を伸ばし，その端の中央に縦に切込みを入れ，火床で加熱する．順次他の3片に行う．再び最初の片を取り出して他端に切込みを入れ，縦中央に80％の深さに切込みを入れた長さ60 cm，幅20 cm，厚さ1 cmの板にする．これを他の3片に行う．板の中心の切込みは，販売時にここを折ってその破面から品質を判定した．

本場の工程で約30 kgの左下鉄から1枚約5 kgの包丁鉄4枚が造られた．羽口の先端は1操業ごとに約3 cm溶融して短くなり，最後は15 cm程度になるので毎日取り替えられる．

時間は鍛造工程で約30分かかり，本場作業は約1時間かかったことになる．これを9回繰り返して約10時間かかった．

大工渡部平助は，「鉄は打つ程に固くなるもので包丁鉄は少なく打って鉄の板の形を造るのが大工の上手と言われていた」と言っていた．左下職が3焼からの1片ずつを火床から出して金床の上に乗せたときは搗き立ての餅のように軟らかい．包丁鉄は1か所を2度打ってはいけない．また，金槌の角で打ってもいけない．大工は真っ赤に焼けた鉄が金床に乗った時すぐにどこからどう打たせるか見込みを付け，その位置を常に金床の中央に置く．一方，向打は必ず金床の中央を金槌の面で打つ．角で打つと傷物になる．

脱炭中の鋼の状態は，炎の状態で判断している．白色を呈し，沸き花が激しく出るときは炭素濃度がまだ高い（鉄が脆い）ので，酸化剤として「鉄肌」（スケール）を投入する．底突で炉床の鉄を突いてみてこれに鉄が付かないときはやはり炭素濃度が高い．逆に良く付くときは柔軟で鉄の炭素濃度は低くなっている．平均歩留りは 63％である．歩留りの悪いときはスラグの色が白く，暗黒で光沢があるときはスラグが多く出て鉄の質も良くなる．使用する小炭は製品に対して 2.6 から 2.8 倍の重量を要した．

14-5　左下鉄・下し鉄・包丁鉄の状態

大鍛冶工程では，炭素濃度が約 3.0 mass％以上の銑塊は 1300℃程度で溶融するので，トンネル状の構造を維持できない．そこで，溶融し火床の底に溜まった左下鉄を順次引き出し，次の本場で再びトンネル構造を構築するという 2 段工程になった．

図 14-8 に俵が分析した左下鉄の断面の炭素濃度分布を示す．左下鉄は炭素濃度が不均一で，多いところは 1.5％もあり，少ないところはほとんど炭素が入っていない．図 14-9 は下し鉄の断面の炭素濃度分布である．炭素濃度は場所により不均一である．下し鉄にはファイヤライト組成のスラグを塊中に含んでいるので，鍛造で絞り出した．

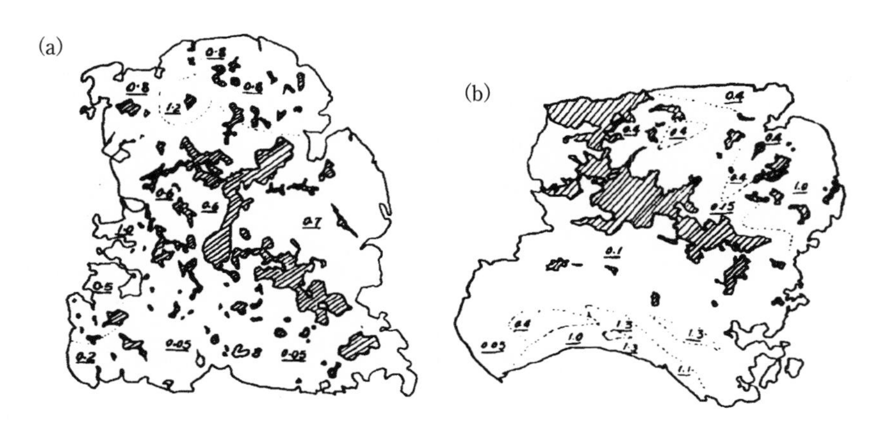

図 14-8　左下鉄断面の炭素濃度分布（大きさ 5 cm）[30]．(a) 出雲国内谷大鍛冶屋，(b) 伯耆国都合山大鍛冶屋．斜線部分は穴，数字は炭素濃度を表す．

図 14-9　下し鉄の炭素濃度分布（大きさ 9 cm）[30]

表 14-1　本場におけるノロの成分組成（mass%）

作業場	T.Fe	FeO	Fe_2O_3	SiO_2	MnO	Al_2O_3	CaO	MgO	P_2O_5	TiO_2	V_2O_5
都合山	53.42	63.17	6.18	17.82	0.63	6.12	1.78	0.88	0.19	0.64	0.09
坂の鍛冶	48.02	59.22	2.87	21.16	0.33	7.02	2.56	1.04	0.20	2.56	0.53

表 14-1 に本場で生成するノロの成分組成を示す．ノロはファイヤライト（$2FeO \cdot SiO_2$）に Al_2O_3 を 6 ～ 7 mass％含む．これは羽口が溶融して混入したものであろう．TiO_2 が 1 ～ 2 mass％含まれているが，これはたたら製鉄のノロが混入したものである．ノロの組成を $FeO\text{-}SiO_2\text{-}Al_2O_3$ 系状態図で見ると，FeO とファイヤライトおよびハーシナイト（$FeO \cdot Al_2O_3$）の共晶点組成近傍にあり，共晶温度は 1148℃である．Fe_2O_3 を約 5 mass％含むほか，FeO 濃度が高いので，鉄が空気で酸化されてできたものである．

このように鋼塊の表面に空気を吹きつけると，覆った木炭の燃焼熱で外から鋼塊が加熱される．トンネル内面の鋼は空気により脱炭し，同時に表面の鉄が酸化してその反応熱で温度が上昇して鋼塊が溶け，流れ落ちながら脱炭が進行すると同時に鉄も一部酸化されノロとなる．火床に溜まった鋼塊はノロで覆われ再酸化を防止する．

表 14-2　包丁鉄の成分（mass%）

産地	大鍛冶	製品	C	Si	P	S	Mn
出雲	田部家	包丁鉄1号	0.06	0.115	0.019	0.003	0.08
		包丁鉄2号	0.08	0.135	0.026	0.002	0.08
	絲原家	包丁鉄1号	0.07	0.169	0.045	0.006	0.08
		包丁鉄2号	0.06	0.052	0.023	0.003	0.07
	櫻井家	錬鉄丸延	0.17	0.043	0.060	—	—
伯耆	近藤家	錬鉄最上	0.12	0.23	0.101	0.003	—
		錬鉄丸延	0.14	0.061	0.061	0.004	—
安芸		包丁鉄	0.11	—	0.081	0.001	—
鳥取県	都合山	包丁鉄	0.12	0.05	0.013	trace	—

注）都合山包丁鉄のデータは文献30）から他は文献32）から引用した.

左下の工程で，水を掛けて温度上昇を抑えるのは，銑の脱リンを促すためである. 一般に脱リンは温度が低い方がスラグとのリン分配比が大きくなる. 表2-1 (p.17) に銑の，表14-2に包丁鉄の組成を示した. 田部家の銑と包丁鉄1号のリン濃度を比較すると0.043%から0.019%に下がっている. リン濃度が高くなると鋼材の質は脆くなる. リン酸鉄としてのスラグの生成はわずかである. この工程では平均0.7%に脱炭した鋼は溶けて火床に流れ落ちるので，スラグの分離は充分行われる.

本場で下し鉄の炭素濃度は0.1～0.2%と均一になる. シリコン，マンガン濃度は現代の転炉鋼と比べて1桁低く，リンは2倍の濃度である. 硫黄は痕跡程度である.

本場では，脱炭と同時に鉄を溶融させるために，高温にしなければならない. この状態で脱リンはそれほど起こらないと考えられるが，都合山大鍛冶の包丁鉄とファイヤライト組成の大鍛冶滓のリン濃度はそれぞれ，0.013%と0.19%でリン分配比は14.6である. これは現代の転炉における値の約1/10である.

14-6　脱炭はどのように起こるか

14-6-1　装置

炉内の状態を調べるため，幅61×長さ80×高さ60 (cm) の鉄製箱の中に

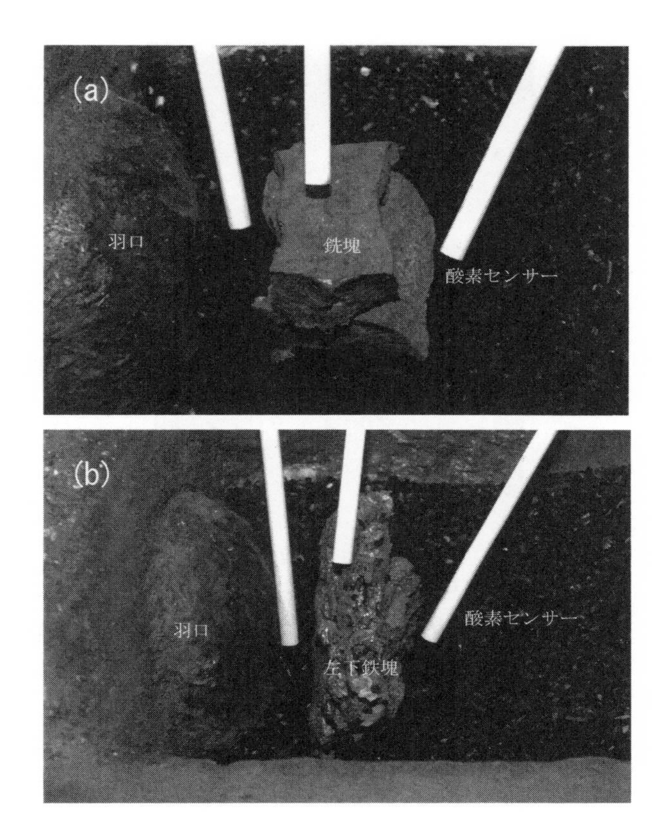

図 14-10　脱炭材と酸素センサーの設置 (a) 左下場の銑塊，および (b) 本場の左下鉄塊

アルミナ質のブロックで，内法長さ 42 ×幅 30 ×深さ 55 cm の箱型炉を作った．箱型炉の奥の壁のほぼ中央で外の鋼鉄板の下から 21 cm に内径 21 mm の鉄パイプを角度約 10 度で下向きに設置し，炉内先端には長さ 7 cm の耐火粘土の羽口を取り付けた．箱型炉の底から羽口下までは粉炭を突き固め充填した．送風は電動モーターにより連続的に行った．炉内の鋼塊の脱炭状況を観察するために羽口に観測窓を設置し，観測窓から炉内部をビデオ装置で連続的に撮影した．

図 14-10 に示すように，羽口前に銑や左下鉄を置き，その近傍の温度と酸

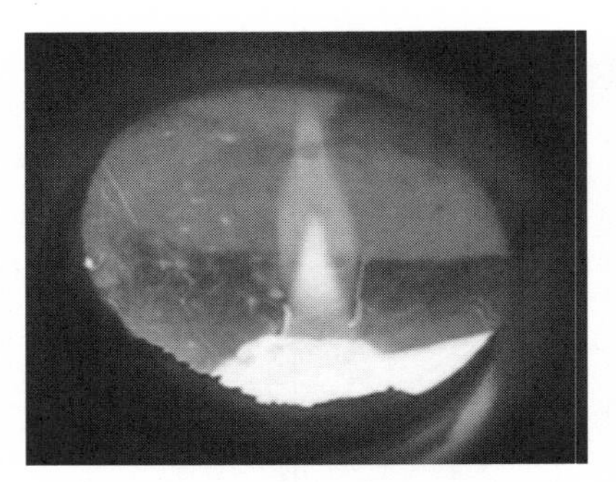

(a) 15分後，1250℃（上部）に達し，鉄の溶融とともに沸き花が発生した.

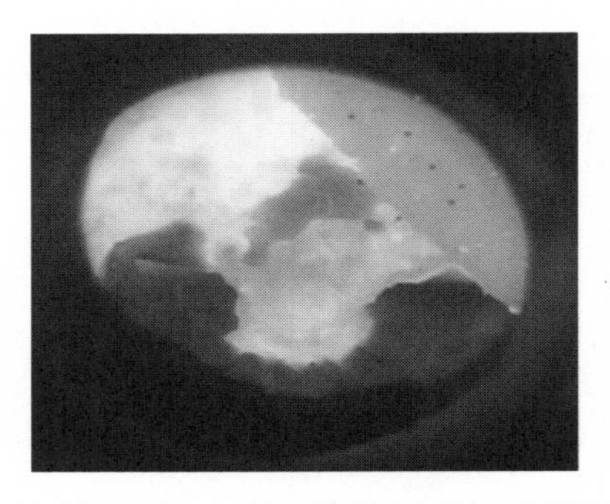

(b) 40分後，1350℃（上部）に達し，鉄の溶融と同時に脱炭が進行，FeOノロが生成してCOガス気泡が発生した.

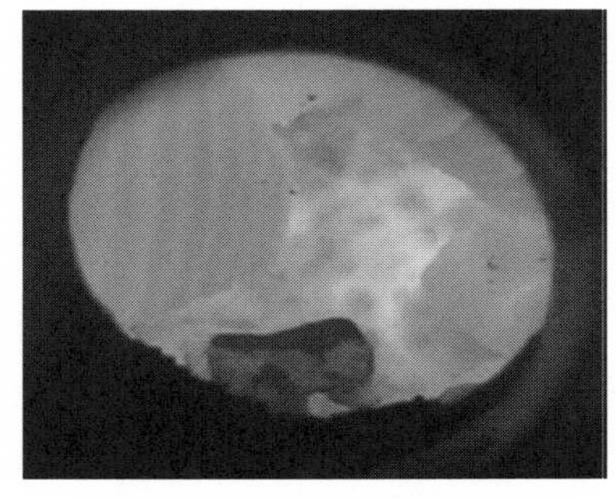

(c) 46分後，1400℃（上部）に達し，COガス気泡を発生しながら溶銑が流れ落ちた.

図 14-11　左下場実験の炉内状況（No.5）

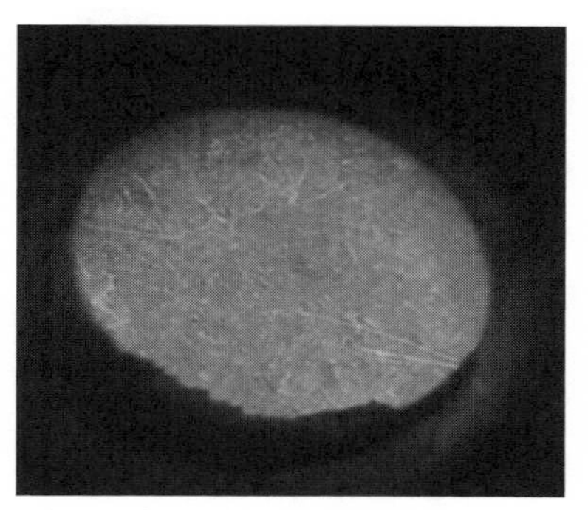

(a) 20 分後，1300℃ (上部) に達し，沸き花が発生した.

(b) 61 分後，1450℃ (上部) に達し，左下鉄が溶融し始めた.

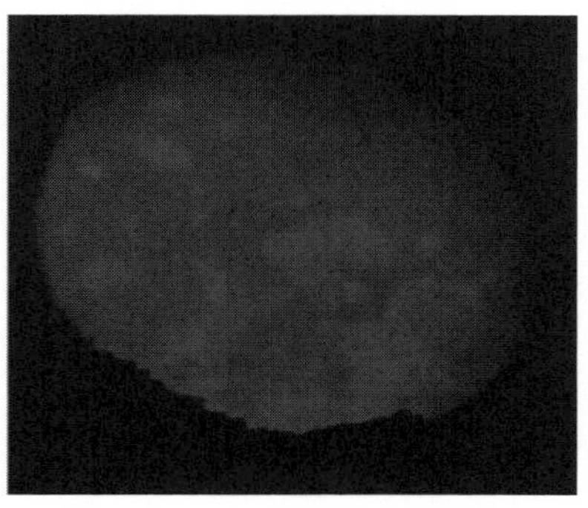

(c) 67 分後，1400℃ (上部) に達し，溶融 FeO 滴 (白色) を伴って溶鋼 (灰色) が流れ落ちた.

図 14-12 本場実験の炉内状況 (No.3)

素分圧を，酸素センサーを用いて測定した（付録3参照）．アルミナ管先端に酸素センサーを取り付け，さらにMgO管で覆った．MgO管は酸化鉄を含むスラグによる浸食を防止するためである．酸素センサーは羽口に対し試料の前後と上部の3か所に設置した．

14-6-2　羽口前の状態

表14-3に実験結果を示す．左下工程では，図14-11(a)に示すように15分後沸き花が出始め，送風開始から40分頃，銑鉄塊上部の温度が1350℃近傍に達すると上部から溶融銑鉄が粒のようになって落下し始めた．さらに，羽口前の銑鉄塊が溶融するのが見えた（図14-11(b)）．また，溶融と同時にCOガスが盛んに発生し，沸騰するように多数の泡が生成した（図14-11(c)）．

本場工程では，図14-12(a)に示すように，左下鉄の上部の温度が1300℃を超える20分頃から，羽口前で沸き花が発生し始め，操業の終わりまで続いた．61分頃から羽口前の左下鉄の溶融がCOガスの盛んな発生を伴って始まり（図14-11(b)），67分頃には鋼の表面を溶融FeOの滴が流れるのが観

表14-3　左下場および本場の実験結果

工程	日時	原料重量	製品重量	収率	沸き花発生	溶解開始＊	炉床供給水量	備考
左下場 No.1	2005/12/27 12：01 ～ 12：40	銑 4.15 kg	左下鉄 3.8 kg	92%	12：20		1.51	積んだ塊が落ちた
本場 No.1	2005/12/27 13：13 ～ 13：50	左下鉄	卸し鉄 0.812 kg		13：25	13：35	1.51	鍛造
左下場 No.2	2006/12/12 10：40 ～ 11：21	銑 4.56 kg	左下鉄 4.50 kg	99%	10：49	11：12	1.91	
左下場 No.3	2006/12/12 13：05 ～ 13：56	銑 4.54 kg	左下鉄 4.43 kg	98%	13：26	13：27	2.61	温度・酸素分圧測定
本場 No.2	2006/12/12 14：25 ～ 15：11	左下鉄 4.31 kg	卸し鉄 2.03 kg	47%	14：40	14：50	2.21	温度・酸素分圧測定後鍛造
左下場 No.4	2006/12/13 9：49 ～ 10：33	銑 4.24 kg	左下鉄 4.24 kg	100%	10：00	10：22	2.31	
左下場 No.5	2006/12/13 10：50 ～ 11：56	銑 4.31 kg	左下鉄 4.2 kg	97%	11：05	11：41	3.01	温度・酸素分圧測定
本場 No.3	2006/12/13 12：33 ～ 13：50	左下鉄 3.71 kg	卸し鉄 3.25 kg	87%	12：45	13：35	2.21	温度・酸素分圧測定

＊ 観察窓から確認

察された（図 14-12(c)）.

14-6-3　操業中の温度と酸素分圧変化

図 14-13 と図 14-14 にそれぞれ左下 (No.5) と本場 (No.3) の操業中における温度と酸素分圧の変化を示した.

左下では，9 分後に銑鉄塊上部の温度が 1200℃に達して木炭の炎の中に沸き花が出始め，12 分後には 1350℃に達し継続した．沸き花は最後まで盛んに出ていた．羽口前の温度は 13 分後に 1200℃に達し，23 分以降 1400℃を維持し，銑鉄塊上部の温度を超えたが，40 分以降は熱電対が切断した．銑鉄塊の裏の温度上昇は遅く，到達温度も 1200℃と低かった．銑鉄塊上部の酸素分圧は 10^{-3} ～ 10^{-8} atm と大きく振れるが，吹き止め時には 10^{-2} atm になった．羽口前の酸素分圧は 10^{-1} atm とほぼ空気の状態である．銑鉄塊の後側の酸素分圧は 10^{-15} から少しずつ上昇し，吹き止め時は 10^{-12} atm になった．この傾向は羽口からの空気が銑鉄塊に沿って木炭を燃焼しながら上昇しており，銑鉄塊裏側には空気が回っていないことを示している.

一方，本場では，左下鉄塊上部の温度が 15 分後に 900℃に達すると沸き花が盛んに発生し最後まで続いた．上部の温度は 20 分後に 1300℃に達し，50 分以降 1400℃を保った．70 分以後は溶融が始まり送風量を多くしたので温度が上り，1450℃になった．特に羽口側と鉄塊後側の温度は急上昇し，羽口前の温度は 1450℃に達した．酸素分圧は羽口前と鉄塊上部では 10^{-2} atm であるが，鉄塊の後側は 10^{-15} atm 程度である．鉄塊上部の酸素分圧は，温度の急上昇に伴い徐々に下がり鉄塊後側と同じ 10^{-10} atm 近傍になる．この酸素分圧は FeO と溶鉄の平衡酸素分圧近傍の値である.

14-6-4　左下工程の脱炭機構

左下工程では，銑鉄塊の上部の温度と羽口側の温度が 1350℃から 1400℃に達し，これが継続する．送風開始から 20 分を過ぎた頃から銑鉄の上部が溶け始めるが，実験後の左下鉄の炭素濃度分布を見ると，初期に溶け落ちた銑鉄は羽口の反対側にあり小さな気泡を含むが，ほとんど脱炭していない．その後，銑鉄塊が溶け始め，羽口側の表面を流れ落ちる．この時，激しく気泡を発生する．流れ落ちる銑鉄は，空気で表面が酸化されて溶融 FeO のノ

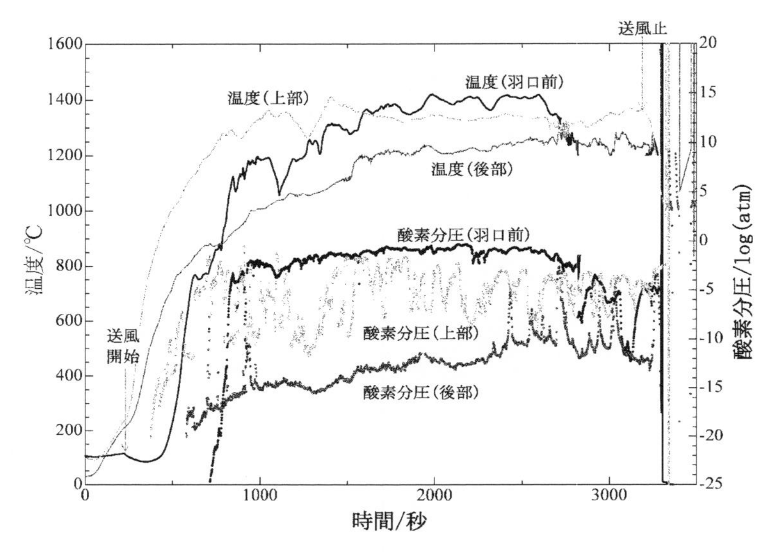

図 14-13　左下温度酸素分圧（No.5）

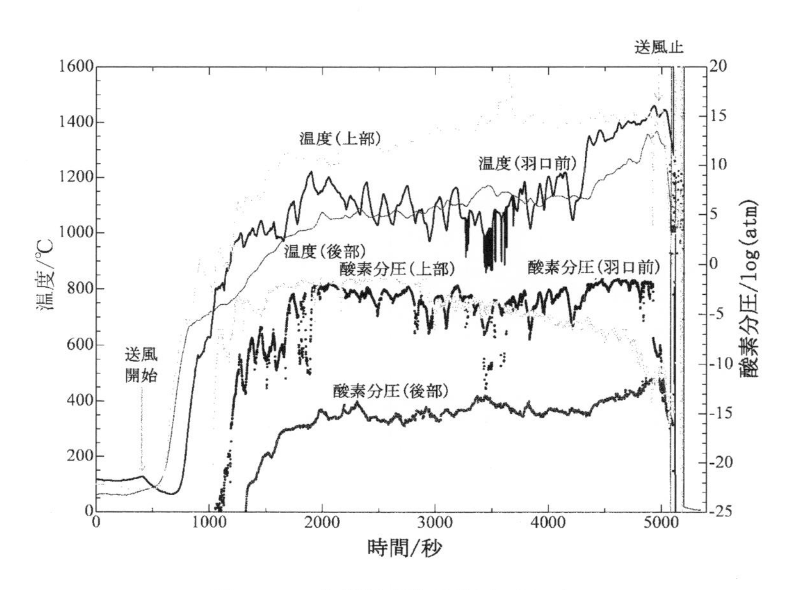

図 14-14　本場温度酸素分圧（No.3）

ロを形成し，ノロの層で覆われている.

羽口前の温度は約1400℃あり，銑鉄は溶融している．また，溶融FeOで覆われCOガスを発生しており，反応界面の酸素分圧は10^{-9} atmの大きさで低い．一方，気相中の酸素分圧は10^{-2} atmで，銑鉄塊上部の酸素分圧はこの間を変動している．この大きな酸素分圧差の下でノロは溶融銑鉄との界面で銑鉄中の炭素と反応し，銑鉄を脱炭しながらCOガスを発生して泡立つ．同時に炎中に白色の火花である沸き花が発生する.

銑鉄塊上部の温度は一時1400℃を示すが，1360℃で推移する．酸素分圧は大きく変動するが，低い時の酸素分圧は10^{-8}から10^{-10} atmの辺りにある．この酸素分圧はδ-Feと溶融FeOの平衡酸素分圧に近い．銑鉄塊の裏側では，温度は1200℃程度で酸素分圧は10^{-10}から10^{-12} atmであり銑鉄はあまり溶融しない.

このように，銑鉄の溶融は羽口側と上部で起こるが，脱炭は主に羽口側で起こることがわかる．激しくCOガスが発生し溶融FeO層は撹拌される．またCOガス気泡が激しく発生し溶融FeOを撹拌するので，酸素分圧はFe/FeO平衡の値より低くなる．したがって，鉄の酸化による損失は少なく歩留りは100%に近くなる.

14-6-5　本場工程の脱炭機構

本場工程では，左下鉄塊上部の温度は25分後に1200℃を超え，55分以降1450℃を保つ．送風量を多くした50分以降は左下鉄塊全体の温度が急上昇し，COガスを発生しながら溶融が始まった．左下鉄の表面は空気で酸化され，FeOノロの層を形成し初めは泡立つが，左下工程の時の激しさはなく，直ぐにCOガス気泡の発生がなくなり，ノロが滴状になって表面を滑り落ちた.

左下鉄上部では，55分後1450℃で酸素分圧は10^{-5}から最後は10^{-10} atmに下がっている．これは溶融FeOとδ-Feの平衡酸素分圧が10^{-9} atm近傍にあるので，鉄が急速に酸化していることがわかる．脱炭が進み炭素濃度が低くなると炭素の燃焼によるCOガスの発生も少なくなり，さらに鉄の酸化が促進される．この鉄の酸化反応熱は大きく，温度が急上昇している．本場では，平均炭素濃度が0.7 mass％の左下鉄は1360℃を超えると表面の鉄が酸化して反応熱で温度が上昇するとともに溶融し，溶融FeOがノロとして滴となって流れ落ちる．左下鉄の後側も温度が急上昇し，吹止め近くでは1360℃以上に達している．鋼中の炭素は脱炭し，酸素濃度は0.2 mass％になり，温度は1528℃程度にまで昇温して溶融する．

14-7 散水と炉床の含水および溶鋼撹拌の効果

左下工程と本場工程ではいずれの場合も，鉄塊上部の温度が羽口前や鉄塊の後より早く高くなり，溶け始める．特に左下工程では，銑鉄は溶融しやすく一部が落下した．銑鉄塊や左下鉄塊は羽口の前にトンネル状に組み上げてあるので，上部が最初に溶解するとトンネル構造が崩壊する．それを防ぐために操業中に木炭の上から散水して上部の銑鉄塊や左下鉄塊の温度を制御した．

本場では，鉄を酸化させて温度を上げているので歩留りが60から70％になる．反応熱は大きく酸化速度は加速度的に速くなる．したがって，散水により温度上昇を抑えながら脱炭を促進させ鉄の酸化による損失を極力防止する必要がある．炉床に含水させるのは水分の蒸発熱で温度の上がり過ぎを抑えている．「炉が冴え過ぎる」というのは，炉内が乾燥して温度が上がり過ぎることを指している．

また，底突で，溶融し底に溜まった銑鉄の粘りを確認し，粘りを感じなくなる程度に送風量を上げ温度を上げる．表面はFeO組成の溶融ノロが覆っており脱炭反応が進行する．脱炭が進行し，鋼の融点が上がると塊ができるので，逐次それを取り出した．

第15章　洋鉄

15-1　洋鉄とは何か

わが国の鍛冶屋が明治から昭和初期にかけて使った鋼材に「洋鉄」がある．「洋鉄」は当時，ヨーロッパとアメリカから輸入された銑鉄や鋼材である．洋鉄は輸入鉄の総称であるが，「並鉄」と呼ぶ鋼がある．日露戦争後の「鉄鋼市値調べ」（日本鉄鋼史）に「舶来並鐵」の項目があり，輸入の普通鋼をこのようにも呼んだものと思われる．これが普及し始めたのは明治20年（1888年）代以降である．それまではたたら製鉄で作られた「和鉄」が使われていた．

図15-1に並鉄とスウェーデン鋼，ボーラー鋼および洋釘を示す．並鉄の

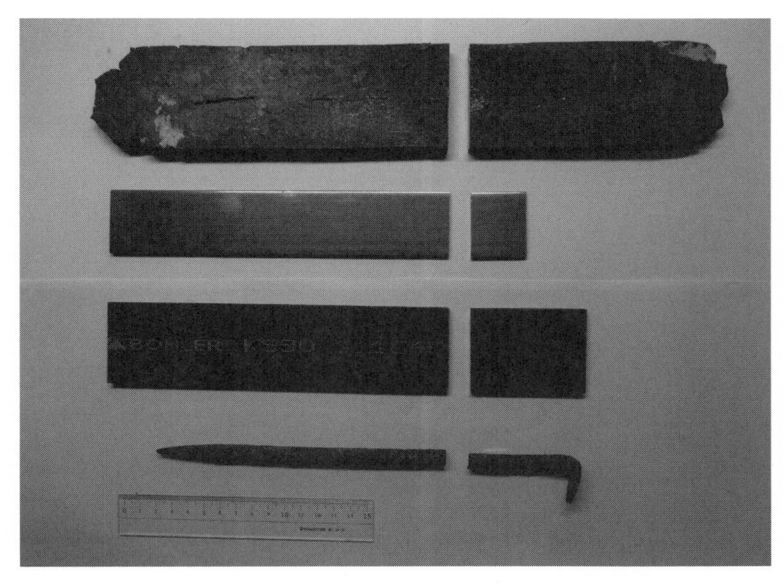

図15-1　洋鉄（上から並鉄，スウェーデン鋼，ボーラー鋼，洋釘）

大きさは，長さ365 mm，幅60 mm，厚さ12 mmで，棒材か角材を板に伸ばしたものである．一部鍛接不良の亀裂が見られる．表面は薄い錆で覆われている．スウェーデン鋼の表面には「K120」と書いてある．その大きさは，長さ250 mm, 幅40 mm, 厚さ3.5 mmで圧延材である．表面は錆びていない．ボーラー鋼の表面には「BOHLER K990 17545」と印が印刷してあり，オーストリア産である．長さ285 mm，幅50 mm，厚さ6 mmで帯鋼の一部である．表面は黒く塗装がしてある．洋釘は瓦釘で，長さ24 cm，断面が直径1.2 cmの丸になっており，和釘の特徴である角とは異なっている．頭は折り曲げて長さ28 mm，幅18 mm，厚さ2.5 mmの葉状の板に仕上げてある．表面は錆びているが，特に瓦を押さえていた頭部40 mmの腐食が大きい．

15-2　洋鉄の成分組成と介在物

表15-1に洋鉄の成分組成を示す．スウェーデン鋼とボーラー鋼は炭素濃度がそれぞれ1.351と1.029 mass％あり高炭素鋼である．ともにリンと硫黄濃度が微量であり，木炭銑を精錬した可能性が高い．スウェーデン鋼にはクロムとマンガンがそれぞれ0.150と0.217 mass％含まれており，ボーラー鋼にもクロムが0.219 mass％含まれている．一方，シリコンとリンおよび硫黄は微量で検出されなかった．スウェーデンとオーストリアでは低リン鉄鉱石が採れるので，鋼中のリン濃度は低くなる．ベッセマー転炉ではシリコンの燃焼が発熱源となるので溶鋼中のシリコン濃度が微量ということはない．トーマス転炉ではリンを除去するために高炭素鋼の溶製は難しかった．した

表15-1　洋鉄の成分組成（mass％）

鋼種	C	Cr	Mn	Cu	As	Zn	P	S
スウェーデン鋼	1.351	0.150	0.217	0.103	－	0.073	－	－
ボーラー鋼	1.029	0.219	－	－	－	－	－	－
並鉄	0.008	－	－	0.055	0.051	0.050	0.159	0.071
洋釘	0.118	0.044	0.328	0.198	0.042	－	－	0.049

注：炭素分析は燃焼法，他の元素はエネルギー分散型蛍光X線分析による．

がって，これらの鋼は木炭銑を坩堝炉で精錬したルツボ鋼である可能性が高い．

並鉄と洋釘の炭素濃度はそれぞれ 0.008 と 0.118 mass％で低炭素鋼である．並鉄にはクロムもマンガンも含まれていないがリン濃度が 0.159 mass％と高い．一方，洋釘にはマンガンが含まれている．並鉄と洋釘ともに硫黄濃度はそれぞれ 0.071 と 0.049 mass％と高い．

図 15-2 と図 15-3 にはそれぞれ並鉄と洋釘中に含まれている介在物の

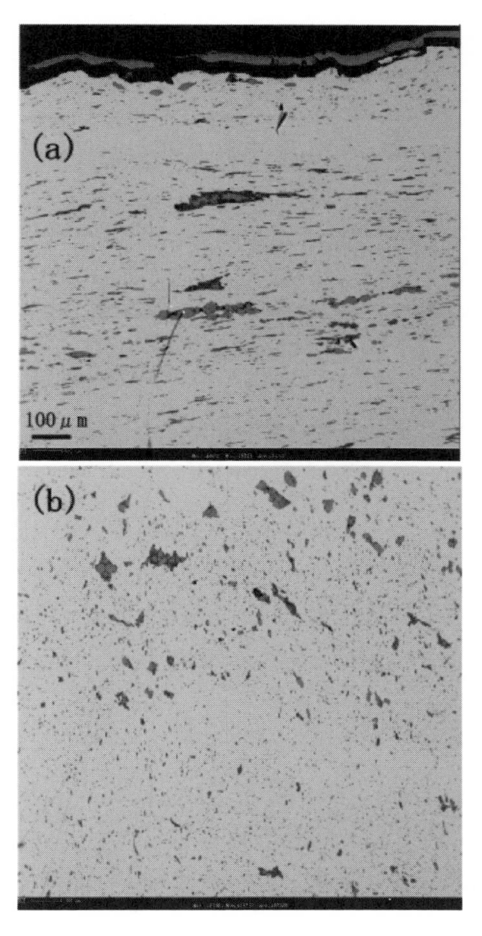

図 15-2　並鉄の断面．(a) 圧延方向，(b) 圧延に垂直方向

図 15-3　洋釘の断面

EPMA の 2 次電子像を示す．暗い部分はより原子量が小さい元素の存在を示しており，鋼中の介在物を表している．

並鉄中にはたくさんの介在物があり，図 15-2(a) に示すように，それらは圧延方向に伸び並んでいる．図 15-2(b) は圧延方向に直角な面で，介在物は繊維を切断したように分散している．これはパドル法で精錬した錬鉄である．反射炉中で，鉄棒を用いて銑鉄を FeO の多いスラグとよくかき混ぜて十分接触させ脱炭を進行させた．その鋼塊を炉から取り出してすぐに型ロールでスラグを絞り出しながら板や棒，レールなどの製品を作った．したがって，スラグが繊維状に圧延方向に伸び細かく分散した．

図 15-3 の洋釘の圧延方向の断面を見ると，鋼中にはほとんど介在物は見られない．圧延方向に伸びた長さ 100 μm 程度の介在物がいくつか存在する程度である．これは鋼を溶かしてスラグを浮上分離させたことによる．

これらのスラグの組成分析を表 15-2 に示す．並鉄の中の介在物は 99.52

表 15-2　洋鉄中の介在物の成分組成（mass％）

鋼種	FeO	MnO	P_2O_5	Cr_2O_3	CuO	As_2O_3
並鉄	99.52	—	0.286	—	0.034	0.094
洋釘	99.33	0.355	—	0.042	0.685	0.021

注：エネルギー分散型蛍光 X 線分析による．元素分析濃度を酸化物に換算した．

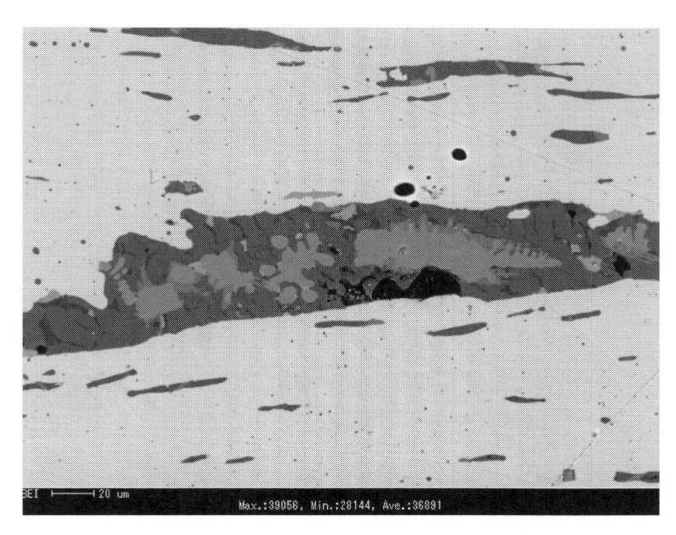

図 15-4　並鉄中の介在物（白の部分は鉄地，介在物の中心部の明るい灰色と灰色の部分は FeO，少し濃い灰色部分とさらに濃い灰色部分は FeO に 3 mass％程度のリン酸が溶解，黒の部分は穴）

mass％酸化鉄で，リン酸が 0.286 mass％入っている．また，鋼中にもリンが入っている．図 15-4 には並鉄中の介在物の 1 つを示す．白の部分は鉄地である．介在物の中心部にある明るい灰色の部分は FeO でデンドライト状に晶出している．その周りの少し濃い灰色部分は FeO に 3 mass ％程度のリン酸が溶解している．したがって，この並鉄は，高リン含有鉄鉱石からコークス高炉で造った銑鉄をパドル法で脱炭した錬鉄であることがわかる．

表 15-2 の洋釘中の介在物の成分組成は，FeO に酸化マンガンが 0.355 mass％と酸化クロムが 0.042 mass％溶解している．また，リン酸が検出さ

れない．また，介在物のEPMAによる定性分析では酸化マンガンと酸化シリコンが検出されている．このことからこの洋釘は低リン含有鉄鉱石用いてコークス高炉で造った銑鉄をベッセマー転炉で脱炭し，シュピーゲルアイゼンのマンガンで脱酸した低炭素鋼である．脱炭時にシュピーゲルアイゼン中の炭素で少し復炭している．すなわち，この洋釘はベッセマー転炉鋼である．

並鉄と洋釘には銅がそれぞれ0.055と0.198 mass％含まれており，また介在物中にも酸化銅がそれぞれ0.034と0.685 mass％含まれている．これは鉄鉱石に由来するものである．

15-3　洋鉄の使い方

並鉄の特徴は，スラグが細かく繊維状に圧延方向に分散しているので割れやすく刃には向かない．鍛接や研磨が容易なので台鉄に用いられた．日本の刃物の多くは，鉈，包丁，鑿，鏨，鎌等は台鉄に刃を鍛接する片刃の構造になっている．これは研磨する際，硬い刃が少し台鉄から出ている状態なので，研磨しやすくなる．図15-5に並鉄の台鉄にスウェーデン鋼の刃を鍛接した鉋を示す．台鉄には繊維状のスラグの端面が多く現れているのがわかる．

この並鉄の特徴は，スラグ介在物が繊維状に一方向に入っているところから，樽鉄のパドル鋼である．刃物の台鉄として用いられた．鍛接しやすく，非常に研磨しやすいが，鍛造すると簡単に割れるのが特徴である．刃には，スウェーデン鋼が良いとされた．たたら製鉄でできる玉鋼は材料の炭素濃度が不均質なので折返し鍛錬などの下処理が必要であるが，輸入品である洋鋼はそのまま使えた．また，洋鋼に相当する品質の国内産鋼ができても価格の点で競争にならなかった．したがって，需要家は国産品を相手にせず，舶来品を高級鋼として崇拝していた時代でもあった．

鋸職人の吉川金次は父多喜次の思い出で，「多喜次は玉鋼でのこぎりを作ることに誇りをもち，…輸入鋼で鋸を作ることを嫌った．輸入鋼はまず角鋼が導入され，次いで平鋼が現れた．現代製鋼法による角鋼や平鋼は，玉鋼より均質化しており，炉で伸ばす作業も容易だ．多喜次も一時，角鋼で鋸を作ったことがあるが，平鋼は使わなかった．」と輸入鋼のほうが使いやすかった

図 15-5 並鉄の台鉄にスウェーデン鋼の刃を鍛接した鉋(台鉄には繊維状のスラグの端面が多く現れている)

ことを述べている.

刃物鍛冶の池上喬庸は，父喜作が昭和 7 年頃，スウェーデン鋼で鑿(のみ)を作った話を紹介している．これはタングステン鋼で，火造り，鍛接まではできたが焼戻しができない．結局特別な道具を作って仕上げ，焼入れをして完成させたとある．この鑿は切れ味が良いという評判をとった．一方，昭和 10 年か 11 年頃，安来鋼の青紙 2 号を使ったところ，品質の不揃いが甚だしく，焼戻しができない，ならし作業で裏割れが続出するなど不評であった．その後，品質も良くなり，鍛冶の研究も進んで鑿ができた.

東郷鋼を売り出した河合佐兵衛商店の「洋鋼虎の巻」には，洋鋼の使い方が詳細に記述されている．その中の「洋鋼使用者心得」には，「抑々坩堝鋼たる之を使用するに当たり使用の目的に応じ又は施すべき焼入法に従い適宜の硬質を選択すべきものなるを以て以下これに関する注意を抄録し以て使用者の便に供せんとす.」から始まり，鋼材の選択方法，鍛造上の注意，焼入れの仕方など事細かに説明している.

まず，鋼材の見方では，「第1，鋼鉄の硬質とは…鋼鉄中に含有せる炭素(カーボム)の割合如何にのみ関係するものなり.」，「第2，鋼鉄の品質とは…鋼鉄成分中に不用混合物を含有すると否とに存するものなり.」と述べている．すなわち，硬さは鋼中の炭素濃度，品質はリンや硫黄などの不純物によると指摘している.

鋼材を鍛錬して工具を作製した後，焼戻しをして品質を軟らかくする必要がある．この時加熱し過ぎると表面が酸化して鉄肌（酸化鉄の錆）ができ，かえって硬くなる．さらに引き続き加熱をすると焼入れの際往々にして亀裂を生じやすくなる．焼戻しの温度は「暗桜色」が最も良く，鋼材全体が均熱になるよう一様に熱することが重要としている．鋼材全体を一様に加熱したら，なるべく速やかに炉から取り出し，石灰砂か灰でこれを覆い，空気に接触させないで徐冷する．冷却後の鋼材の表面は鮮麗な藍色を帯びているとしている.

鋼鉄を鍛錬する際には，均一に加熱することが重要である．急速に加熱すると外面のみが熱せられて内部は温度が十分上がっていないので，鍛錬の際外部に亀裂破壊を生じ，また内部に空窩を生じる．しかし，長時間鋼材を火中に置くことは有害で鋼の靭性を失い，焼入れの際亀裂を生じやすくする．鍛錬上差し支えがない程度に低い温度で行うのが良い．しかし，鋼材が黒くなる温度で鍛錬すると，表面を破損しあるいは環状亀裂を生じ，これが焼入れ後の研ぎの段階で現れるので注意する必要がある.

焼入れの条件は工具の形状や厚さに関係するので，それぞれの工具について実験する必要があるとしている．また，端や厚みの薄い部分は温度が上がりやすいので保護する必要がある．冷却液には水や塩水，油，酸，鉛浴などがあるが，十分な量を使う．少ないと冷却液の温度が部分的に上がり，工具の一部に軟らかい部分ができて不等伸縮が起きて亀裂や破損の原因になる．また，冷却液を掻き回して使うことが重要である．鋼材を焼入れすると結晶組織は焼入れ前よりも一層微細になるが，焼入れ温度が高いと結晶組織が粗雑になる．これは鋼工具の靭性(ねばり)を悪くすることになる.

表 15-3　洋鋼と国産鋼の成分組成（mass％），用途および熱処理法

安来白紙1号鋼相当品

品　名	C	Si	Mn	P	S	Cr	Mo	生産国
アーサーバルフォア，ワシ印2号小	1.21	0.04	0.25	0.036	0.004	0.03	0.009	英国
東郷鋼チクオンキ印	1.27	0.11	0.33	0.024	0.013	0.04	－	国産
同上	1.22	0.12	0.36	0.020	0.018	0.03	－	国産
用途	鉋，剃刀，包丁類その他すべて高級刃物付刃金その他工場用としてはカッター，ブローチ，ツイストドリル，スレッドカッチィングツール硬質岩穿孔用錐，ピン，ピボット，メタルソー，ダイス，鑢目立鏨，刻印等							
熱処理法	火造り温度：950 ～ 900℃（淡橙～橙色），軟化温度：750℃（桜紅色），焼入温度：750℃（桜紅色）15℃内外の水にて処理							

安来白紙2号鋼相当品

品　名	C	Si	Mn	P	S	Cr	Mo	生産国
アーサーバルフォア，ワシ印2号大	1.12	0.03	0.46	0.034	－	0.03	0.009	英国
東郷鋼虫印	1.03	0.24	0.33	0.024	0.003	－	－	国産
同上	1.99	0.20	0.35	0.023	0.011	－	－	国産
用途	鏨，斧，釜，鉋その他付刃金用，なおまた工場用としては硬質金属用鏨，縫針，タニングツール，ミリングカッター，タップ，ポンチ，リーマー，ツイストドリル，鑢目立鏨，メタルソー，ペーパー，タバコカッター							
熱処理法	火造り温度：900 ～ 850℃（橙色～黄褐），軟化温度：750℃（桜紅色），焼入温度：750℃（桜紅色）15℃内外の水にて処理							

安来黄紙1号鋼相当品

品　名	C	Si	Mn	P	S	Cr	生産国
ボーラー・エキストラミドリングハード	1.25	0.29	0.25	0.014	0.025	0.02	オーストリア
東郷印2号鋼	1.28	0.18	0.43	0.041	0.012	0.10	国産
ボルデー特製鋼	1.41	0.18	0.21	0.015	0.008	0.04	チェコスロバキア
ボーラー剃刀用鋼	1.38	0.33	0.28	0.028	0.028	0.05	オーストリア
ボルデー最上剃刀用鋼	1.23	0.13	0.43	－	0.022	0.07	チェコスロバキア
日特製鉋用鋼	1.38	0.26	0.17	0.012	0.005	0.07	国産
用途	白紙1号鋼と大同小異，その他は尚ほ旋削，鑽孔，平削，スツロチング用工具並びに硬質岩石穿孔用錐						
熱処理法	火造り温度:900℃前後（橙色），軟化温度:750℃（桜紅色）徐冷，焼入温度:750℃（桜紅色）15℃内外の水にて処理						

安来黄紙2号鋼相当品

品　名	C	Si	Mn	P	S	Cr	W	生産国
ポスト印鋼	1.00	0.26	0.25	0.031	0.005	0.04	－	国産
ダンネモラ製斧用鋼	1.10	0.30	0.21	0.029	0.014	0.05	－	スウェーデン
東郷鋼イーグルグローブ印	1.06	0.07	0.43	0.058	0.013	0.05	－	国産
東郷鋼ケーバ印	1.15	0.08	0.32	0.019	0.012	0.03	0.43	国産
東郷鋼風車印	1.00	0.27	0.35	0.023	0.003	Trace	－	国産
用途	白紙1号鋼に準じ，その他各種の錐，平鏨，螺旋形錐，ミリングカッター，ポンチ，仕上げ艶付用鎚，ダイス，タップ，マンドレル等工作用諸工具に適す．							
熱処理法	火造り温度：900 ～ 850℃（橙色～黄褐色），軟化温度：750℃（桜紅色），焼入温度：750℃（桜紅色）15℃内外の水にて処理							

このように，鋼の取扱い方を説明した後，注意書きとして次のようにまとめている．

一．鋼は加工する時と雖も決して焼過ごすことなかれ

一．鋼を平均に加熱することを決して忘る々なかれ

一．鋼の外部と内部の加熱度合は特に注意し決して不平均になすなかれ

一．鋼を久しく火中に浸し置くことなかれ

一．鋼を冷硬するの際絶えず水中にて動かすことを怠るなかれ

これらの注意は，和鋼で刃物を製作する場合についても同様である．

表15-3に昭和4年当時の各種刃物用鋼の成分組成と用途および熱処理法を示す[23)]．この表にある鋼は坩堝鋼である．この表は，安来製鋼所研究室で作成されたもので，白紙や黄紙は刃物用鋼の性質を区別しやすいように分けた印である．安来製鋼所は，大正15年から鮎川義介（戸畑鋳物㈱社長）と工藤治人博士が経営している．当時の鋼は，角炉で砂鉄から木炭白銑を造り，一方，砂鉄を電気炉で還元して海綿鉄（スポンジアイアン）を造って，これらに種々の金属を配合して電気炉で溶かし，合金鋼の安来鋼（やすきはがね）を製造していた．

表10-3（p.97）に当時の安来鋼の熱処理条件を示した．白紙1号は刃物用で不純物の少ない炭素鋼である．切味抜群とある．白紙2号は1号より硬さを下げ，靭性を上げてあり刃欠けしにくい．黄紙は白紙より不純物が多いが安価である．この他，青紙があり白紙の鋼にタングステンやクロム等特殊金属を配合して切れ味と耐久性を向上させている．青紙2号は靭性を向上させており和包丁に最適とある．

表15-3の熱処理法では，すべての温度を加熱された鋼材表面の色で表している．この色は，暗い作業部屋で判別できる色で，経験で覚える．戸外の明るい場所で見る色は100℃ほど低く感じられるので注意が必要である．

15-4 洋鉄の製造方法

明治20年頃から，鍛冶屋に輸入鋼の「洋鉄」が出回り始めた．当時流通し始めた鋼は，和鉄の他，「樽鋼」と「洋鋼」で後者2つは輸入鉄である．樽

鉄はパドル鋼で，洋鋼は転炉や平炉で造られた溶鋼である．炭素濃度0.3%を境に多いのを硬鋼，低いのを軟鋼としている．輸入品の主な製鉄所を表15-4に示した．

この頃の鋼材の規格は，輸入鋼を基準にしていた．佐世保海軍工廠材料検査表には，例えば，「三号刃物用鋼　焼入刃物用鋼ニシテ「ミルカッター」「ダイス」鋸等ニ適シ「ジョナスコルバーカストスチール」四号ト同質亦ハ其レ

表15-4　輸入鋼の製造所

国	製造所
イギリス	エドガー，アーレン製鋼所
	ジョーナス，コルバ製鋼所
	アーサー，バルフォア製鋼所
	トーマス，ファース製鋼所
	アンドリュース製鋼所
	ウィリアム，ゼソップ製鋼所
	サミュエル，フォックス製鋼所
	サミュエル，オスボン製鋼所
	サンダーソン製鋼所
スウェーデン	ソーダーフォース製鋼所
	サンドビッグ製鋼所
	アベスター製鋼所
	ウッドホルム製鋼所
	ファガスター製鋼所
ドイツ	ドイツ製鋼所
	ローホーリング製鋼所
	クルップ製鋼所
オーストリア	ボーレル兄弟製鋼所
	ショラー，ブレックマン製鋼所
	アルピネ製鋼所
	ステリアン製鋼所
チェコスロバキア	ポルディ製鋼所

以上タルベシ」と表示していた.

鋼には登録商標が登録されており，わが国で最初に登録したのは河合左兵衛商店の「東郷印」の東郷鋼である．東郷鋼は刃物鋼や工具用鋼で大部分は輸入鋼であり，一部は安来鋼である．これらには，製造メーカーの名前は発表されておらず，「旭ハガネ」や「ダイヤモンド矢印」等という名前がつけられていた．この会社では自前でルツボ炉工場を持ち，包丁鉄を溶融して木炭で炭素濃度を調整した鋳鋼を造っていた．この商店からは，「東郷ハガネ虎之巻」という本が発行された．その内容は，巻の1「東郷ハガネの説明」では鉱石の選定，燃料の種類，溶鉱炉，銑鉄の抽出，鋼の原料，ルツボ製鋼法，鋼の試験法，鋼の分子と其変化と鉄鋼製造法の簡単な教科書になっている．巻の2「鋼に関する熱度」では鋼材の加熱加工・熱処理および鍛接するときの温度管理を製品の色で説明し，さらに高温温度計の紹介と使い方，鋼の硬度試験法，製鋼法，高速度鋼の使い方を解説している．巻の3「鋼に関する注意」，巻の4「鋼の焼入れについて」，巻の5「東郷ハガネの種類」，巻の6「刀剣と東郷ハガネ」となっており，洋鋼の使い方を詳述している．さらに注文を電信で受けるため，製品の略号表を付け，販売網を国内全国に広げた.

外国商館の一つで，オーストリアの「ボーレル兄弟株式会社」の明治の終わり頃の「ボーラー工具鋼(邦文)説明書」には，品名をボーラールツボ鋳鋼とし，オーストリア産出の鉄鉱石(鉄分38%，マンガン2.15%，リン0.017%，硫黄・銅は痕跡)と付近にある豊裕なる燃料(木炭)から造った銑鉄を用いているとしている．製品には色の異なった貼り紙を付け区別した．例えば，「貼紙の色相[黄色]最硬質(記標 BOHLER HARD)旋削，鑽孔用鉋縦削用諸機械等の刃具並に石工用錐類等の他穿岩用錐類に適す」という具合である.

大正15年の安来鋼の説明書では，合金鋼の特色は，炭素濃度1%以上の高炭素鋼で硬度を高くしているが同時に靭性が高いことにある．したがって，ロール材など特殊鋼として使われた．刃物用鋼には白色，黄色および青色の紙が貼られ，用途を区別し，熱処理条件を明記している.

15-5 洋鉄と和鉄の流通

幕末における鉄鋼材料の流通は次のようになっていた．中国地方で造られた和銑と包丁鉄は，大阪商人に売り渡すかあるいは販売を委託し，それから江戸その他の地方問屋の手に売り継がれた．明治以前には，この江戸の問屋である江戸積み問屋にはいわゆる株仲間という商人組合があり，独占的地位を確保して組合員を制限し，生産者や組合員以外の者が直接需要家に販売することを厳禁していた．大阪では鐵鋼銑商仲間，江戸では釘鐵銅物問屋組合といっていた．明治 17 年の新法令で大阪では鐵商組合，東京では銅鐵物組合となり，組合員を制限することはなかった．箱根を境に，大阪と東京でシェアを東西に分けていた．当時の鉄鋼需要は釘地金が一番多く，次いで農工具，鍋釜，鉄瓶等であり，機械等の生産手段用ではなかったが，備中，備後，伯州，雲州物は，軍需用の高級鋼としての需要が多かった．また，芸州物は大工道具と刃物用としての用途があった．そして，鋼は雲州物，銑は石州物が最上とされた．

備中物は広島鉄山製で，県庁が生産と出荷を管理していた．これは大阪の鴻池の倉庫に送られ，毎月 1 回の入札が行われた．これが当時の相場を形成し和鋼の標準的な価格となった．この鋼は包丁鉄あるいは割鉄と呼ばれ，板状で長さ 1 尺 6 寸～ 2 尺 3 寸，幅 5 分～ 3 寸で，10 貫建て，1 駄 (30 貫) 建ての物が多かったが，備中物のように 2 束 (1 束 12 貫～ 13.5 貫) 建てもあった．生産者との決済は 4 か月で精算したが，7, 8 割掛けでの前払いもあった．また，領主の斡旋による大阪商人の融資もあった．需要家への売り捌きは現金取引が建前であったが，60 日の融通を与えることもあった．

幕末に横浜が開港し外国から鉄を輸入するようになると，東京の大鉄商の森岡平右衛門 (今津屋) は和鉄と区別して輸入鉄を「洋鉄」と称した．外国物は東京中心で動き始め，大阪中心の伝統は打破されていった．明治 25 年に大阪鉄商の間に舶来洋鐵商組合ができた．一方，和鉄の取扱量は激減し，明治 40 年には和鉄商も合流して大阪鐵商組合が発足した．

外国商館相手の取引が盛んになると，外国事情に詳しい外国語が話せる「取引屋」と称する仲介兼保証人的役割をする新商人が出現した．最初は仲介手数料稼ぎであったが，資産と信用がつくに従い，外国商館と問屋の仲介業的な存在になっていった．明治22，23年頃三井が，25，26年頃大倉組が鉄鋼の直輸入に進出してきた．明治の終わり頃にはこの2社が有力大輸入商で，かなり自由に国内市場を操り投機的利益を得ていた．しかし，当時わが国の鋼材の品質は輸入品と比べると劣っていた．

大正3年当時，国産の丸鋼の東京市価はトン当たり75円で舶来並鉄が76円であり，普通鋼の間には国内産と輸入鋼の値段に差は見られない．

第 16 章　錬鉄と溶鋼

洋鉄には，「樽鋼」と「洋鋼」がある．前者はパドル法で造られた「錬鉄」で，後者はルツボ製鋼法や転炉，平炉で造られた「溶鋼」である．

16-1　洋鉄の分類

1876 年当時の鉄鋼材料の分類は，米国フィラデルフィアで開催された博覧会での万国会議で定められた (図 16-1)．鉄を炭素濃度 2.6 mass％を境に分類し，多いものを銑鉄，少ないものを可鍛鉄としている．銑鉄は白銑と鼠銑に分類している．可鍛鉄は，鉄滓 (スラグ) を含むものと含まないものに分け，鉄滓を含むものは錬鉄または鍛鉄および錬鋼または鍛鋼に分類している．鉄滓を含まないものは，溶鉄と溶鋼に分けている．

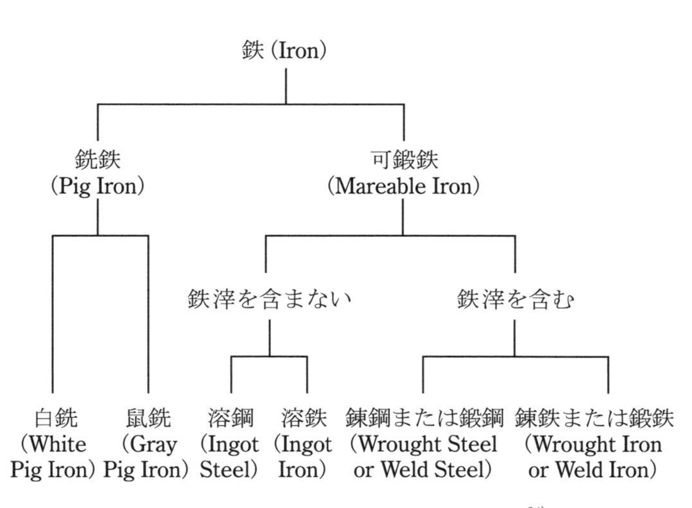

図 16-1　1876 年当時の鉄鋼材料の分類 [24)]

これらの各種の鉄鋼材料を俵國一は次のように説明している．鼠銑は鉄の粒界に黒鉛を析出するので，割ってみると破面が黒鉛色に見える．性質は柔軟にして強靭であり，鑢(やすり)削りもでき，鋳物に用いる．白銑は粒界に結合炭素（セメンタイト，Fe_3C）を析出し，破面が白く見える．硬く脆いので脱炭して鋼の製造に用いる．

溶鉄や溶鋼は，転炉や平炉，ルツボで溶融して造るので鉄滓を含まないが，錬鉄や錬鋼は脱炭の際の温度が低くわずかに半流動体の状態にあり，鉄粒が互いに鍛接して鋼塊にする工程で鉄滓を含有する．焼入れができるものを鋼と呼び，できないものを鉄と称している．それを炭素濃度で表すと，0.5 mass％以上を鋼，以下を鉄としている．この分類は，ドイツとオーストリアの官庁の公文書と学術上で用いられており，アメリカ，イギリス，フランスでは用いられていない．鋼と鉄の分類を焼入れできるかどうか，0.5 mass％ C で分けるのは不確実であると述べている．鋼も炭素濃度が 0.3 mass％以上のものを硬鋼，それ以下を軟鋼と称している．

一方，アメリカ，イギリス，フランスでは図 16-2 に示す分類をしている．

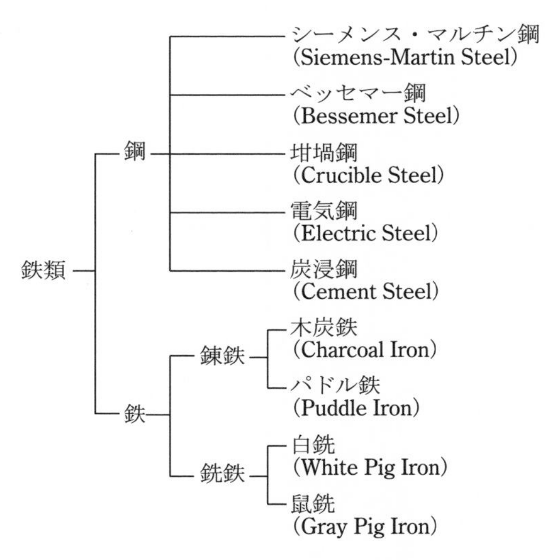

図 16-2　英米における鉄の分類法 [24]

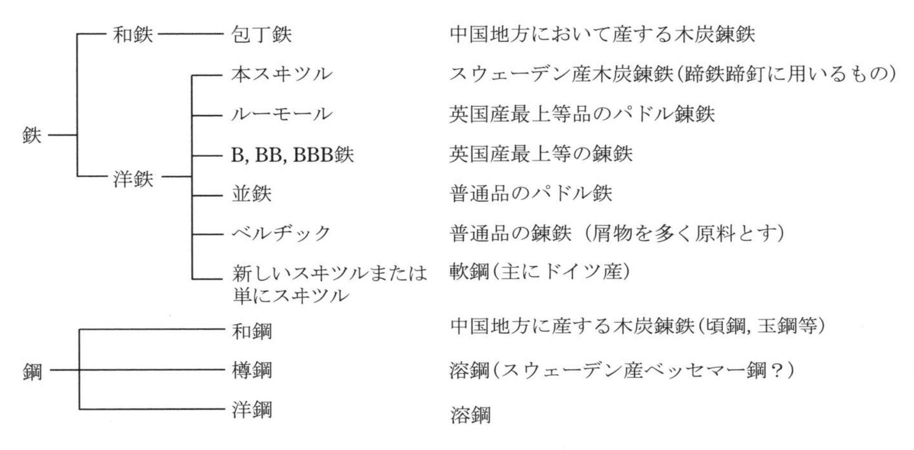

図 16-3　俵の分類[24)]

ここでは，木炭を用いて製造した銑鉄とパドル法で製造した錬鉄を「鉄」とし，平炉，転炉，ルツボ，電気炉および炭浸法で製造した溶鋼を「鋼」としている．

これらの分類法では和鉄や和鋼が入らないので，俵は図 16-3 の分類を提案している．当時の鋼材は輸入のため，その国の分類法を踏襲しているので，船舶やボイラー用の鋼の鋼板，橋梁，建築用鋼材は洋鋼で「鋼」（軟鋼）とし，「鉄」（溶鉄）とは呼ばなかった．また，小工場や鍛冶屋は，並鉄と呼んだ．

この他に，合金鉄は図 16-4 に示す合金鋼と合金銑に分類し，主要な添加元素の名前をつけて呼ばれていた．

八幡製鉄所と釜石製鉄所の銑鉄および各種輸入銑鉄の成分組成を表 16-1 に示した．ベッセマー銑にはシリコン濃度が多くリン濃度が低い．これはベッセマー転炉ではシリコンを燃料にし，酸性耐火物を内張りに使っており，脱リンができないからである．トーマス転炉では内張りに塩基性耐火物を使っており，リンを燃料とするため 3 mass％と高濃度になっている．スウェーデン産の木炭高炉による白銑は平炉で使われた．

16-2　木炭錬鉄の製造

西洋では 14 世紀後半から溶鉱炉を用いた銑鉄生産が始まり，16 世紀には

表 16-1　八幡製鉄所と釜石製鉄所の純鉄および各種輸入銑鉄の成分組成（mass%）[24]

品別	C	Si	Mn	P	S	Cu	産地
ベッセマー銑	3.16	2.43	2.07	0.085	0.054	0.26	八幡製鉄所
ヘマタイト銑鉄	3.93	2.39	1.19	0.08	0.02	0.02	
トーマス銑	3.8	1.1	2.4	3.0	0.05	—	ドイツ
木炭白銑鉄	—	0.1 ～ 0.5	0.1 ～ 0.3	0.01 ～ 0.03	0.00 ～ 0.02	—	スウェーデン
白銑鉄	3.03	0.28	0.16	0.02	0.10	—	イギリス
鏡鉄	4.10	1.55	10.35	0.18	0.02	0.22	釜石製鉄所
鏡鉄	4.98	1.12	20.73	0.24	0.01	0.18	釜石製鉄所
マンガン鉄	6.82	0.42	50.43	0.31	痕跡	0.12	釜石製鉄所
マンガン鉄	7.35	0.38	70.58	0.38	痕跡	0.10	釜石製鉄所
マンガン硅素鉄	1.39	12.25	19.25	0.05	痕跡	0.01	イギリス
マンガン鉄	7.5	1.5	82.5	0.2	—	—	イギリス
硅素鉄	1.7 ～ 1.2	10 ～ 12	0.66 ～ 2.9	0.14	0.026	0.61	ドイツ

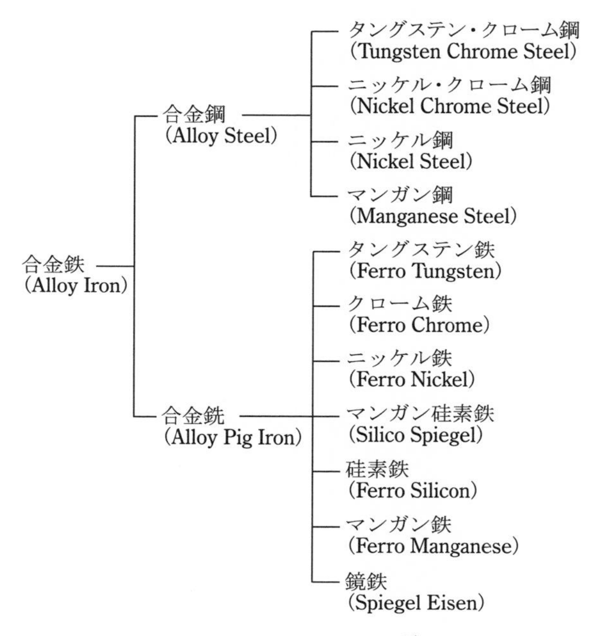

図 16-4　合金鉄の分類[24]

ヨーロッパ各地に広まり，銑鉄を木炭燃焼の精錬炉 (Finery) で脱炭して錬鉄 (Wrought iron) を製造していた．その後，マッフル炉型の加熱炉 (Chafery) で加熱しながら鍛造して錬鉄を製造した．これを“Walloon Process”といった．加熱炉では石炭が燃料に用いられた．19 世紀始めまでヨーロッパで行われていた．

図 16-5 にはオーストリアのスタイエルマルクで使われていた精錬炉を示す．羽口からは水車動力により送風している．

羽口前に鋳鉄板で囲われた約 60 cm 角，深さ約 20 cm の箱がある．羽口の反対側の鋳鉄板は底細りに斜めに設置してある．底部の鋳鉄板の下には溝を

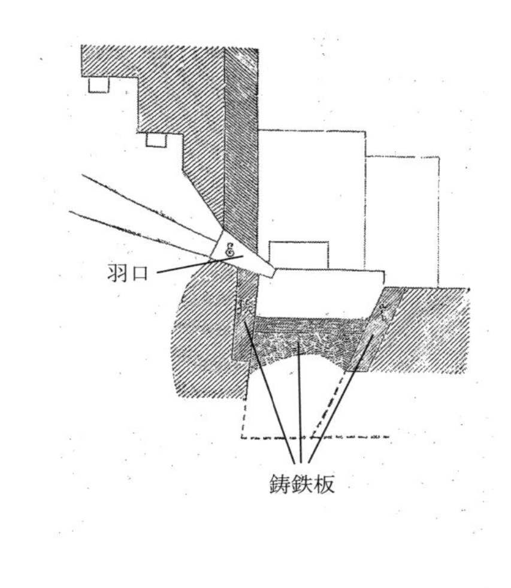

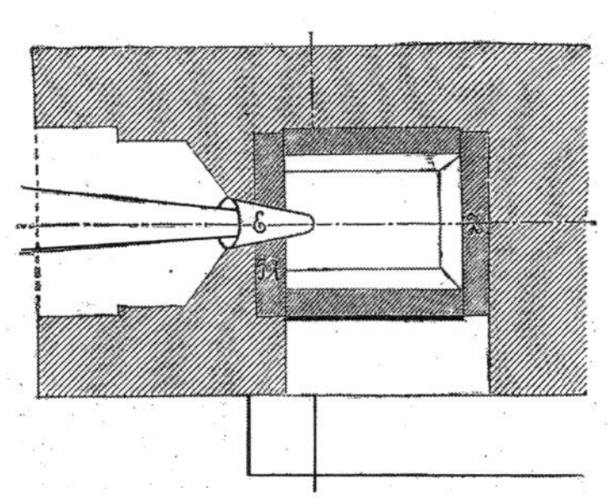

図 16-5　木炭錬鉄製造炉 (Finery) [24]（俵より）

付け水冷する場合もある．底に木炭粉を叩き締めてその上に銑鉄塊を置き，その上を木炭で覆い，さらに酸化剤としてハンマー･スケールや砂，鉄鉱石，鉄滓を加えた．銑鉄塊の大きさは鋳鉄板に棚釣りする程度で，木炭の火床から少し浮かせた．あるいは鋏で銑鉄塊を挟んで羽口前に置いた．温度が上昇し，銑鉄が滴下すると，液滴が空気中の酸素で脱炭し，シリコン，マンガンが酸化してスラグとなり火床に溜まる．滴下した銑鉄は鉄滓でさらに脱炭され，凝結して錬鉄塊が火床にできる．銑鉄中のシリコンとマンガンの濃度が非常に低い場合は，工程は1回で終了するが，一般には2, 3回同じ操作を繰り返す．底に溜まった鉄塊を「Loup（ルッペ）」と呼び，加熱炉で加熱しながら鍛造してスラグを搾り出すとともに炭素濃度を均一にした．この錬鉄塊を炉から取り出し，鉄槌で鍛造し製品にした．

俵によると，この操業は，「1回に30貫(112.5 kg)内外の銑鉄を処して2時間にて仕事を終わ」り，「8割4分の歩留り」で，銑鉄と「同量(重量)の木炭を費やす」と述べている．一方, 大鍛冶の操業では, 約300 kgの銑鉄を「左下」工程で約2時間かけて1回の加熱で平均炭素濃度約0.7 mass％に脱炭する．このときの歩留りは100％である．次の「本場」工程では，左下鉄塊を10等分し, 約30 kgを約1時間かけて平均炭素濃度0.1 mass％まで脱炭する．その後，即座に鍛造し，4枚の包丁鉄(鋼板)にする．本場での歩留りは6, 7割であり，全体の木炭消費量は銑鉄の約1.5倍の重量である．

木炭錬鉄製造炉と大鍛冶の違いは何か．大鍛冶の炉床は囲いがなく, 一方, 木炭錬鉄製造炉は鋳鉄板で囲って断熱しており，これが木炭消費原単位を少なくし，歩留りを高くしている．表16-2に木炭錬鉄と錬鋼および包丁鉄の成分組成を示す．包丁鉄の炭素濃度は作業場によらず安定している．

16-3　パドル法による錬鉄の製造

18世紀に入ると，英国では木炭が不足し燃料に石炭を用い始めた．しかし，石炭には硫黄が含まれるので，錬鉄に硫黄が入り高温での加工時に割れる．一方，高温の炎で直接銑鉄を加熱するのではなく，石炭の炎で炉の天井を加熱し，天井からの輻射熱で金属を溶解する反射炉が17世紀には非鉄精

表 16-2 木炭錬鉄と錬鋼および包丁鉄の成分組成（mass%）

品別	C	Mn	Si	P	S	Cu	産地
木炭鉄（錬鉄）	0.27	痕跡	0.07	0.02	0.04	—	スウェーデン
ランカシャ鉄（錬鉄）	0.05	0.11	0.04	0.01	0.01	痕跡	スウェーデン
ダネモラ鋼（錬鋼）	0.84	0.05	0.12	0.07	—	0.07	スウェーデン
包丁鉄	0.12	—	0.05	0.013	痕跡	—	伯耆（鳥取）
包丁鉄	0.11	痕跡	痕跡	0.081	0.01	—	安芸（広島）
錬鉄最上	0.12	痕跡	0.13	0.101	0.003	痕跡	伯耆（近藤）

錬で用いられていた．これを1761年にジョン・ウッドはルツボ鋼の加熱に用いた．これにより錬鉄への硫黄の溶解を減少させることができた．1766年にはJ. プルネルが溝付ロールを発明し錬鉄の線材を作った．この反射炉と溝付ロールによる型鋼加工法を基に，1784年にヘンリー・コートがパドル炉を開発した．

この炉の構造を図16-6に示す．ロストルのある火床で石炭を燃焼し，炎で炉床上の天井のレンガを加熱する．炉床は幅約1.2 m，長さ約1.8 mでその底は鋳鉄板が敷いてある．その上に鉄滓やスケールを叩き締め，これを焼結して凹部を形成する．操業はまず炉を十分に加熱し，これに白銑を炉床に約200 kg入れ，その上に50～100 kgの鉄滓あるいはスケールを加えてさらに加熱する．30～35分で銑鉄が溶融し，溶融したスラグと反応して一酸化炭素の気泡を発生し沸騰状態になる．酸素はスラグを通して火炎から供給される．このようにして脱炭反応が進行し，同時にシリコン，マンガン，リンが酸化除去される．作業者は炉床脇にある戸(g)の小孔から約2 mの長さの鈎付き鉄棒を差し込み，銑鉄を前後左右に攪拌し，銑鉄が炎に直接暴露しないよう注意して銑鉄と鉄滓をよく混ぜる．パドル炉の温度は純鉄が溶解するほど高くできないので，脱炭が進行すると次第に流動し難くなり，銑鉄の攪拌を始めてから30分から1時間後には半溶融状態になる．これを先端の尖った鉄棒で捏ね上げて4個か5個の塊にする．これらをさらに充分熱して1つずつ炉外に挟み出す．錬鉄塊は蒸気鉄槌で叩き伸ばし，あるいは絞搾機やロールに掛けて錬鉄中に残っている鉄滓を搾り出す．さらに溝付きのロー

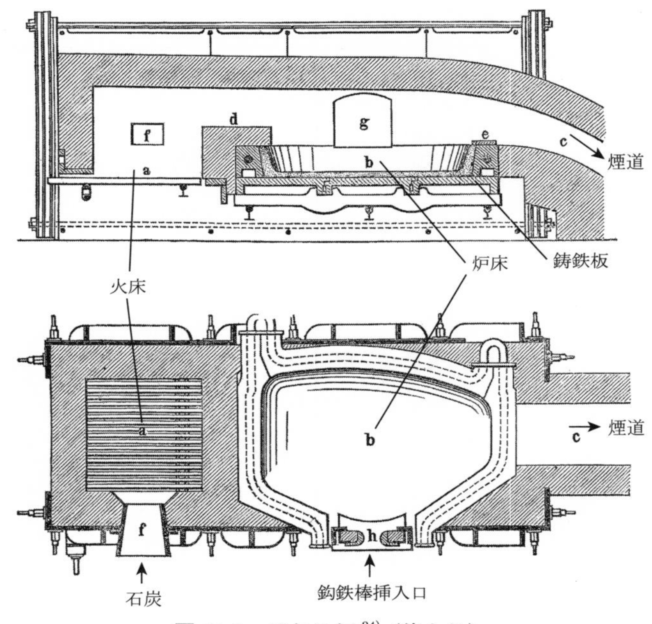

図 16-6　パドル炉[24]（俵より）

ルに何度も通して様々な形状の製品を作る．歩留りは85から94%である．また，消費した石炭は銑鉄の重量と同程度である．高炭素錬鋼を造る場合は，シリコンやマンガン濃度の高い鼠銑を用いる．表16-3にパドル炉で造った錬鉄の成分組成を示す．錬鉄の問題点は，介在物の鉄滓を繊維状に含む他，炭素濃度が不均質になり，合金成分を任意に調整できない点である．

パドル炉は，わが国には導入されなかったが，その製品は並鉄や樽鉄として大量に輸入された．

16-4　ルツボ鋼の製造

木炭錬鉄中の炭素濃度を調整する方法として，ヨーロッパでは木炭による浸炭法が行われていた．これは，非常にコストが掛かる上，材料の表面と中心に炭素濃度の差ができてしまい，均質な鋼ができなかった．そこで，1740年に英国のシェフィールドの時計屋，ベンジャミン・ハンツマンは，浸炭し

表 16-3　パドル法による錬鉄と錬鋼の成分組成（mass%）[24]

品　別	C	Mn	Si	P	S	産　地
ヨークシャ錬鉄	0.07	—	0.06	0.09	—	イギリス
スタンフォード錬鉄	0.06	—	0.20	0.25	0.02	イギリス
ゾルシェ錬鋼	0.94	0.27	0.11	0.07	痕跡	ドイツ

た錬鉄をルツボに入れ，加熱・溶融するルツボ製鋼法を発明した．これにより，均質な炭素濃度で，鉄滓を含まない溶鋼ができるようになり，高品質なカミソリやナイフ，時計のバネ，時計の小部品を作った．

図 16-7 にルツボ炉を示す．図の中央上部にルツボを入れるレンガで囲んだ部屋があり，蓋がしてある．各部屋には 5 個のルツボが入る．両脇にある部屋はレンガで作った蓄熱室である．初期のルツボ炉には蓄熱室がなく，火格子がある．19 世紀に蓄熱室を設置してから効率が非常に上がった．燃料にコークスを用いる場合は，それをルツボの周りに入れ，脇から予熱した空気を吹き込んで燃焼しルツボを加熱する．高温を得るためにはよく締まった硬いコークスを使用する必要があり，鋼 1 トンにつき 1.5 ～ 3 トンのコークスを消費した．石炭ガスを用いる場合は，コークスを燃焼させて CO ガスを発生させ，これを空気で燃焼させる．石炭ガスを発生させる石炭は鋼 1 トン当たり 1 ～ 1.5 トンであり効率が良く，多くのルツボを用いて大量に鋼を溶解する場合には有利であるが，場所により温度を一様に保つことができない欠点があった．

ルツボは蓋付きで，その大きさは，10 kg の鋼を溶融するもので直径 15 ～ 18 cm，高さ 23 ～ 25 cm あり，溶鋼はルツボの半分の高さまで入った．最大 45 kg まで溶融できるルツボがあった．ルツボの材質には 2 種類あり，耐火粘土を焼いて粉にした焼粉に生粘土を 25 ～ 50%と黒鉛を 15 ～ 75%を混合して焼結したもので黒鉛ルツボと呼び，強度が高く，米国で使われた．他は，焼粉に生粘土とコークス粉を 5%加えて焼結したもので白ルツボと呼びヨーロッパで使われた．

ルツボ鋼の利点は，合金成分が所定の濃度になるように挿入する原料の割合を調整できることにある．これらの原料を小片に割り，秤量してルツボに

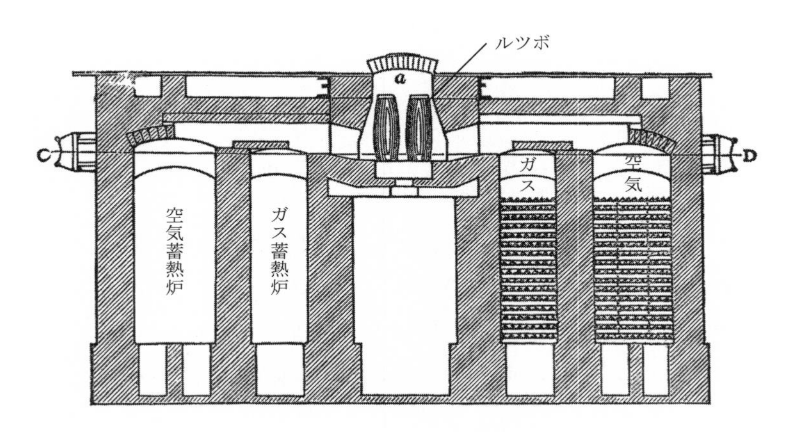

図 16-7 ガス蓄熱炉付ルツボ製鋼炉[24]（俵より）

詰め蓋をする．ルツボを炉に入れ加熱する．温度が上がり溶融するとルツボ内で沸騰し始める．時々ルツボ内に鉄棒を差し込み，底まで入るかを確かめる．鉄棒に付着する鉄滓の色が薄く鋼粒が付着しなくなれば鋼が充分溶融したことになる．その後，15～30分間静置し，溶鋼が充分静止沈降し，鉄滓が浮上するのを待つ．溶解室上部の蓋を開け，ルツボを炉外に取り出し，鋳型に鋳込む．この一連の作業は3～4時間かかった．大型の鋳塊を鋳込む場合は複数のルツボで溶融した溶鋼を継ぎ足した．

ルツボ鋼の製造では蓋をするので，火炎に曝されることがなく，酸素や窒素などの有害なガス成分は溶解しないのでマンガンやケイ素で脱ガスをする必要がなかった．鋼中の炭素濃度は0.4～1.5 mass％で，普通0.8 mass％以上である．その他，シリコンは0.4 mass％以下，マンガンは0.2～0.3 mass％，リンは0.01～0.03 mass％，硫黄は0.03 mass％以下である．一方，ルツボの容量が少なく人件費が高くつくので，製造コストが高く，武器やバネ用鋼など特殊な用途に使われた．

16-5 ベッセマー転炉鋼とトーマス転炉鋼の製造

英国のヘンリー・ベッセマーは，反射炉内の溶鋼に空気を吹き付けて温度を上げる実験を行い，脱炭が起こることに気がついた．これはもちろんパドル法の原理ではあるが，冶金の専門家でなかった彼はそこに新しいヒントを得て，加熱したルツボ中で溶融した鋼中に空気を吹き込んだ．1856 年にはロンドンで，図 16-8 に示す固定式の炉を用いて外熱なしで同様な実験を行った．350 kg の銑鉄に羽口から空気を吹き込んだ．激しい反応が起こり高温の炎が発生したが，彼はこれが炭素の燃焼熱や銑鉄中の不純物の酸化熱とは考えなかった．幸いにも 10 分後炎は収まり，空気を止めて溶鋼をインゴットの鋳型に流し込み，低炭素鋼の製造に成功した．そして，1856 年 8 月 13 日チェルトナムの大英科学振興協会の総会で発表した．

ベッセマー鋼には問題があった．鋼塊に多くの気泡が残り，溶鋼が過酸化状態になることである．この問題はロバート F. マシューが解決した．彼はルツボ鋼の研究で，1860 年にタングステン高速度鋼を発明した．彼は当時，伝統的な錬鉄ではなくスウェーデン鋼と木炭および酸化マンガンからルツボ鋼を造る研究をしていた．1848 年に彼は 8.5 mass％のマンガンと 5.25

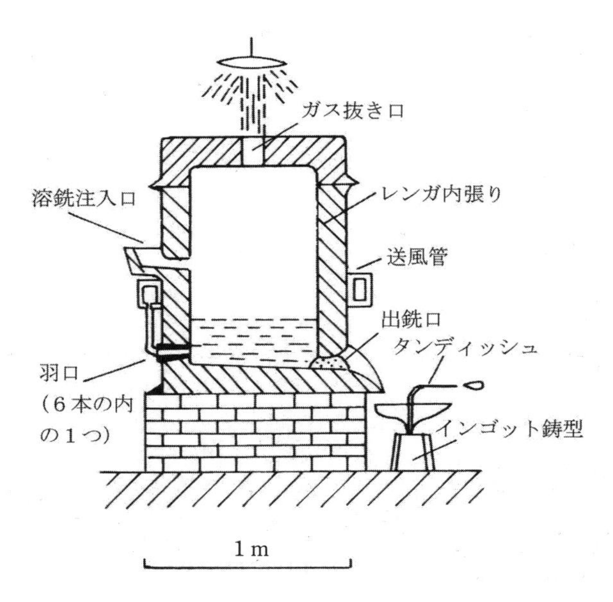

図 16-8　最初のベッセマー炉（1856 年）

mass%の炭素を含むシュピーゲルアイゼン（鏡鉄と呼ばれた白銑）を12トン購入していた．そして，還元状態のマンガン（Mn あるいは Mn_3C）が脱酸剤になることを認識していた．早速，ベッセマー鋼にこれを使い問題を解決し特許を取得した．しかし，シュピーゲルアイゼンは銑鉄であり，これを溶鋼に添加すると復炭する．このことがベッセマーとの間に特許論争を生んだ．結局，フェロマンガン合金が造られてこの問題は解決した．

ベッセマー鋼にはもう一つ問題があった．炉の内張りにケイ酸質の酸性耐火物を使っており，銑鉄中のリンが除去できなかったことである．鉄鉱石には一般にリン酸が含まれており，パドル法では鉄滓や加えた灰がリン酸を吸収し，また操業温度が低かったこともあり，錬鉄にはリンは吸収されなかった．したがって，錬鉄では脆性を生じるリンの問題は起きなかった．そこで，ベッセマー鋼にはベッセマー銑と呼ぶリン濃度が低い銑鉄が使われた．その成分は，シリコンは酸化して熱源になるので 0.6 ～ 2 mass%を含むが，リンは 0.05 mass%以下が必要である．マンガンは 0.5 ～ 2 mass%である．これを作るリン濃度の低い鉄鉱石は英国では限られていた．したがって，パドル法が19世紀の終わりまで使われ続けた．

この問題を解決したのは S. ギルクリスト・トーマスである．当時すでに石灰系の塩基性レンガや内張りで P_2O_5 を除去できることはわかっていたが，塩基性スラグは酸性耐火物を浸食し，また，塩基性耐火物自身が脆弱であった．彼はドロマイト（$CaCO_3$・$MgCO_3$）に無水タールを混ぜ，これを内張りに使用した．さらに，レンガに成形し焼成して塩基性耐火物を得た．従兄弟の P. C. ギルクリストが実験に協力し，1878年にベッセマー転炉に塩基性レンガと内張りを用いて溶鋼の脱リンに成功した．トーマス法では溶銑中のリンの酸化熱が熱源になるので，リン濃度は 1.8 ～ 2.5 mass%と高いものを用いる．シリコンは 0.5 mass%以下，マンガンを 1 ～ 2 mass%含む．表16-4にはベッセマー銑とトーマス銑およびそれらを吹錬して得た鋼の成分組成の一例を示す．塩基性耐火物は平炉にも使われた．

ベッセマー転炉やトーマス転炉はその後，羽口を炉底に複数本設置し，炉体は西洋梨形になり傾動させる方式になった（図16-9）．1910年（明治43年）

表 16-4 ベッセマー銑とトーマス銑およびそれらの鋼の成分組成（mass％）

転炉別	鉄種	C	Si	Mn	S	P
ベッセマー転炉	銑鉄	3.0	1.8	0.7	0.06	0.06
（酸性）	鋼	0.06	0.03	0.06	0.063	0.063
トーマス転炉	銑鉄	3.35	0.448	0.85	0.18	2.01
（塩基性）	鋼	0.02	0.13	0.23	0.057	0.066

頃の炉の大きさは，内容積で深さ 4.6 m，内径 2.34 m で，溶銑容量の 10 倍の大きさである．銑鉄を 5 ～ 20 トン処理できた．送風圧は 1.4 ～ 2.5 気圧であった．操業は，最初，炉を横倒しにして溶銑を流し込み，送風を開始してから炉を立てる．最初激しく発生した炎が 10 ～ 20 分で小さくなり鎮静してくると，溶鋼中の炭素濃度は 0.1 mass％程度に減少する．炉を横転させ，送風を止めて，脱酸剤のフェロマンガンを投入した．職長は絶えず炎の色を観察して炭素濃度を推定し，所定の値で操業を止めた．あるいは，吹錬後，溶鋼内に予熱した鉄棒を入れ，少量の鋼粒や鉄滓を採取し，鋼粒が軟かく鉄滓の色が黒く平滑でないときは鋼中炭素がほとんどなくなったと判断した．

トーマス法では，まず銑鉄を炉に入れる前に生石灰を 1 割ほど入れた．炎が鎮静した後も 3, 4 分間後吹きし，溶鋼中の残留リンを酸化除去した．鉄鋼中のリン濃度の判定は次のように行われた．吹止め後，柄杓で溶鋼を汲み取り，小円盤塊に鋳造し，焼入れする．中央で割り，破面に細長い粒が現れている場合はリン分が残っており，細かい粒状の場合はリン分がなくなっていると判断した．また，トーマス法でできる鉄滓にはリン酸が 15 ～ 25 mass％含まれているので，復リンに注意して，溶鋼との接触を短くしなければならない．一方，鉄滓は肥料に用いられた．

ベッセマー法は炭素の多い硬鋼の製造に適しており，レールや工具，鉄道用鋼材，バネに用いられた．トーマス法ではリンを除去するために低炭素の軟鋼の製造に適しており，鍛錬や鍛接が容易で，針金，薄板，鍛錬材に用いられた．ベッセマー法とトーマス法は，燃料が不要で，かつ 20 分という短時間で溶鋼が得られるので，多量に安価な鋼材を供給した．

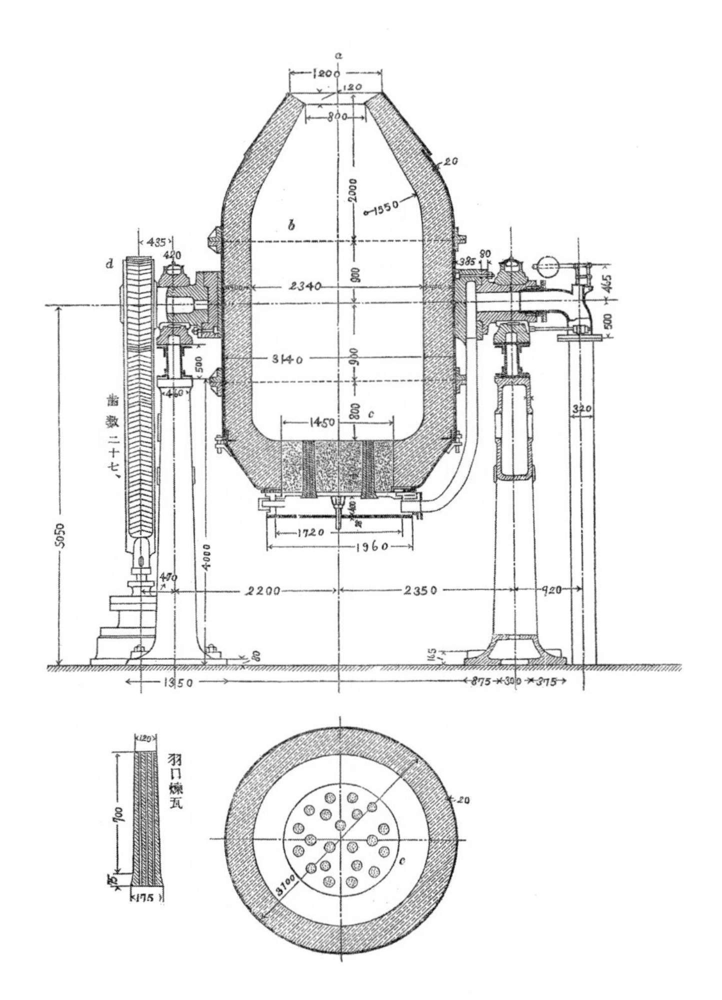

図 16-9　ベッセマー転炉 (10 トン)[24] (俵より)

16-6　平炉製鋼法

1856 年にフリードリッヒ・ジーメンスは蓄熱法による高温加熱炉を開発した．この年にはベッセマー転炉の発表がなされている．蓄熱室の原理は

1816年にスターリングが特許を出している．この蓄熱法では，石炭の燃焼ガスで反射炉を加熱し，その排ガスの余熱でレンガ格子の蓄熱室を加熱する．次に加熱した蓄熱室に空気を流して予熱し，石炭を燃焼させて反射炉を加熱する．その排ガスの余熱でもう一つの蓄熱室を加熱する．これを交互に切り替えて反射炉の温度を上げる．この蓄熱法は空気を予熱するだけであったが，次に石炭ガス発生炉が開発され，予熱したガスと空気を反射炉の入口で燃焼させることによりさらに高い温度を得ることができた．フリードリッヒ・ジーメンスはこの蓄熱法を使ってガラス溶融炉とルツボ鋼溶融炉を建設した．兄のウイリアム・ジーメンスはこの蓄熱法による反射炉で鋼の溶融を試みたが，耐火物の損傷などで上手くゆかなかった．彼は，フランスのピエール・マルチンに蓄熱法を技術指導し，マルチンは1864年についに成功した．これはジーメンス・マルチン法（平炉法）と呼ばれた．成功した理由は，予熱した石炭ガスと空気を燃焼させて発生した高温ガスを炉床の溶鋼に向けて天井に直接当てないで耐火物を保護した．銑鉄を溶融して湯を作り，そこに鍛鉄，粗鋼，旋盤屑，切り屑を溶かし込む方法で，必要量を出鋼した後，常に溶鋼を一部残しておきそこに製鋼原料を溶融させた．また，酸化鉄の少ないスラグを表面に浮かせ空気を含む高温ガスを直接湯に当てないで鉄の酸化を防ぎ，さらにシュピーゲルアイゼンを溶融して脱酸を行った．図16-10に平炉の断面図を示す．

平炉法は内張りに塩基性耐火物を用いてから脱リンが可能となり，また銑鉄と屑鉄を原料にできた．しかし，脱リンを充分に行うため脱炭が進み低炭素鋼になる．そこで，シュピーゲルアイゼンなど銑鉄を溶融して炭素濃度を調整すると，スラグからの復リンが起きた．

平炉の製鋼原料の銑鉄の成分組成はベッセマー銑とトーマス銑の中間である．1910年当時，炉の容量は最大50トン程度であった．3, 4時間で溶融し歩留りは90％以上であった．鋼1トンに対し，ガス発生用の石炭を300～500 kg消費した．

俵は，1910年当時のベッセマー転炉，トーマス転炉および平炉を設備費用，製造コスト，品質等を比較し，大量生産には平炉が適していると指摘してい

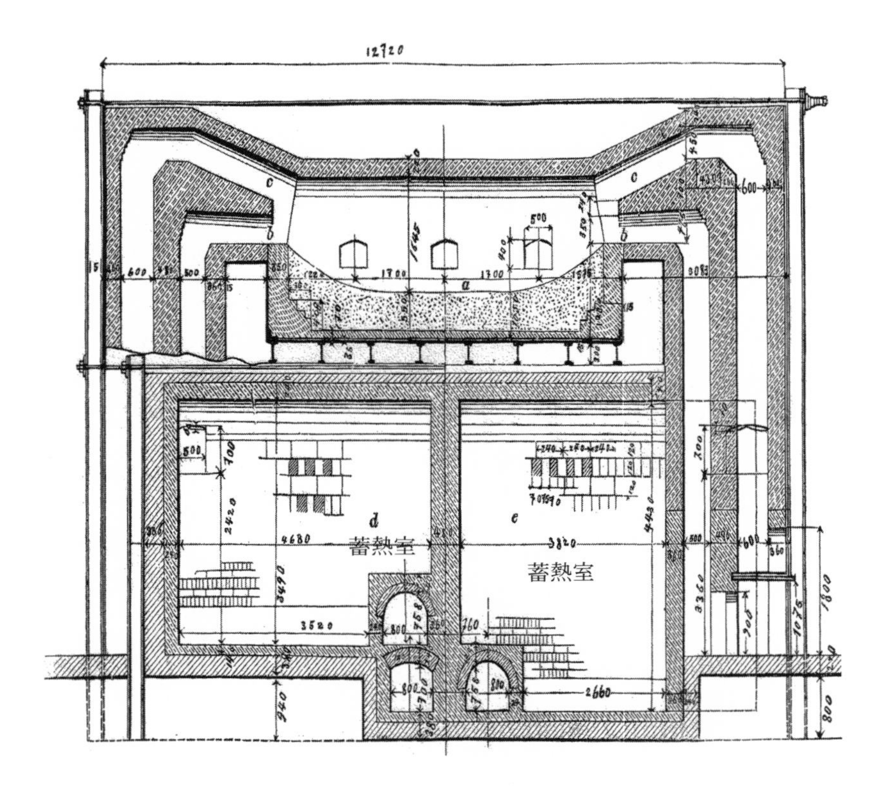

図 16-10　平炉の断面図 [24]（俵より）

る．高級鋼の製造には，高品質の製鋼原料を用いる酸性耐火物を内張りに用いた酸性平炉が適している．塩基性耐火物を用いた平炉では，リン等を含む廉価な製鋼原料を用いて各種の建築鋼材，鋼板，鍛錬用材など汎用品を製造でき，将来最も広く用いられる運命にあるとしている．

16-7　1870 年から 1900 年のヨーロッパの製鉄事情

16-7-1　イギリス

1850 年代に日本では幕府の命令でいくつかの藩が海防のために反射炉や木炭高炉を築造し大砲を鋳造していた頃，イギリスではコークス高炉法で銑鉄の製造が行われていた．製鋼では，銑鉄を木炭炉で脱炭し鍛造して「鍛鉄」を製造する木炭精錬炉法は1860年にはスウェーデンの一部を除き消滅した．代わって，反射炉で銑鉄を溶融し撹拌して脱炭し，得られた鋼塊をすぐにロール形鋼等にするパドル法は普及し，「錬鉄」が製造されていた．その後，1856年にベッセマーが転炉法を発明し，1871年にはジーメンス・マルチンが平炉法を，および1878年にギルクリスト・トーマスが塩基性転炉法を発明した．1870年から1900年のヨーロッパはこれらの転炉法と平炉法によりパドル法の錬鉄から溶鋼に変換する時代であった．

ベッセマー転炉では，銑鉄中の炭素の他，シリコンを熱源としたが，酸性耐火物を用いたため脱リンが困難でリン濃度の低い銑鉄を必要とした．ベッセマー鉄はSiを1.5～2.0％含みリンと硫黄濃度が低い銑鉄である．このよ

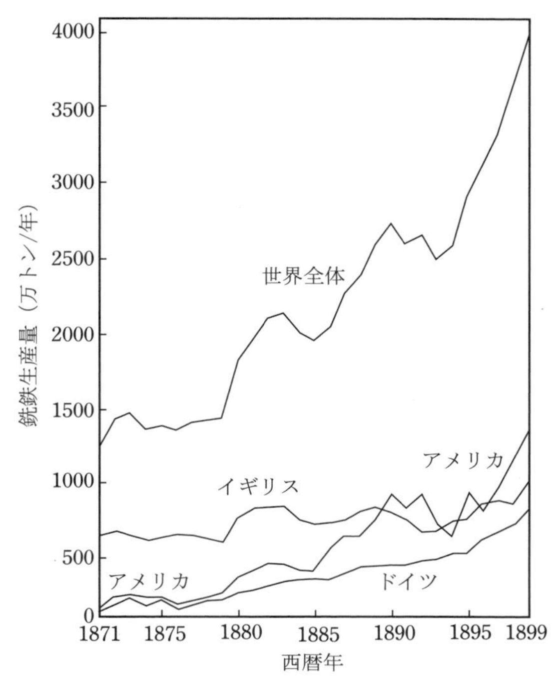

図 16-11　19世紀後期の世界の純鉄生産量の変化[27]

うな銑鉄を造るための鉄鉱石は，スウェーデンの磁鉄鉱とイギリスのカンバーランド，オーストリアおよびスペインの高品位ヘマタイトであった．一方，トーマス転炉はリンを熱源とするので3%近いリン濃度の銑鉄が用いられ，リンが含まれているドイツの鉄鉱石からトーマス銑が造られた．この中間の成分組成の銑鉄はスクラップとともに平炉で使われ平炉銑と呼ばれた．

1870年から1900年にかけてイギリスの製鉄業は，それ自体は銑鉄生産を年産606万トンから954万トンに増やしたが，世界のシェアは52.5%から23.5%に小さくなり，代わってアメリカ合衆国とドイツの製鉄業が躍進した(図16-11)．イギリスでは，低リン含有鉄鉱石を輸入して高炉でベッセマー銑を造り，ベッセマー転炉法で溶鋼が造られた．一方，パドル炉の設置台数は1876年を境に減少し，錬鉄と溶鋼の生産量は1885年を境に逆転し，その後溶鋼の生産量が増加した(図16-12)．錬鉄は1887年の年産132.8万トンの統計が最後である．しかし，ギルクリスト・トーマスの塩基性転炉法が，ベッセマー転炉法の成功とパドル炉の膨大な資本投資のためにイギリスではなかなか採用されなかったように，パドル鋼は20世紀になっても生き残っ

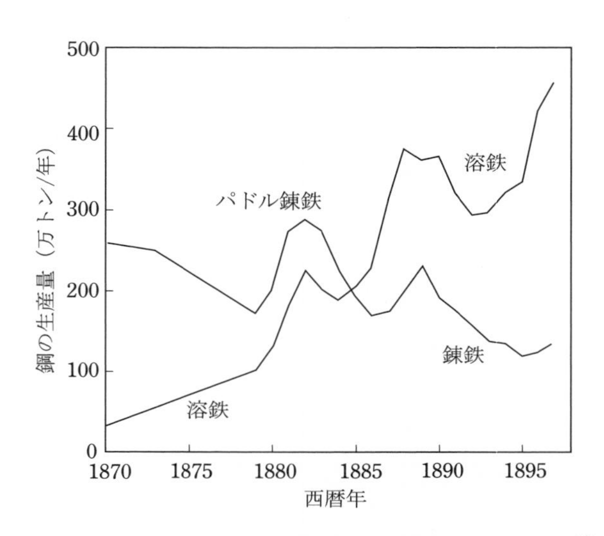

図16-12　イギリスにおける錬鉄と洋鋼の生産量の変化[27)]

ていた.

16-7-2　ヨーロッパ

一方，1860年代はヨーロッパ全体では木炭高炉からコークス高炉への転換が図られており，1870年代には主にコークス高炉で銑鉄が製造されていた．1880年代になると，ドイツは積極的に塩基性転炉法を採用し，ヨーロッパで産出する高リン鉄鉱石を用いたトーマス銑をコークス高炉で製造した．そして，1887年には溶鋼の生産高が錬鉄を抜いた．しかし，錬鉄の生産量はその後も少しずつ増大し，1889年に年産167万トンの最高値を記録したが，1900年には半減した．1899年にはトーマス転炉鋼397万トン，ベッセマー転炉鋼37万トン，平炉鋼169万トン，合計603万トンを生産し，イギリスの生産量に近づいた．

1899年の世界の銑鉄生産量約4000万トンのうち，アメリカ合衆国は約1400万トンで，1895年にイギリスを抜き，世界第1位の鉄鋼生産国になった．

フランスは，1870年代は錬鉄製造が多かったが，1880年代になると急速に減少し，トーマス転炉鋼に変わった．しかし，錬鉄に対する評価が高く，1889年のパリ第4回世界博覧会に間に合わせるため2年2か月でエッフェル塔を錬鉄で作ったように，20世紀に入っても作られていた．

オーストリアは，優良な鉄鉱石が取れるため，塩基性平炉法が使われた．

錬鉄は，溶鉄に比べて鍛接しやすく，火の中で処理しやすいという特性があり，20世紀に入っても使われ続け，形鋼が作られた．しかし，耐磨耗性に劣るため，レールはかなり早い時期から強靭な鋼である溶鋼にとって変わられた．

1740年にイギリスのハンツマンが発明したルツボ鋳鋼製造法はジーメンスの蓄熱法による溶解炉を採用して発展し特殊鋼の製造に使われた．

16-8　明治期の日本の製鉄事情

このように，明治20年（1887年）というのは，西洋では，木炭高炉がほとんど姿を消してコークス高炉になり，転炉や平炉による溶鋼の生産量がパドル法による錬鉄を追い抜いた時期である．

16-8-1　銑鉄の製造と鋼材輸入

幕末からすでに鉄鋼の輸入はあり，統計では明治元年（1868 年）に 2749 トン輸入している．主な製品は「T 形及アングル形等鉄」すなわち錬鉄製の形鋼で，造船や機械設備等に広く用いられた構造用鉄鋼材であり，錬鉄製レールも含まれていた．次いで多いのが銑鉄で，これはたたら製鉄業者の脅威となった．また釘の輸入もたたら製鉄業者を追い詰めることとなった．明治 6 年頃から輸入量は増大し，一方，銑鉄の価格は下落したので，たたら製鉄業者の経営はますます立ち行かなくなった．明治 8 年に広島鉄山が官営化し，たたら業者は軍需品に活路を見出し，たたら銑の製造を続けたが，明治 27 年（1894 年）に国内の高炉銑に生産量で追い抜かれ，以後しばらくして生産量は減少し始め，大正 12 年（1923 年）に商業生産を終えた．官営で操業を続

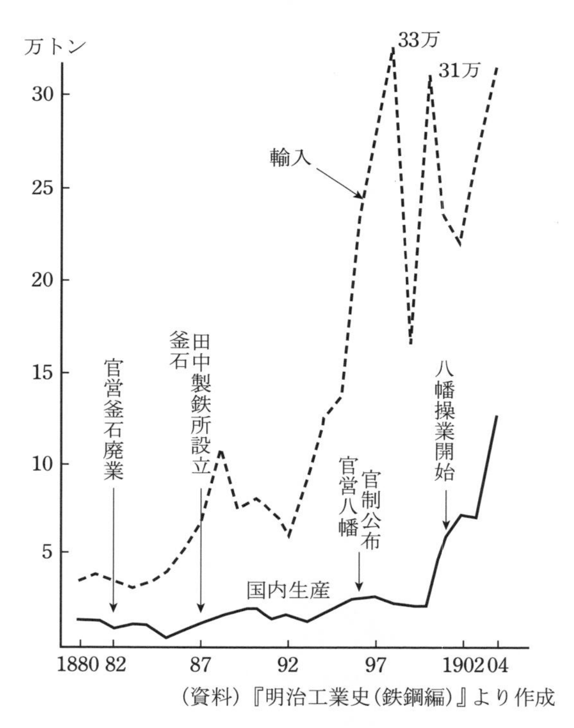

（資料）『明治工業史（鉄鋼編）』より作成

図 16-13　明治期における日本の鉄鋼生産量と輸入量[28)]

けてきた釜石製鉄所も中小坂製鉄所も明治16年に経営が破綻し，民間に払い下げられた．「鉄鋼業は儲かる見込みのない事業」として民間の引き受け手はいなかったが，田中長兵衛の番頭横山久太郎の努力により，釜石製鐵所において大島高任が行った木炭高炉の操業に成功し，明治20年に釜石鉱山田中製鉄所が5トン高炉2基で操業を開始した．製造原価もトン当たり23.5円と輸入銑と競争しうる値であった．その後，設備を増し，さらに明治27年には廃棄されていた日産25トン高炉を改修して，コークス高炉として復活させた．しかし，この年の鉄鋼需要量約14万トンのうち，輸入は約9割に及び，国内生産量はたたら銑も含め1割であった（図16-13）．

16-8-2　製鋼技術の遅れと輸入鋼

「鉄鋼業は儲かる見込みのない事業」とされた理由は，関税自主権がなく，先に発展した軽工業，貿易業，海運業および金融資本の猛烈な反対と，海外の安価な鉄鋼材料に依存する造船と機械工業の反対で，政府は鉄鋼業の保護施策を採用できなかったことにある．明治32年（1899年）に関税自主権が回復したが，列強との間に結ばれた協定税率に縛られて保護的政策は実効性が小さかった．関税自主権が完全に回復したのは日露戦争後の大不況最中の明治44年（1911年）である．

鉄鋼の国内需要は明治23年に10万トンを超えたが，ほとんどが「T形及アングル形等鉄」の民需用であり，軍需用は10％以下であった．鉄鋼の輸入量は明治27～28年（1894～1895年）の日清戦争を経てその後も増加していったが，民間の製鋼工場は全く建設されなかった．

結局，陸海軍工廠が近代製鋼技術を西洋から導入し研究を続けた．明治15年（1872年）には東京築地の海軍兵器局内のルツボ製鋼炉でたたら製鉄による包丁鉄と玉鋼から鋳鋼を製造することに成功し，砲架，罏地金工具鋼，砲弾等の製造を可能にした．その後，酸性平炉や塩基性平炉が設置され鋳鉄製の砲身や砲弾が作られた．国内で溶鋼が造られるようになったのは明治34年（1901年）で，大阪砲兵工廠の酸性平炉で造られたニッケル・クロム鋼の特種鋼である（特種鋼が特殊鋼と呼ばれるようになったのは，大正5年創立の日本特殊鋼株式会社からである）．

民間では製鉄会社をつくることが困難とされた理由は，先に述べた関税自主権の回復の問題と，原材料の石炭と鉄鉱石の供給不安である．しかし，日清戦争後の軍備拡張の世論を背景に，日清戦争後の明治29年の第9議会で官営の製鉄所建設案が認められた．明治34年には，農商務省管轄下の官営八幡製鉄所がドイツ人技師の指導で操業を開始した．銑鋼一貫製鉄所で，5.8トン/日の高炉1基，25トン酸性平炉4基，10トンベッセマー転炉2基，ビーハイブ式コークス炉1基を設置した．しかし，粗悪なコークスしかできず，操業が上手くゆかなかった．その後，野呂景義の指導でコークス炉をコッペー式とソルベー式に替え，25トン酸性平炉を8基に増設して，明治37年（1904年）に操業が軌道に乗った．生産量は明治38年に銑鉄8.8万トン，鋼塊7.8万トン，鋼材4.6万トンであった．その後設備を増強し，5年後の明治43年（1910年）には銑鉄12.9万トン，鋼塊21.0万トン，鋼材15.7万トンに急増した．この年，経営が黒字化したが，資本の利子は不払い，租税なし，固定資産の減価償却は引延し，かつ国営なので配当も払う必要なしという民間では考えられない条件での結果である．その後も設備投資と増産が行われ，10年後の大正5年にはほぼ倍増した．製品は主にレールで，次いで棒鋼，形鋼および鋼板の一般民需品であった．この他に線材や鉄道用部品，外輪がある．わずかではあるが，鋼片や鋼塊もある．官営八幡製鉄所は，技術者や熟練工の養成機関でもあり，彼らはその後民間に進出した．

日清・日露戦争後の鉄鋼材料の需要の急激な伸びにより，民間の鉄鋼企業設立の動きが出てきた．民間高炉企業として釜石鉱山田中製鉄所の他，雨宮敬次郎が起こした仙人山製鉄所が明治34年（1901年）から銑鉄の製造を始めた．

民間製鋼企業は，明治32年に山崎久太郎と羽室庸之助が大阪鋳鋼合資会社を設立し，その後明治34年に住友家に買収され住友鋳鋼所となり，後の住友金属工業㈱の基礎となっていった．3.5トンと5トンの酸性平炉2基を設置し，年産2000トン弱で，造船，鉱山用品，鉄道用車輪等を作った．原料は当初古鉄と釜石銑を用いたがリン濃度が高いので，出雲産と仙人山産銑鉄に切り替えたが，生産量が少なく品質にバラつきがあるため，日露戦争後はスウェーデン産など外国の銑鉄を用いた．

明治32年（1899年）に鳥取県根雨で角炉で砂鉄から銑鉄を製造していた近藤喜八郎は，島根県のたたら師絲原武太郎，田部長右衛門および桜井三郎右衛門とともに安来町に雲伯鉄山組合を設立した．その後，雲伯鉄鋼合資会社と称し，包丁鉄，玉鋼等酸性平炉用およびルツボ炉用原料の他，可鍛鋳鉄用木炭白銑と工具用錬鉄を製造した．事業不振の後，明治42年に伊部喜作が復興し，安来鉄鋼合資会社となり，特種鋼を製造した．

明治37年には広島鉄山の払い下げを受けた坂口平兵衛と松村吉太郎および稲田秀太郎は広島鉄山合資会社を設立し，米子にルツボ鋼製造工場を設置して特種鋼を製造した．明治38年には合資会社米子製鋼所に変更した．安来と米子の2つの製鋼会社は，生産量こそわずかであったが，製品の高級さが特色であった．特に前者は，刃物用鋼として現在でもブランドになっている．この他，明治44年から特種鋼の生産を始めた長野県土橋長兵衛による土橋電気製鋼所がある．これらの先駆的製鋼事業の成功に野呂景義や俵國一の指導があった．

この間，明治36年から38年（1903～1905年）にかけて日露戦争があり，その後，鉄鋼需要は急激に増加したが国内では賄いきれず銑鉄の約半分は輸入であり，鋼材の自給率は少しずつ上昇したが大正2年（1913年）でも3割程度であった．その自給率の70から80％が官営八幡製鉄所で造られていた．主に軍需品と鉄道関連鋼材に対する旺盛な需要の増加により，民営企業も設立されていった．明治38年には合名会社鈴木商店は神戸市脇浜にあった小林製鋼所を買収して神戸製鋼所を設立した．明治40年には川崎造船所が兵庫に鋳鋼工場を建設した．明治40年（1907年）には日本製鋼所と輪西製鉄所（後の富士製鉄）が，明治43年（1910年）には戸畑鋳物（後の日立金属工業）が，明治45年（1912年）には日本鋼管が設立された．

明治から大正時代を通して，わが国の鉄鋼材料の需要はますます大きくなったが，国内で賄える自給量は半分程度であり，他は輸入に頼らざるを得なかった．その大きな原因は，国内の原料供給に限界があったことにある．そして，その原料調達先を中国に求めた．大正2年度の統計では，銑鉄生産量は米国が1位で3842.5万トン，次いでドイツが2200.6万トンと続き，わが国は世界15位で381万トン，米国の10分の1であった．明治の終わり頃にはわが国の銑鉄製造原価は欧米と同じ程度にまで下がったが，欧米は本国相場より輸出相場を著しく割安にしていた．また，わが国の加工設備の合理化は遅れており，鋼材の製造原価は欧米より割高であった．

特に，溶鋼は全て輸入で「洋鉄」と呼ばれていた．明治34年になり，ようやくわが国でも溶鋼が製造できるようになったが，品質は輸入品に及ばず，「洋鉄」は高級品であった．

19世紀は，ヨーロッパで錬鉄から溶鋼へと大きな技術革新が起こった時代である．その時期にわが国では明治維新が起こり，西洋の科学技術が奔流のように導入された．技術革新が起こっても新しい技術に変わるには時間がかかる．ましてや，技術の導入はその国の周辺技術を含む技術レベルが上がらないと技術を使いこなすことはできない．わが国も20世紀半ばまでこの時期が続いた．したがって，わが国に大量に輸入された洋鉄は，旧来のパドル法で造った錬鉄と，転炉や平炉で造った溶鋼が混在していた．

第 17 章　銑の溶融

17-1　こしき炉の歴史

銅の鋳造は紀元前 3500 年頃メソポタミヤ地方で行われていた．中国には紀元前 1600 年から 1000 年頃の商の都跡から精密な鋳造銅器が発掘されている．鋳鉄製品は，春秋戦国時代の紀元前 475 ～ 221 年に作られた鉄製農具や鎌などが河北省で発掘されている．このように紀元前 2000 年頃トルコから中近東のアナトリア地方でプロトヒッタイト族が発見した製鉄法は紀元前 1000 年頃世界に伝播し始め，中国には春秋戦国時代に銑鉄製造法として伝えられた．中国では精密な銅鋳造技術が発展しており，その技術は鉄に応用され鉄の鋳造品が作られた．

わが国には，紀元前 300 年頃，青銅器と鉄器が同時に大陸から伝えられた．古墳時代後期には小国家群が統一され大和朝廷ができると専門職人の集団ができた．鋳造技術者の集団は鏡作部の人たちで，5 世紀には秦氏の支配下にあった．これは鞍作部となり，鏡作りが中心で金銅鍍金，金銀象嵌を行った．6 世紀に仏教が伝来すると，仏教に関連した作品の鋳造が行われ，752 年には奈良の大仏が銅で鋳造された．758 年の養老令では当時の大蔵省に典鋳司など 5 司があり，金銀銅鉄の鋳造が宮廷工芸に重要な地位を占めていた．鎌倉期には鋳物師は関東など東国に移住し鉄仏が作られた．室町時代には茶の湯が流行になり，芦屋釜，天命釜，京釜など鋳鉄製釜が作られた．江戸時代には鉄鋳物の生産量が大きく増加し，特に幕末には海防のため大砲など鉄鋳物の需要が伸びた．19 世紀前半までは，銅や鋳鉄の溶融は「こしき炉」で行われた．幕末に大砲鋳造などに大量の溶融が必要になるとこしき炉では対応できないため反射炉が各地で建設された．これは欧州から伝えられた新しい溶融法であった．

明治初期の鍋釜の鋳造は江戸時代と変わらず，木炭燃焼のこしき炉で踏み鞴により送風していた．しかし明治期に機械工業が発展すると機械用鋳物の需要が増し，明治末にはこしき炉の燃料は木炭からコークスに移行した．送風も蒸気機関から後に電動送風になった．

たたら製鉄による銑や鋼が輸入鉄に価格的に対抗できず衰退の一途を辿って行った頃である．こしき炉も空気の余熱をして吹き込み効率を上げる方法が取り入れられ，現代のキューポラの形に移行した．

しかし，木炭が銑鉄の重みと燃焼ですぐに下がってしまい，木炭の経費がかかった．一方，コークスを用いると新しい鍋や釜などを火にかけた時しみ出る赤黒いしぶである金気を止めることができなかった．そこで安価なねずみ銑を使うために，コークスを燃料とし硫黄を除去するための石灰を使う方法が確立していった．コークスは 1000℃以上で燃焼するので空気を余熱して熱風を吹き込み，炉の形態も炉内部の直径に対する高さの比が 5 と細長くなった．木炭は 600℃位から燃焼するのでこしき炉の比は 2.5 で，中ぶくれの形態であった．さらに，木炭燃焼のこしき炉の大寸（羽口）の内径は約 10 cm もあり，コークス燃焼の場合より非常に大きい．もちろんたたら製鉄炉の羽口より非常に太い．これは砂鉄から製錬して銑や鉧を生成するエネルギーに比べ，銑鉄を溶融するエネルギーは溶融の潜熱で済むため，強く吹く必要がないからである．

17-2　明治期までの銑の溶融

17-2-1　こしき炉の構造

木炭燃焼型こしき炉の断面図を図 17-1 に示す．これは鳥取県伯耆の国倉吉市の鋳物師に使われていた炉である．円筒形で，4 段に分割できる．上から「上こしき」，「こしき」，「下こしき」，「湯溜め（ル）」で構成される．「上こしき」は上に広がった鋳鉄製の短い円筒で，内側に耐火粘土などは塗らない．「こしき」，「下こしき」および「ル」のそれぞれの継目には「ねなわ（クライ）」と呼ばれる粘土を置く．これは，火が漏れるのを防ぎ，湯やノロでルとこしきが接着することを防ぎ，こしきの取り外しを容易にする．上こし

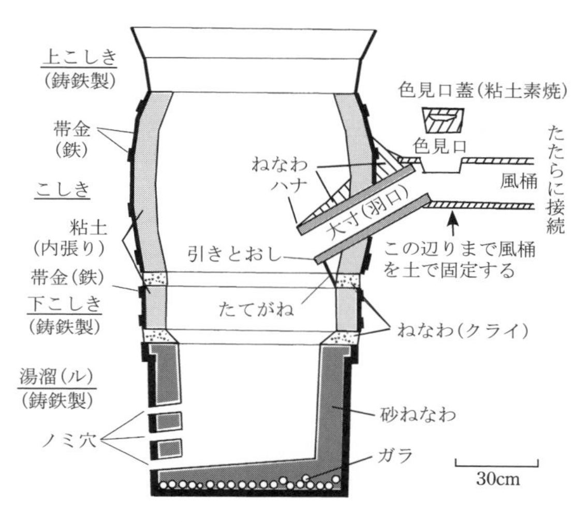

図 17-1　こしき炉の断面

きとこしきでは原料の加熱を行い，こしき下部から下こしきで銑(ずく)の溶融が起こる．ルでは溶銑を溜める．

1)「ル」の構造

「ル」は厚さ 1 寸 (3 cm) の鋳鉄製の桶である．最初から出湯口の「ノミ穴」が縦 3 列に開けてある．鋳鉄製の桶の内部に「砂ねなわ」を塗る．「砂ねなわ」は，古い「ねなわ」を砕き 2 分目のトウシ (目が 6 mm の篩(ふるい)) で篩う．上に残った荒い土は「ガラ」としてルの底に 1 寸くらいの厚さで入れる．トウシを通った「ねなわ」と 2 分目のトウシを通った「ザゴミ」および焼いた川砂を等量ずつ混合する．さらにその混合物の約 1 割の量の「素灰(すばい)」(炭の粉) を混ぜ，「ハジロ (埴汁)」の最も濃いものであえる．「ザゴミ」は，一度鋳型に使用し，焼かれて良く乾燥している土や砂である．ハジロは粘土を溶いたもので粘着力がある．ハジロの濃さはトウシで篩う前に手でハジロを溶いてみて，さっと手を引き上げたときに薄く透明の膜がかかったくらいの状態が標準である．砂ねなわをルに入れ良く突き固め厚さを 2 寸ないし 2 寸 5 分にする．下のノミ穴の高さである．突き固めには直径約 5 寸の鉄円盤の中心に柄が付いたもので行う．

ノミ穴には穴の大きさに応じて口径8分から1寸の大きさの筒を粘土で作り素焼にしておく．口径は外側を内側より少し大きくする．これを，ハジロを塗ったノミ穴に差し入れ，周囲に砂ねなわを良く詰める．特に下側を強く詰めておく．

ルの内側に砂ねなわを良く詰め厚さ2寸5分程度にする．その上に「マネ(真土)」を塗り，続いて濃いハジロを塗る．20分か30分で乾燥した状態になるので，さらにその中で少量の割木を燃して乾燥する．マネは，粘土と川砂が1対1の割合で含まれる砂山に穴を掘り，そこに1分半の目のトウシを用いてハジロを濾して入れ，混ぜて作った土である．

滋賀県近江の国の鋳物師は乾燥に真木(松の割木)を斜めに立てかけて火種を入れ，筵(むしろ)を被せる．筵を被せると上に火力が上がらず効果的であるという．燃え尽きたら乾燥が終わる．また，「ノミ穴」の数は，梵鐘のように一度に湯を流し出す場合は1個であるが，鍋釜のように小物の鋳造の場合は，湯くみ(杓(しゃく))に小分けして鋳込むので，その都度穴を開閉しノミ穴が損耗する．したがって，縦に3個や三角形状に3個のもの，菱型に4個のもの，上2個と下3個並列に5個並べたものなど複数必要になる．ノミ穴は内側から粘土が詰めてあり，最初の出湯は「ノミ抜き」という長さ40 cmの先の尖った棒でハンマーで叩いて穴を開ける．湯を止める時は松の木で栓をする．特に新芽が立った松ヤニの多く含まれている燃え難いものが良い．

2)「こしき」の構造

「こしき」作りは春夏の溶融作業が行われない時期に戸外で行われた．鋳鉄製の外枠は使わない．粘土だけで炉を作り，外側は完成後，帯金を格子状にしたもので補強する．これは高温で粘土の炉壁が裂けることがあるからである．粘土は粘土70％と川砂30％を混ぜ，水でよく錬る．材料の粘土を積み上げ，内側は「鳥目」の付いた基型を回しながら成形するが，基型はおおよその目安にする程度である．「鳥目」は回転させる基型の中心軸を固定する軸受けである．粘土の厚みは3寸程度にし，整形する．これを筵か菰で覆い急な乾燥を防ぐ．1週間後に炉の内外を叩き締める．この作業を4回繰り返し，形を固定させる．「大寸(羽口)」を通す穴は粘土がまだ柔らかいうちに開けておく．大寸の筒は，良質の粘土70％と川砂20％および前のこしきのハナを砕いてトウシで篩った土10％を混合した土で作り，素焼きにしたものである．大寸の先端の下には鉄製の「たてがね」を入れ，補強している．また，「引とおし」は大寸先端の下部の一部を切り取ることで，これにより風の向きを調整した．送風管の「風桶」先端には「色見口」があり，ここから大寸内を見て，大寸先端のハナに付いているノロなどを除去した．通常は蓋をしておく．

帯金の縦4本とこしきの膨らみの下の横1本は強度が必要なので鍛冶屋に作らせた．ここに輪を付けて運んだ．他の帯金はあり合わせの帯金で充分である．帯金の間隔は適当に見計らって決めた．

「下こしき」は厚さ約1寸の鋳鉄製の短い円筒である．その外側を金帯で補強してある．内側に「サク土」を塗る．サク土は粘土70％，川砂20％および素灰を10％混合したものである．後の作り方はこしきと同じである．一番上の「上こしき」は鋳鉄製の短い円筒で上広がりである．

17-2-2　鞴の構造

送風は人力で動かす踏み鞴が使われていた．図17-2に近江で使われていた踏み鞴を示す．踏み鞴は，土俵で補強された盛土の中央に掘った真中が広い長方形の穴の中で，たたら板の中心を軸にシーソー状に上下に動かして風を送る送風機である．両端にそれぞれ3人から4人立ち，梁から降ろされた縄にそれぞれ掴まって片足を板に乗せ，交互に踏む．

たたら板はヒノキ材の板を横に5枚合わせで作られており，中心の最大幅で134 cm，端で106 cm，長さは242 cmである．表側は板が歪まないように7本の横木で補強してある．両端の横木は2枚重ねとし釘で止めてある．この上に足を置く．板の四隅には摩耗対策として鉄板が張り付けてある．そしてたたら板の周囲には鹿などの動物の毛皮を張り，その上から薄い板で止めてある．これは，鍛冶屋が使う箱型の吹差鞴のピストンに張ってある狸の毛皮と同じで，板の動きを良くし，空気が漏れないようにしている．

板の両端の中央に10 cm角の四角い通風口が2個あり，この裏に「風マトウ」と呼ぶ薄い木の板の一端が糸（麻糸と思われる）で括り付けてあり，開閉弁の作用をしている．この通風口は両端にそれぞれ2個，合計4個の場合もある．この場合は通風口の大きさは約7.5 × 20 cmである．板が上がるとき弁が開いて空気を取り込み，下がるとき閉じる．盛土に作られた穴の両端の側面は板が軸を中心に上下に動くため少し凹面になっている．底面は上に凸となる緩いカーブを描いている．その最も高い中心には中心軸の棒が置かれており，たたら板の支点になっている．棒の下には木製の軸受けが埋め込まれている．たたら板の裏四隅には押え木があり，板を踏み込んだ際に板が床面と接触しないようになっている．また，風マトウが当たる部分は底面が少し窪んでいる．この窪みの中心にはそれぞれ穴があり，下に埋めてある管に接続してここに空気が押し出される．そして，両側の管は風溜りに接続しておりここに風が送り込まれる．

鞴とこしき炉の間には土壁があり，炉からの輻射熱を防いでいる．土壁には窓が2つあり，ここから炉の調子をみた．風溜りは土壁のこしき炉側にある．その中央には左右に動く弁があり，鞴の両側の管から入ってくる風を風樋に交互に送り出しようになっている．すなわち，たたら板を踏む時は風マトウの板は閉り，風溜り中央の弁が開く．たたら板が上がっている方は，風マトウの板が開いて空気を取り入れ，風溜りの弁は閉じている．風樋はこしき炉の大寸(羽口)に接続している．

梵鐘など大きな鋳物を鋳込む場合，図17-2に示すように，こしき炉の前に型ツボと呼ぶ穴を掘り，ここに鋳型を設置して，ノミ穴から出た湯(溶銑)を樋(トユ)を通して流した．さらに大きな物を鋳込む場合は，こしき炉を併設した．鍋釜など湯を小分けする場合は，このような型ツボは不要であり，樋も使わない．樋は鉄枠の内側に「マネ」で内張りし，乾燥させて表面に素灰を塗る．

たたら板の中央には重い土俵が2個重しとして乗せてある．中心軸から見た踏み込み深さは45 cmなので，踏み込みは大きい．鍋釜などの鋳込みで鉄を溶融する時は，午後1時から7時半の6時間半踏み続ける．たたら板を踏む時，端の人が音頭を取ってかけ声を掛ける．3人あるいは4人の組が3組あり，2組が踏んでいる間1組が休む．このシフトで10分踏んで5分休

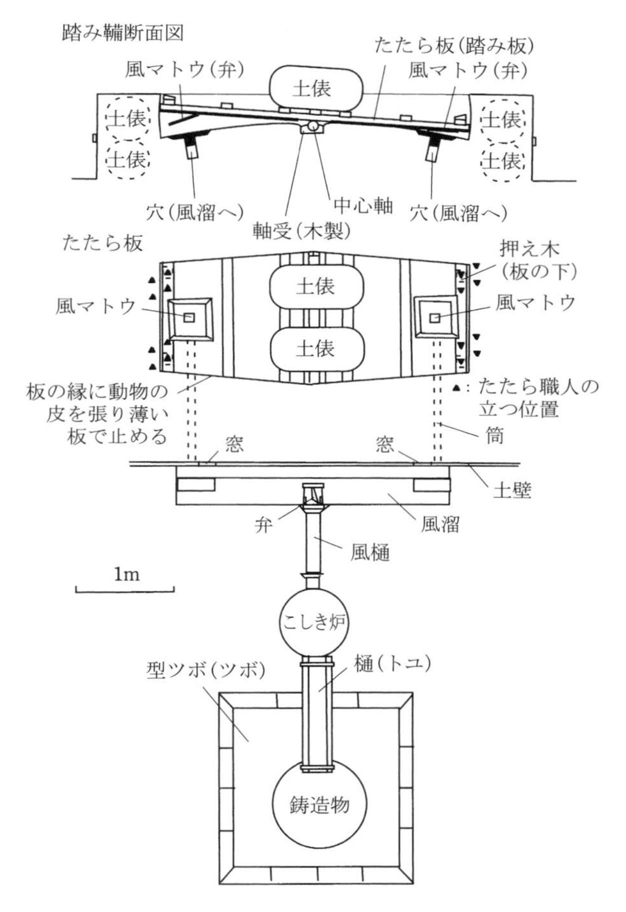

図 17-2　こしき炉と踏み鞴および鋳込み場

むローテーションを組んだ. 踏むリズムはこしきの状態とは関係なく一定であった.

17-2-3　溶融作業

鋳込み日を「吹き」と呼ぶ. 準備に2日, 溶融と鋳込みに1日で「三日吹き」である. 職人の都合, 風向き(火事の用心), 材料の用意を考慮して「吹き」を決める.

第1日目はモロ込みの日でルの準備をする．ル（湯溜め）を定位置に設置し，ル込み，すなわち鋳鉄製の桶の内部に砂ねなわを塗り，ルを作る．割木を燃してルの乾燥を行う．こしきの内部を清掃する．前回使用した際，付着した残りの銑や砂を除去する．

第2日目は，こしきを修繕し，大寸を付ける．ルの口縁部にクライ土を置き，その上に下こしきを乗せる．クライ土は予定の厚みの3割増し程度に置き，下こしきで強く押しつける．ルの中に落ちた土はきれいに除去する．ルの中にサオ炭を少し隙間を空けて縦に立てる．サオ炭は50 cm長さの白炭で下こしきの中ほどまで達する．夕方前に溶融する材料を持ち込み，投入量に合わせて量り分けておく．

第3日目は溶融と鋳込みを行う．朝8時に点火する．サオ炭の上に割木を置き，燃えている黒炭を火種にする．ノミ穴は開いており，ここから自然に風が入ってくる．

午前10時頃，下こしきの上縁にねなわを置き，その上にこしきを乗せる．こしきを乗せる時，鉤付きのゆう環を通した4間（約7 m）長さの松の丸太2本を用意し，その鉤にこしきの帯金に付けた環にかけて，多勢で担ぎ上げた．続いてこしきの上に上こしきを乗せた．そして，原料投入のための登り台（板）を設けた．吹きが始まると炉が高温になるので作業員は急いで登り，素早く原料を投入して離れた．

大寸を固定しているハナの上まで埋まるくらいに割った白炭（バラ）を入れる．この時，ハナや炉壁を傷つけないように注意する．炭はさらに燃焼してくる．

午前12時頃，燃焼した白炭をこしきの膨らみ辺りまで補給する．続いて小さく割った地金と白炭を交互に入れてゆく．地金約1貫200匁（4.2 kg）と等量の炭を入れ，湯を出す前までは常に地金と炭が山盛りになっている状態にする．12時半頃になると青い炎が白くなってくる．

午後1時，炉内が白熱化してくる頃，ノミ穴に素灰とハジロを練り合わせた土を押し詰めて塞ぐ．また，色見口の蓋をする．ここで拍子木の合図があり，たたらを踏み始める．すると5分程で地金が溶け始める．色見口から観察すると，初めは紡錘形の湯玉が間隔をおいて落ちるが，温度が高くなるにつれ湯玉が丸くなり，ひっきりなしに落ちる．投入する地金は順に1回に200匁(750 g)ずつ増加し，1回の投入量を2貫目(7.5 kg)まで増やす．鉄が溶け始めると炎は次第に赤みを帯び,溶融が終了するころには赤い色になる.

ルに湯が溜まると，ノミ穴の下に湯くみを置き，鉄棒でノミ穴を突いて開ける．この操作は「せせる」と呼ばれる．最初は良い湯が出ないので，受けた湯を炉に戻す．この時，炉に入れた原料の上部を少し窪ませておく．これは湯の温度が低いためで，適温になるまで湯返しを繰り返す．どうしても良い湯が出ないときは地金と炭の比率を変える.

湯の色があずき色になり，温度が適温に達すると鋳込みを始める．薄物の鍋釜を先に鋳込み，厚物の大釜や風呂釜は後にする．大型の鋳物では2人で持つ大取鍋で湯を受け型に流す．湯を受ける湯くみ(杓)を図17-3に示した.湯くみには5～10貫の5種類があり，5貫以外は2人で持つ．湯くみに使うルツボは，口径25 cm位から鋳掛け用の小物まであり，炉に残った白炭の粉を混ぜた粘土を用いて作った．寿命は25回くらいである.

湯は最初一番上のノミ穴(一番ノミ)から出す．湯の量が減り，ノロで穴が塞がると，一番ノミを塞ぎ，二番ノミから湯を出し，最後は三番ノミを用いる．次の湯を汲むまでの間は径1寸弱(3 cm弱)，長さ1間半(2.7 m)ほどの生松の木でノミ穴を塞いだ．この作業は湯が漏れてこないように力を入れ

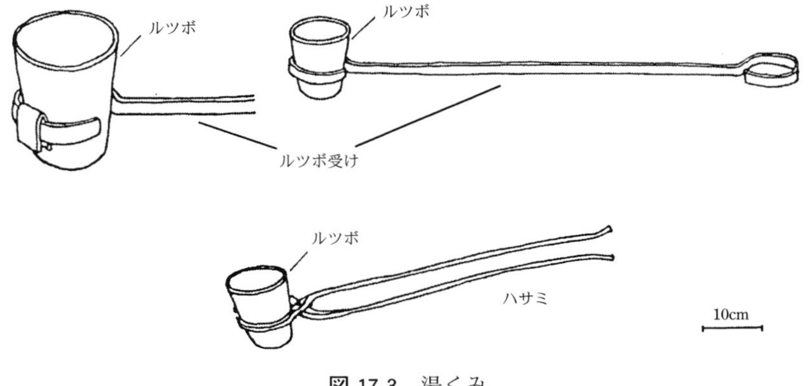

図 17-3　湯くみ

て押さえる必要があり，専属の雑役夫が行った.

日没頃には注湯が終わり，全員でこしきを外す．炉内の残存物の上に生砂を掛け，えぶり（木の鍬状の物）で撹拌する．この作業で生砂は焼砂になり鋳型の中子に使う.

17-2-4　原料と木炭

炉を築くねなわには粘土を用いるが，各地で採れる粘土を使っている．近江では信楽焼に使う白い粘土を用いていた. 倉吉では長坂の瓦土が使われた．川口では荒木田土が使われた．いずれも鋳型に使われる粘土である.

倉吉の斎江家では原料の白銑69％に古金31％を加えている．この理由として，「鋳物の金気を出にくくするためである．しかし，あまり多く入れると炭素が少なくなり，湯の流れが悪くなり，できた鋳物も脆くなる」と述べている．銑は出雲や石見の近在のたたら場，あるいは大坂から運ばれた白銑を使った.

吹きの炭は白炭である．火力が強く銑の溶融に適している．黒炭は鋳型の型焼きやこしきの余熱に用いる．白炭と黒炭は木を炭窯の中で蒸焼きにした後，消火する方法が異なる．白炭は，窯の中で炭化した段階で窯口を少しずつ開けて空気を入れ, 不純物を一気に燃焼し尽くす「ねらし」を行う．その後, 真赤に加熱した状態のまま窯口から外に出して灰などをかけて消化し冷却する．これを窯外消火と呼ぶ．一方，黒炭は炭化が終了した後窯口や煙道口を密封し，冷却後窯から取り出す．これを窯内消火と呼ぶ．斎江家では明治の初め，吹きを秋から冬にかけて行い，銑9,000貫（33.75トン）に対し，白炭と黒炭をそれぞれ9,000貫ずつ用いた．当時，黒炭が1円台で，白炭は2円台と白炭の方が高価であった．白炭の原木は「アベマキ」が多かった.

17-3　現代のこしき炉による鋳鉄の溶融

17-3-1　現代のこしき炉の構造

筆者は，2007年6月29日に仙台市鈴木盛久工房を訪問しコークスを燃料とするこしき炉を調査した.

図17-4に「こしき炉」の図面を示す．炉は4段になっており，分解でき

るようになっている．各段は，上から「上こしき」，「こしき」，「胴こしき」，「ル」と呼ばれる．これは蒸し器の「こしき」に似ているのでこのように呼ばれている．

一番下には銑鉄を溜めるルがある．鉄板でできた桶で庇(ひさし)が付いている．内側に耐火粘土を張り，その上に素灰を塗る．素灰は木炭粉と黒鉛ハッチ（黒鉛の粉）を「ハジロ」と呼ぶ粘土汁で溶いたものである．炉底位置の 3 か所

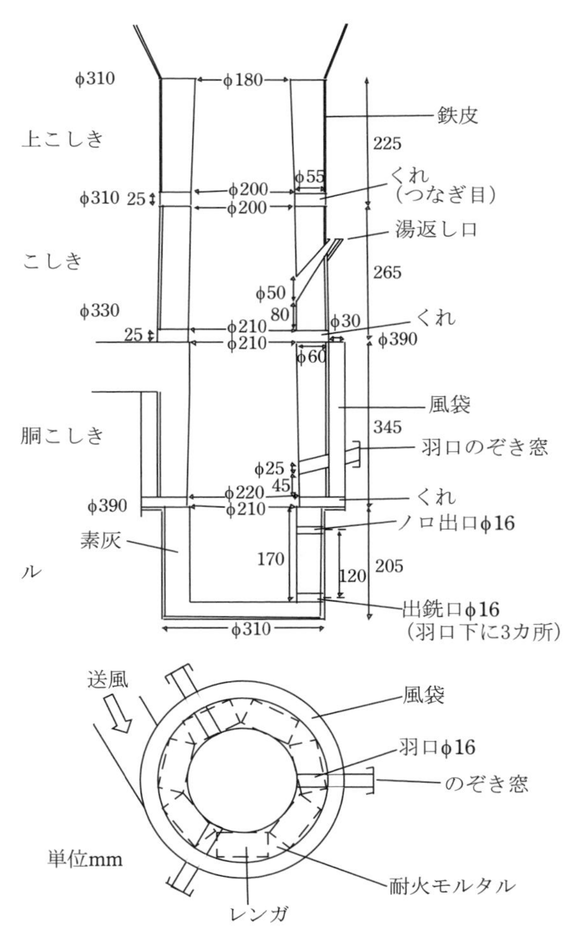

図 17-4 コークス燃焼式こしき炉

に120度の間隔で出銑口があり，その1つの上方12 cmのところにノロ出し口がある.

その上に「胴こしき」を乗せる．底との間の繋ぎ目に「くれ」と呼ぶ耐火粘土を40 mmほど置く．この高さで溶銑の量を調整する．時には円柱状のスペーサーを入れることもある．胴こしきは鉄板製で二重になっており，風袋が作ってある．胴こしきの内側には耐火レンガを張り，モルタルで固定する．羽口は胴こしき下部の3か所で出銑口の上に設置してあり，風袋で予熱した風を炉内に吹き込む．羽口の風袋側にはのぞき窓が作られており，羽口の掃除ができると同時に炉内状態を観察できるようになっている．通常は鉄製の蓋がしてある.

「胴こしき」の上に「くれ」を挟んで「こしき」を乗せる．これも鉄板製の筒で，内側に耐火レンガを張りモルタルで固定してある．ここには「湯返し」という口が付いており，銑鉄の温度が低い時や，注湯後余った銑鉄を戻す時この口から溶銑を入れる．この「湯返し」は東北地方のこしき炉の特徴で，関東以西では使われていない.

「こしき」の上に「くれ」を挟んで「上こしき」が乗っている．これも鉄板製の筒で，内側に耐火レンガを張りモルタルで固定してある．さらにその上に朝顔状の鉄板の覆いが乗っている．送風はブロワーで胴こしきの上の管から入れ，風袋で予熱して，胴こしき下部の3本の羽口から吹き込む．これらは操業の3日前に粘土等を塗り乾燥させる.

17-3-2　操業

ルに太い雑木の白炭を縦に詰める．この白炭は「一夜炭」とも呼ぶ．10時15分，燃焼している炭を胴こしきの上端までいれる．11時，ルの木炭が勢い良く燃焼し炎が高く上がる．「くれ」の粘土から蒸気が出ている．下の出銑口3か所は開いたままである．12時，灰飛ばしを行う．羽口外側3か所に蓋を取付け，1分間程送風機で送風する．するとルの底の3か所の開いた出銑口から炎とともに木炭灰が勢い良く噴き出す．すぐに羽口の蓋を外す．拳大の木炭を羽口辺りまで入れ，さらに拳大のコークスを炉一杯に入れる．ノロ出し口と2か所の出銑口を粘土で塞ぐ．この粘土は黒鉛ハッチと木炭，鋳物砂を混合して水で練ったものである．これを直径 5 cm ほどの松の丸棒の一端に円錐状に付け，これを穴に押込むようにして塞ぐ．13 時 6 分，羽口外側に蓋をする．また，湯返し口にも蓋をする．

表 17-1　現代のこしき炉の操業

時　刻	操　　　　作
13 時 9 分	送風開始．出銑口から火花を含んだ炎が 2 m ほど水平に噴き出す．原料装荷 1：細い銑鉄 2 kg，コークス 2 kg，石灰石 300 g：最初の 4 回の装荷原料はこの割合．
13 時 17 分	溶銑の「初湯」流出．流れ出るままにする．
13 時 18 分	原料装荷 2：細かい銑鉄とコークス，石灰石．
13 時 21 分	原料装荷 3：細かい銑鉄とコークス，石灰石，砕いた流出銑．
13 時 25 分	原料装荷 4：細かい銑鉄とコークス，石灰石．出銑口から溶銑が流出，粘土で塞ぐ．
13 時 30 分	原料装荷 5：固体の銑．出銑口前に深さ 20 cm 幅 50 cm の穴を掘る．
13 時 34 分	原料装荷 6：大きめの銑鉄 3.5 kg，コークス 2 kg，石灰石 300 g　．これ以降の銑鉄量は 3.5kg.
13 時 38 分	原料装荷 7：銑鉄，コークス，石灰石．
13 時 42 分	原料装荷 8：大きめの銑鉄塊，コークス，石灰石．鋳型 3 組セット．
13 時 46 分	出銑：粘土内張の柄杓に溶銑を受け，直に湯返し口から炉に戻す．2 回．
13 時 49 分	原料装荷 9：大きめの銑鉄塊とコークス，石灰石．
13 時 50 分	出銑・第 1 回鋳込：余りを湯返し口から炉に戻す．
13 時 52 分	原料装荷 10：大きめの銑鉄塊とコークス，石灰石．
13 時 53 分	出銑・第 2 回鋳込：余りを湯返し口から炉に戻す．
13 時 57 分	原料装荷 11：大きめの銑鉄塊とコークス，石灰石．
13 時 58 分	出銑・第 3 回鋳込：余りを湯返し口から炉に戻す．
14 時 6 分	原料装荷 12：大きめの銑鉄塊とコークス，石灰石．
14 時 9 分	出銑・第 4 回鋳込：余りを湯返し口から炉に戻す．
14 時 13 分	原料装荷 13：新しい銑鉄インゴット 1 個とコークス，石灰石．
14 時 17 分	出銑・第 5 回鋳込：余りを湯返し口から炉に戻す．
14 時 26 分	原料装荷 14：大きめの銑鉄塊とコークス，石灰石．
14 時 35 分	原料装荷 15：大きめの銑鉄塊とコークス，石灰石．
14 時 37 分	出銑・第 6 回鋳込：鋳型 3 個．余りを湯返し口から炉に戻す．
14 時 44 分	出銑・第 7 回鋳込：鋳型 2 個．余りを湯返し口から炉に戻す．
14 時 47 分	原料装荷 16：銑鉄インゴット 1 個とコークス，石灰石．
14 時 49 分	出銑・第 8 回鋳込：鋳型 3 個．余りを湯返し口から炉に戻す．
14 時 54 分	スラグ流出．原料装荷 17：コークス装荷．石灰石を多めに装荷．
15 時 1 分	出銑・第 9 回鋳込：鋳型 3 個．余りを湯返し口から炉に戻す．
15 時 3 分	原料装荷 18：大きな木炭銑 1 個，コークス，石灰石．
15 時 4 分	出銑・第 10 回鋳込：小さい鋳型 2 個．余りを湯返し口から炉に戻す．
15 時 7 分	出銑・第 11 回鋳込：小さい鋳型 8 個．余りを湯返し口から炉に戻す．
15 時 12 分	原料装荷 19：コークスと小さい銑鉄クズ．
15 時 23 分	出銑・第 12 回鋳込：鋳型 2 個．残り湯を砂で造った溝に流す．
15 時 25 分	送風停止．出銑を行い，柄杓で受けて砂で造った溝に流す．

13 時 9 分，送風を開始する．操業内容を表 17-1 に示す．

原料を図 17-5 に，出銑の状況を図 17-6 に示す．銑鉄が溶融すると炎の中に沸き花が激しく発生した．

約 2 時間の間に約 8 分間隔で銑鉄塊 2 kg を 4 回と 3.5 kg を 19 回入れて合計 66 kg を溶融し，出銑と鋳込みを 11 回行った．コークスは 30 kg，石灰石は 4.5 kg 消費した．

10 時頃火入れを行い，3 時間かけ，自然通風で木炭を燃焼させてゆっくり温度を上げる．1 時に原料を装荷し始め，15 分ほどで銑鉄が出始める．1 時 50 分には鋳込みが始まる．時々，銑鉄を湯返し口から返すのは溶銑温度が上がっていないからである．また，鋳型の湯溜り口の残り湯も返す．出銑

図 17-5　銑鉄原料（中央と左）とコークスと石灰石（右）

図 17-6　出銑作業．柄杓を出銑口前に掘った穴に入れ，溶銑を受けている．出銑口を塞ぐため松の棒の一端に円錐状に粘土を付けている．

口は粘土で塞ぐが，溶銑の圧力が強く，松の丸棒で押しつけねばならないほどである．5 時間を超す作業であったが，特に銑鉄の溶融および鋳込みが始まると分単位の作業となり大変忙しい．作業長の田山氏の話では，銑鉄塊は 10 cm 位でも溶融するという．石灰石は木炭灰を溶かしノロの流れを良くするために入れる．銑鉄中にシリコンが多いと「やわい」銑になり，これでは鉄瓶は作れない．シリコンを減らし「かため」の銑で白銑に近いものが良い．鋳型の中子には細かく挽いた木炭粉を塗る．コークス粉ではガス抜けが悪く，製品の表面に空洞ができる．このように丁寧に説明される田山氏は昭和 41 年から住込みで働いておられる．月に 2 回は溶融作業を行うとのことである．

17-4　永田式木炭燃焼型こしき炉

17-4-1　永田式こしき炉の構造

図 17-7 に炉の設計図を示す．まず厚さ 3 mm の鉄板をコンクリートの地面に敷き，その上にコンクリートブロックを 6 個並べた．これは地面からの

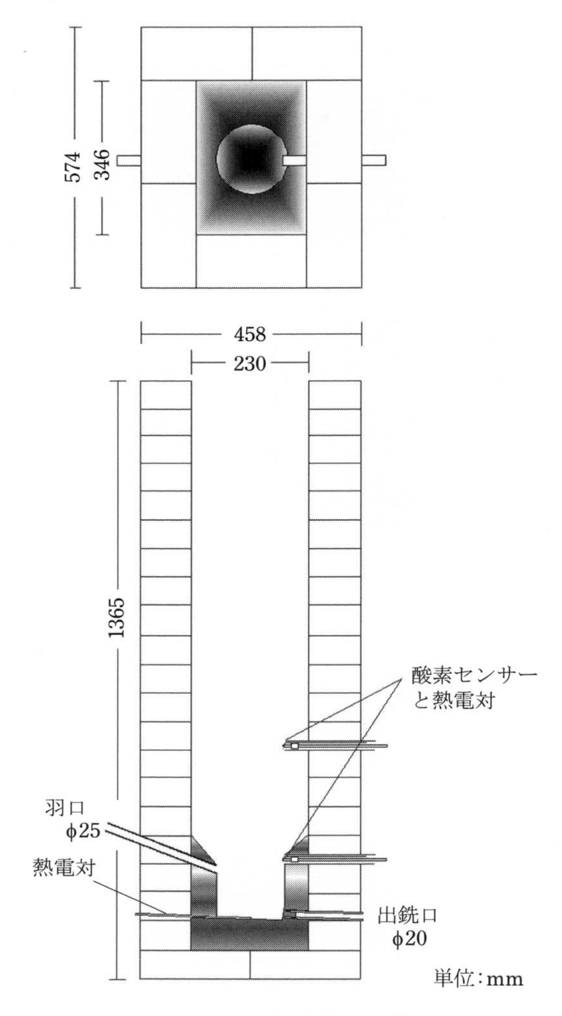

図 17-7　永田式こしき炉

湿気を防ぐためである．そして，ブロックの上に耐火レンガで炉を築いた．炉内の断面はレンガ1枚と1枚半の長方形で，230 mm × 346 mm である．高さはレンガ21枚で1365 mm である．炉内の深さは1235 mm でこれを断面寸法の平均288 mm で割ると，その比は4.3になる．

炉底は，耐火モルタルと木炭粉末を1：1（容量比）で混合し水で良く練った粘土をレンガ1枚分の厚さに塗った．その上レンガ3枚分の高さで囲ったレンガの内部にその粘土を厚く塗って，炉下部中央に直径150 mm，深さ130 mmのルツボを作り，溶銑溜めとした（図17-8）．長辺側の下から5枚目のレンガの中央に内径1インチ（25 mm）の鉄管1本を斜め下，約20度の角度に設置し羽口とした．羽口管には塩ビ製のT字管を取り付け，一方の端に透明なアクリル板を接着した．そして，その上を緑色のセロファン紙2～3枚で覆って炉の内部が観察できるようにした．炉内には約50 mm突き出し，同じ粘土で厚く覆い保護した．羽口と反対側の炉底に内径20 mmのアルミナ管を外側に少し傾斜させて設置し，出銑口とした．出銑口の前にはレンガで囲った砂場を作り，ここに溶銑を流し出した．また，炉底は出銑口側が低

図17-8　こしき炉下部

くなるように少し傾斜を付けて銑鉄を流出しやすくした.

炉内温度と酸素分圧測定は，羽口前面の壁近傍とその上 260 mm の 2 か所で測定した．内径 20 mm のアルミナ管を炉内に 50 mm 出るようにレンガの間に設置し，その中に酸素センサーと熱電対を差し込んだ．センサー先端とアルミナ管外側には綿状のアルミナ繊維を詰めた．図 17-9 には炉の外観とセンサーの設置位置を示す．さらに炉底の温度も測定した.

17-4-2　こしき炉内の温度と酸素分圧の分布

木炭の燃焼速度が 10 分間に 10 ～ 15 cm になるように送風量を調整した. 第1回目の銑鉄塊数個を1 kg装荷した. 木炭は10分ごとに減量分を補充した. 30 分後，2 回目の銑鉄を装荷した．その後銑鉄塊を 1 kg ずつ 10 分おきに装荷し，合計 5 kg 入れた．50 分後，出銑した．銑鉄が溶融すると沸き花が激

図 17-9　こしき炉と酸素センサー

しく発生した．出銑口のアルミナ管内に詰めた粘土を鉄棒と金槌で突き，溶融銑鉄を砂場に流し出した（図 17-10）．出銑した量は 4.8 kg で投入量の 96％

図 17-10　出銑

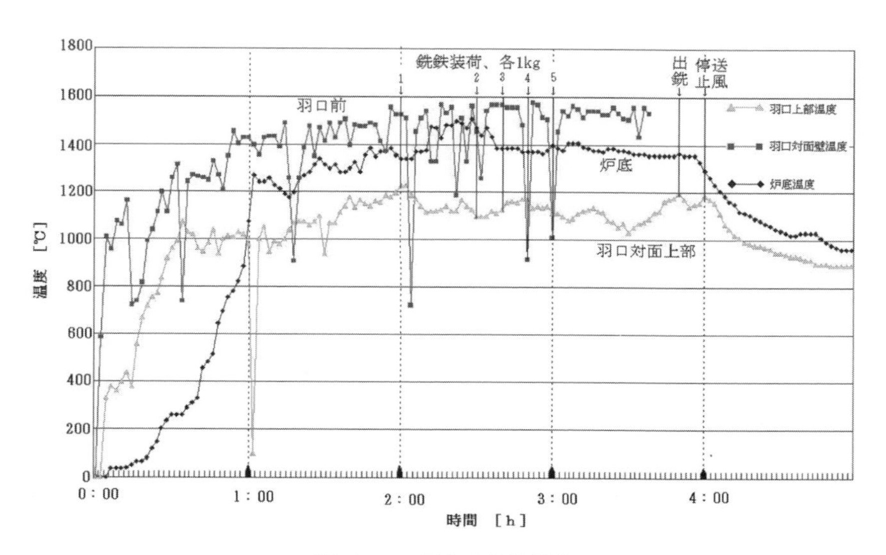

図 17-11　炉内の温度変化

であった.

炉内の温度変化を図 17-11 に示した．羽口前の温度は送風開始からすぐに上昇し，1 時間後には 1400℃に到達し，2 時間以降は 1550℃を示した．この温度は高温のガスの温度である．木炭が熱電対の前に入ると高温ガスが当たらないので低い温度を示し，変動が大きい．その上の 260 mm の位置の温度は 1100 ～ 1200℃の間で変動した．一方，炉底温度は最初の温度上昇は遅いが次第に早くなり，2 時間後には 1400℃を示したが，その後も 1500℃の間で変動した．2 時間後に銑鉄塊を 1 kg 装荷した．その効果は約 30 分後に現れ炉底温度が 1400℃で安定した．これは溶融銑鉄が炉底の溶銑溜めに落ちてきたためであり，その後も銑鉄各 1 kg ずつ装荷したが，温度は安定した．これは炉底の熱電対が溶融銑鉄の温度を測定していることを示している．

酸素センサー内に挿入した熱電対は壁際の温度を測定しているので，炉の中心部はもう少し温度が高くなっている．炉内の温度分布は，炉底が 1400℃で，羽口前が 1500℃，その上 260 mm の位置が 1200℃で，上に向って温度が低下している．木炭の燃焼は約 600℃から始まる．羽口前では木炭が空気で燃焼して発熱し，高温ガスが上昇する．同時に CO_2 ガスを発生する．

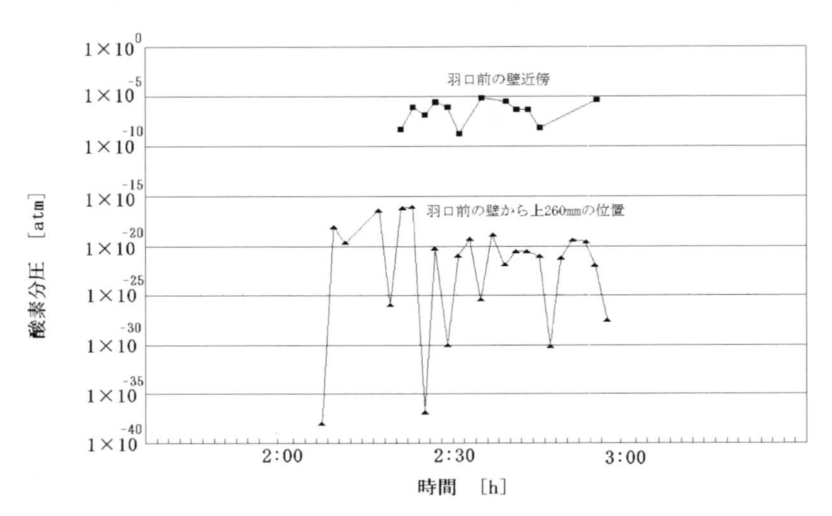

図 17-12　炉内の酸素分圧変化

CO_2 ガスは上昇しながら木炭と反応して CO ガスになる．この反応は吸熱反応なので，炉内を上昇するにしたがって熱を吸収するので温度は下がる．

炉内の酸素分圧を図 17-12 に示した．羽口前の壁近傍では 1×10^{-5} 気圧で，その上 260 mm の位置では 1×10^{-20} 気圧であった．上述のように，羽口前では木炭が燃焼して CO_2 ガスを発生するので，酸素分圧は高い．ガスが炉内を上昇するにつれ，CO_2 ガスは木炭と反応して減少し CO ガスが多くなるので，固体炭素と CO ガスの平衡酸素分圧に近づく．すなわち，羽口上 260 mm の位置では酸素分圧が低いので脱炭速度は遅く，羽口前では酸素分圧は高いが溶銑は速く流れ落ちるので，銑鉄の脱炭はほとんど起こらない．

17-5　銑鉄の溶融機構

木炭あるいはコークスを用いた場合でも銑鉄が溶融すると沸き花が発生するので指標となる．

木炭の燃焼は主に羽口前で起こり消費されるので，木炭は羽口前に落ちてくる．銑鉄塊は木炭の降下に伴って降りるので，その降下速度は 10 分間に 15 ～ 20 cm である．装荷された銑鉄塊は 30 分で 45 ～ 60 cm 降下し，炉の中央より少し上まで達する．その位置の温度は鉄－炭素系合金の共晶温度 1154℃より高い温度である．いったん銑鉄が溶融すると木炭の隙間を通って流れ落ち，温度を上げながら炉底の溶銑溜めに溜まる．炉底の熱電対は溶銑温度を測定する．溶銑の熱容量は大きいが，溶銑溜めに溶銑が溜まると熱はその上部で燃焼する木炭からしか与えられないので，溶銑温度は少しずつ低下する．そこで，銑鉄塊を一定間隔で休みなく装荷し，次々と出銑することで，溶銑の温度低下を防ぐことができる．実際，鈴木盛久工房で行われた溶融・鋳造作業は，約 10 分間隔で銑鉄塊とコークス，石灰石を装荷し，数分間隔で出銑して，温度が低いとすぐに湯返しに溶銑を戻していた．

17-6　明治期までのこしき炉と現代のこしき炉の違い

明治期までのこしき炉と現代のこしき炉の構造は大きく異なっている．こしきの内径と高さの比は前者が 2.5 に対し，後者は 5.0 で倍違う．羽口は前者が内径 100 mm の管で冷風を吹き込むのに対し，後者は内径 25 mm の羽口 3 本から余熱した空気を吹き込んでいる．すなわち，明治期までのこしき炉では風をそれほど強くは送っていない．これは木炭の燃焼開始温度が 600℃と低いので強く吹かなくても木炭の燃焼が起こり，高温ガスが生成する．また，強く吹くと軽い木炭は流動化し，羽口前に空洞ができるばかりでなく，木炭が炉から吹き飛ばされる．結局，高温は得られなくなる．「色見口」から羽口（大寸）先を観察すると銑鉄が溶け落ちるのが見えたと報告されている．

一方，燃料にコークスを用いた現代こしき炉の場合は，その燃焼開始温度は 800℃なので，余熱した空気を強く吹きつけないと充分な燃焼が起こらない．送風圧力の小さいシロッコファンでは炉の内径を大きくすると内部まで風が入らないので，炉の内径は大きくできない．結局，炉上部から炎が強く吹き出す状態で操業が行われる．コークスの燃焼温度が高いので，溶銑温度を高くすることができるが，コークス中にある硫黄が銑鉄中に溶解する．銑鉄中の硫黄濃度が高くなると鋳物が割れやすくなる．そこで脱硫剤として石灰石を装荷する．石灰石を入れるとスラグが生成する．そのため，羽口に炉内部を観察する蓋が設置されており，時々内部を観察して，スラグが羽口まで上がってくる場合は，「ル」上部のノロ出し口からスラグを流出させた．

木炭燃焼のこしき炉では，木炭中にカルシウム成分が含まれており灰分もあるが，スラグの生成量は多くない．木炭に含まれる硫黄濃度は低く，また，たたらで製造した銑の硫黄濃度が低いので，溶解した銑鉄中の硫黄濃度が上昇することはない．したがって，石灰石を装荷せず，スラグの発生量も少ないのでノロ出し口は設けてない．しかし，全くできないわけではないので，大量に溶融する時は複数ある出銑口から適宜排滓を行っていた．

第18章　鍛接と沸き花

18-1　沸き花は鉄溶融の指標

鉄を鍛接する際，その状態を把握するために多くの鍛冶屋が指標とするのが「沸き花」と呼ばれる炎の中に白く明るく見える細かい火花である（図18-1，図18-2）．鋼片ブロックを金床の上に乗せ，金槌で叩くと真っ赤に溶けたFeOのノロ（スラグ）が飛び散る（図1-3）．

鍛冶屋は経験的に沸き花の出方を見て鋼を鍛接する時期を決めている．たたら操業では，湯路から出る炎に交じって発生する沸き花で鉧の生成を確認できる．こしき炉では銑の溶融時に激しく沸き花が発生する．

和鉄の鍛接機構は表面が溶融すれば確実に接着する．2枚のガラス板の間に水を入れるとピッタリ張り付く現象と似ている．沸き花は鋼の炭素濃度を推定する火花試験で発生する火花と同じである．飛び出した鉄粉が空気中の酸素で酸化され，発生する反応熱で加熱され高温になって発光する．この鉄

図18-1　鋼塊加熱中に炭火の炎に現れた沸き花（白い火花）

図 18-2　火床から取り出した鋼塊から発生する沸き花

粉はどのようにして炉から飛び出してくるであろうか．

18-2　鍛錬中の鋼材の温度と酸素分圧の変化

18-2-1　積沸し鍛錬

原料には日本美術刀剣保存協会の玉鋼1級品および2級品を用いた．鍛接の開始時期は刀匠により個人差がある．そこで，2人の刀匠に鍛錬を依頼した．

積沸し鍛錬では，玉潰した鋼片の積上げ時に手子台上3段目の鋼片の間に酸素センサー(付録3参照)と熱電対を設置した(図18-8)．図18-3に火床に設置した様子を示す．1回目の仮付けは金床の上で酸素センサーが破壊されない程度に金槌で軽く叩いた．藁灰を塗し，泥を掛けて再び火床に入れ，加熱した．5分ほどで沸き花が出始めたが，10分以上待ち加熱が均一になるのを待って，金床上で少し強く叩き2回目の仮付けを行った．再び泥を掛けて火床で加熱し，手子を炉中で時計と反対方向に180度回転させる「手子返し」を行った．沸き花が盛んに出たところで取り出し，3人の向う槌で順番に強

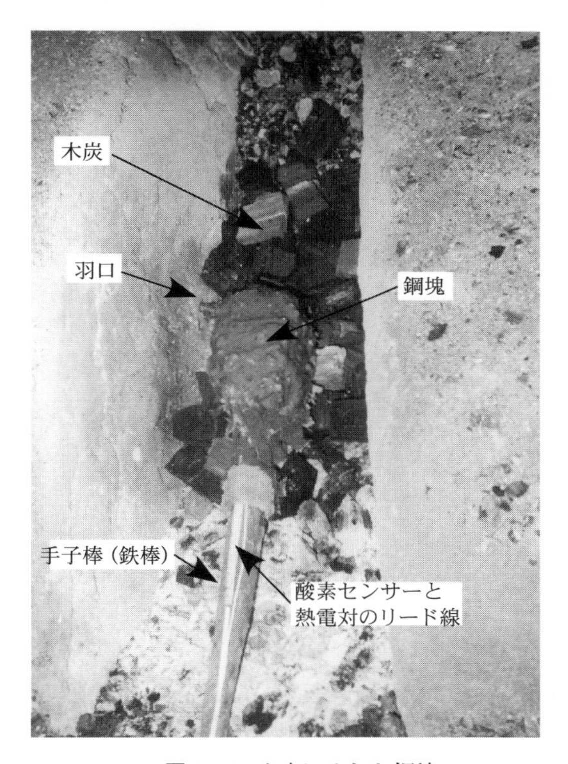

図 18-3　火床に入れた鋼塊

く打ち回し本付けを行った（p.47 図 5-2）.

18-2-2　折返し鍛錬

3 回折返し鍛錬を行った鋼片の中心部に鏨で溝を手子棒方向に彫り，その溝に酸素センサーと熱電対を設置した．鋼片 1 枚を酸素センサーと熱電対を間に挟んで重ね，藁灰を塗し，泥を掛けた．これを火床に入れ，仮付けを行った．藁灰を塗し，泥を掛けて再び火床で加熱し，沸き花が出た後に炉から取り出し，金床上で 3 人の向う槌で強く叩いて折返し鍛錬を行った．

18-2-3　鍛錬中の温度と酸素分圧

仮付け，本付けおよび折返し鍛錬時における鋼片ブロック中の温度と酸素分圧を表 18-1 に示す．図 18-4 に，積沸し時の温度と酸素分圧の経時変化

表 18-1　鍛錬中の温度と酸素分圧

試料 No.	時間（分）	作業内容	温度（℃）	Po_2（atm）	炭素活量
1-1	33	沸き花出始め	1132	1.44×10^{-15}	
	47	仮付け 1 回目	1260	4.53×10^{-15}	0.064
	55	仮付け 2 回目	1247	1.94×10^{-15}	0.091
	61	本付け	1252	9.21×10^{-16}	0.135
1-2		仮付け 1 回目	1294	6.97×10^{-15}	0.063
1-3		折返し鍛錬	1247	2.25×10^{-15}	0.084
1-4		仮付け 1 回目	1330	9.89×10^{-15}	0.064
		本付け	―	―	
1-5		仮付け 2 回目	1222	6.19×10^{-17}	0.437
		本付け	1247	2.02×10^{-16}	0.079
1-6		仮付け 1 回目	1330	2.04×10^{-14}	0.044
		仮付け 2 回目	1316	1.77×10^{-14}	0.044
		本付け	1346	―	
2-1		仮付け	―	―	
2-2	17	沸き花発生	1233	―	
	19	仮付け	1255	―	
	27	本付け	1265	―	
2-3	18	沸き花発生	1250	―	
	21	仮付け	1244	―	
	28	本付け	1287	―	
2-4	17	沸き花発生	1237	―	
	19	仮付け	1273	―	
	25	本付け	―	―	

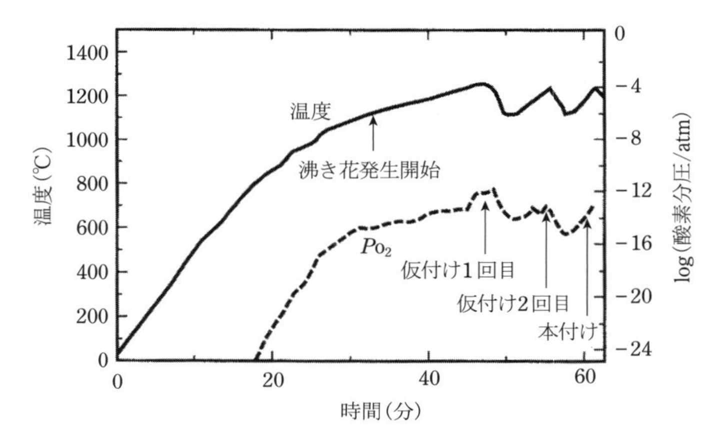

図 18-4　積沸し鍛錬中の温度と酸素分圧変化（試料 No.1-1）

を示す．積沸しの手子棒を火床に設置し，加熱後 25 分後には 1000℃に達し，酸素分圧は 7.2×10^{-19} atm になった．33 分後には，1132℃になり沸き花が観察され始める．42 分後には，炎が橙色になり沸き花が多く観察された．この時の温度は 1220℃，酸素分圧は 2.5×10^{-14} atm である．47 分後，温度が 1270℃に達したところで，手子を火床から取り出し 1 回目の仮付けを行った．温度は，1260℃に下がり，酸素分圧は 5.1×10^{-13} atm になる．1 分後再び火床に手子棒を入れ，加熱した．仮付け作業中に温度は取出し時より 150℃程度下がるが，再び上昇し，5 分後には 1190℃で沸き花が出始め，55 分に 2 度目の仮付けを行った．この時の温度は 1247℃，酸素分圧は 7.8×10^{-14} atm である．手子を再び火床に入れ，再加熱を行った．61 分後には 1260℃に達し，本付けを行った．酸素分圧は 1.2×10^{-13} atm である．

図 18-5 には，もう 1 人の刀匠による鍛錬時の温度変化を示す．この場合，積沸しの手子棒を火床に設置し，加熱開始後 25 分で 1000℃に達している．30 分には沸き花が出始め，40 分には，1244 ～ 1273℃まで達し，仮付けを行った．温度は，1120℃までいったん下がるが，再び火床に入れ加熱を行い，50 分に本付けを行った．この時の温度は，1265 ～ 1287℃である．酸素分圧は

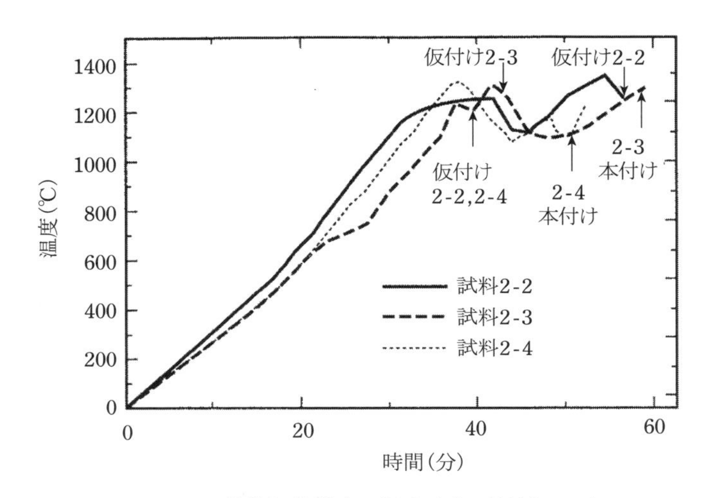

図 18-5　積沸し鍛錬中の温度変化（試料 No.2）

測定できなかった．溶融したノロが酸素センサーの白金リード線を切断したためである．

鍛接時本付けの鋼片ブロック内の平均温度は2人の刀匠とも約1300℃で，酸素分圧は10^{-15} atm程度である．COガス分圧を1 atmとすると，鋼中の炭素活量は約0.074になる．鋼材の炭素濃度は約0.9 mass％なので，脱炭している．

18-3　加熱中の炎の色の変化

加熱の初期では炎は透き通る青色で，木炭から発生するCOガスの燃焼の色である．しばらくすると炎は淡い紫色になり，さらに10～20分後に炎が赤黄色になる．淡い紫色はカリウムの炎色反応である．赤黄色はナトリウムの炎色反応であり，輝度の強いD線（波長589.6 nmと589.0 nm）である．これはノロ中の酸化ナトリウム（Na_2O）の活量が，酸化鉄が混入することにより上がり，酸化ナトリウムの蒸気圧が高くなるためである．

表18-2に藁灰の組成を示す．藁灰はシリカ（SiO_2）を主成分とし酸化カリ

表18-2　木炭と藁灰の組成（mass％）

木炭	灰分	組成						
		SiO_2	Fe_2O_3	Al_2O_3	CaO	MgO	K_2O+Na_2O	P_2O_5
樫	1.77	1.3	1.8	0.3	63.0	6.9	22.5	3.6
クリ	1.36	0.3	1.7	4.3	58.7	3.4	28.3	3.2
藁灰		80.6	0.2	−	2.3	2.1	(K_2O) 12.8	1.9

表18-3　鍛錬中のノロの成分組成（mass％）

酸化物	FeO	SiO_2	K_2O	Al_2O_3	CaO	MgO	Na_2O
ノロ（A）	71.59	20.19	2.16	2.45	1.87	0.82	0.23
ノロ（B）	27.12	56.53	6.06	3.77	3.29	1.38	0.54
ノロ（C）	99.72	−	−	−	−	−	−

ノロ（A）：鍛冶炉の羽口下の底から採取．
ノロ（B）：鋼塊を覆っていたノロ．
ノロ（C）：鍛造時に鋼塊から飛び出したノロ．

ウム (K_2O) のアルカリ金属酸化物を多く含む．泥はケイ石 (SiO_2) が主成分である．ベントナイトはモンモリトナイト ($(Na,Ca)_{0.33}(Al,Mg)_2Si_4O_{10}(OH)_2 \cdot nH_2O$) を主成分とする粘土の総称で，中性からアルカリ性を示す．表 18-3 のノロ (B) は手子台上の鋼片に塗されていた藁灰や泥が溶融したものであり，K_2O 濃度が高い．ノロ (C) は鋼材の界面に生成した FeO である．

図 18-6 に示す SiO_2-K_2O-FeO 系状態図で見ると，藁灰と泥汁の組成の C 点で約 1000℃で溶け始める．これに鉄酸化物の FeO が溶融した灰に溶け込むと灰の融点は次第に上昇し，A 点近傍の組成になり，約 1200℃で溶ける．鍛接は羽口前で温度約 1300 ℃に加熱されるので藁灰と泥汁は溶融して鉄塊を包み込む．

硼砂は $Na_2B_4O_7 \cdot 10H_2O$ を主成分とする鉱物で，350 から 400℃で脱水し 742.5℃で溶融する．酸化ホウ素 (B_2O_3) は，融点が 480℃でありガラス質で，溶けて多くの金属酸化物を溶融する．木炭の灰分は SiO_2 と酸化カルシウム (CaO) を主成分とし，Na_2O を含む．SiO_2 と CaO や Na_2O，K_2O は強く結合

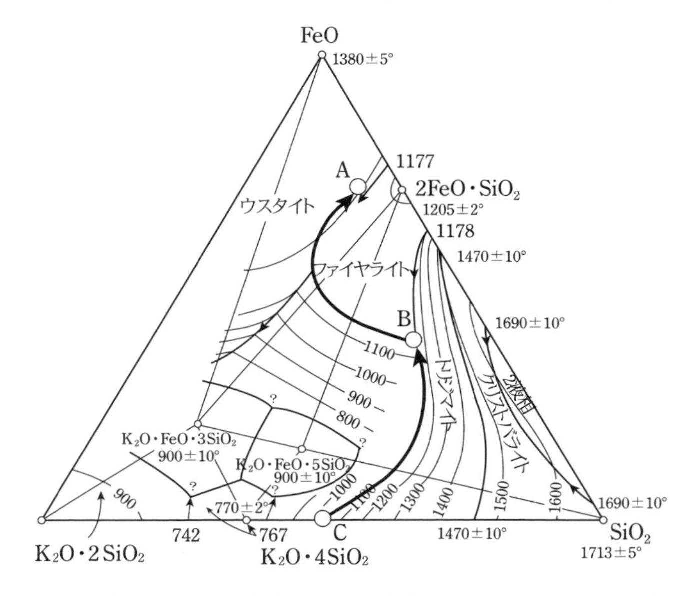

図 18-6 藁灰と泥の組成 (C) から鋼塊中のノロの組成 (A) への変化

して溶融スラグを作る．酸化鉄（FeO）が生成するとスラグと反応してNa_2Oの蒸気圧が高くなる．したがって，炎が黄色になるのは溶融ノロが生成したことを示している．藁灰と泥は溶融し鋼材全体を覆うが接合面にはほとんど侵入しない．これが入ると「石気（いしけ）」と称する疵の原因となる．

30～40分後には，炎の色は橙色になり，直後に炎の中に細かい白い火花である沸き花が出始める．

18-4　沸き花の発生

沸き花は炎全体に広がり，図18-1に示すように，次第に炎の上部でも盛んに見られるようになる．沸き花は枝分かれし，炉内からは細かく沸騰する音がする．

手子と鋼片ブロックを炉から取出す時も，鋼片ブロック表面の溶融ノロは細かい沸騰音を立てており，図18-2に示すように，表面から沸き花が発生する．この音を「しじる」という．COガス気泡の発生音である．

この工程では，鉄片の表面が急速に酸化して脱炭すると同時に鉄が酸化し発熱する．木炭の燃焼温度と鋼材の平均温度は約1300℃であるが，鋼材の表面の酸化により温度は15分で250℃上昇し1550℃近くに達する（付録4参照）．同時に，鋼の表面は約0.2 mass％にまで脱炭し，融点が1528℃以上に上昇する．

この時，図18-7に示すように，表面にCOガスの小さな気泡が1気圧以

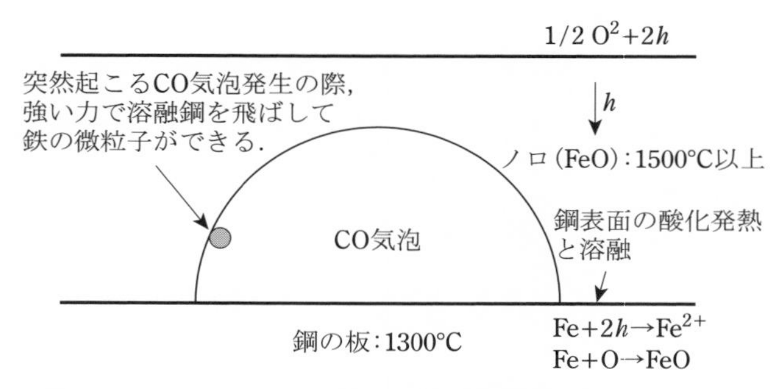

図18-7　沸き花の発生機構．鉄の微粒子が沸き花になる．

上の強い圧力で発生し，鋼の表面が溶融していると鋼の微粒子を取り込む．この微粒子が空気中に放出され，酸化する時，反応熱で高温になり発光する．これが「沸き花」である．さらに，鋼の微粒子に含まれる炭素が酸化されてCO ガス気泡を強い圧力で生成し破裂するので，沸き花に枝ができる．この現象は，鋼の炭素濃度を推定する火花試験と同じ現象であり，枝の出方で炭素濃度を推定することができる（図 2-5 参照）．

沸き花はたたら製鉄工程の特徴であり，鉄が溶けるとき必ず発生するので，鍛接時の指標になっている．

鉄の表面や接合界面は溶融 FeO で覆われているが，空気中の酸素は次の機構により見かけ上高速で移動する．空気中の酸素ガスはイオン化して O^{2-} として FeO 中に入り，同時に鋼の表面近傍の酸素イオン O^{2-} が鉄を酸化する．この時，正孔（電子欠陥，h）が Fe^{2+} や O^{2-} の約 1000 倍速く高速で移動する．

$$1/2O_2\,(\text{空気中}) \rightarrow O^{2-}\,(\text{FeO 中}) + 2h\,(\text{FeO 中}) \qquad (18\text{-}1)$$

$$O^{2-}\,(\text{FeO 中}) + Fe + 2h\,(\text{FeO 中}) \rightarrow FeO\,(\text{FeO 中}) \qquad (18\text{-}2)$$

正孔の移動に対し，電気的中性を維持するため，Fe^{3+} イオンが移動する．特に，CO ガス気泡が発生し FeO 融体中を移動するので激しい撹拌が起こり Fe^{3+} イオンの供給が促進される．したがって，見かけ上酸素は高速で鋼片表面に供給され鉄の酸化を促進する．

18-5　なぜ鍛接できるか

沸き花の発生は鋼材表面が溶融していることを示しているので，鋼材どうしの接触で溶接する．鍛造により確実に溶接することができる．

図 18-8 (a) には仮付けを 1 回行った試料 (No.1-2) の断面を示す．軽く鍛造したもので充分鍛接できていない．一番下が手子台で酸素センサーと熱電対が 2 段目の鋼片の間にある．同図 (b) には鋼ブロック試料 No.1-3 の中央部分の手子棒に直角な断面を示す．これは折返し鍛錬で，仮付けと本付けをそれぞれ 1 回行った試料である．中心に溝を掘って設置した酸素センサーと熱電対が見える．鍛接面は良く接合しているが，センサーの固体電解質は崩壊している．

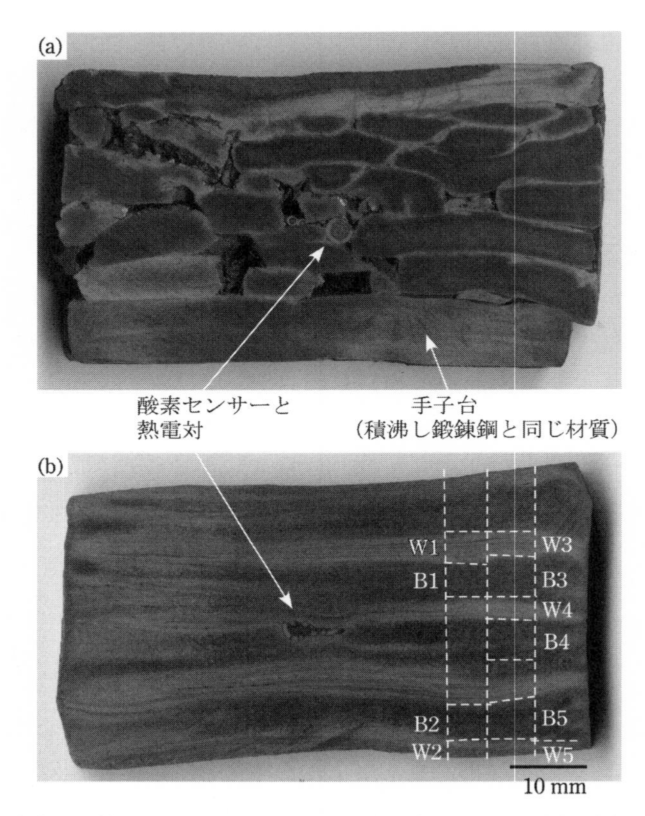

図 18-8　積沸し鍛錬の仮付け (a) と折返し鍛錬の本付け (b) 後の鋼塊断面の炭素濃度分布．白い層 (W) は約 0.25 mass% C，黒い層 (B) は約 0.92 mass% C (鋼塊初期濃度)．

表 18-4　図 18-8 (b) の鋼材中の炭素濃度

白色部分	mass% C	黒色部分	mass% C
W1	0.2676	B1	0.9655
W2	0.3261	B2	0.9168
W3	0.2333	B3	0.8820
W4	0.2269	B4	0.9167
W5	0.2063	B5	0.9124
平均	0.2520	平均	0.9187
標準偏差	0.0469	標準偏差	0.0299

図の断面には，黒い層と白い層が交互に積層しているのが観察される．どの鋼ブロック試料も同様な層ができており，接合面は白い部分にある．白い部分はフェライト組織でその両側にある黒い部分はセメンタイトとパーライトの組織である．図の点線の枠で示す白い層と黒い層の炭素濃度を表 18-4 に示す．白い層は 0.2 から 0.3 mass％ C の範囲にあり平均 0.25 mass％ C である．一方，黒い層は平均 0.9 mass％ C である．明らかに鍛接界面は脱炭している．また，鍛接面に微小な FeO 介在物が残留している．

鍛接面近傍の炭素濃度が 0.2 ～ 0.3 mass％なので融点は 1470℃近傍にある．一方，鋼材の温度は 1300℃である．図 18-4 に示すように 1190℃で沸き花が出始めてから 1290℃で仮付けするまでの時間は 15 分である．この間に，鍛接界面は鋼片の表面が酸化し，発熱して 1550℃以上になる．γ-Fe は 1528℃で溶融 FeO と包晶反応し，酸素を 0.16 mass％溶解する溶融鉄を生成する．鋼材表面は濡れたように溶融する．したがって，接触あるいは軽く叩いただけで鍛接する．

第19章　和鉄はなぜ錆び難いのか

19-1　錆び難い和鉄

和鉄は，錆び難いという特徴がある．その理由については様々な見解が出されている．西岡常一は著書「木に学べ」の中で，炭素濃度の不均質な和鉄から作った釘，すなわち和釘について，炭素濃度の高い部分で錆が止まるとしている．古主は，66666建築用和釘の表面の錆を分析し，鉄地金と錆の間に10 nm程度の大きさの微細な多結晶のFeOが生成していることを示した．井垣は，ホウ酸系緩衝液中で測定したアノード分極曲線から，和鉄が非常に小さい不働態維持電流を示し，高い耐食性を持つことを示した．そして，和鉄の表面に形成されるFe_3O_4の酸化皮膜である「黒錆」の形成が腐食の進行を抑制しているとした．W.E.O' グラディは，フェライト相はセメンタイトより不働態維持電流が小さく耐食性が優れること，パーライト相では不働態皮膜の生成が抑制され，不働態維持電流が上昇することを明らかにした[37]．

一般に，水滴が鉄表面に付着すると，空気から水滴に溶解した酸素が空気 - 水滴 - 鉄の3相界面近傍で電子を取ってOH^-イオンを生成し，一方，鉄と水滴の接触面の中心部で鉄が電子を放出してFe^{2+}イオンとして溶解する．さらにFe^{2+}の一部は酸素によりFe^{3+}に酸化される．これらのイオンは水酸化鉄として沈殿し，脱水や縮合を経て様々な錆の化合物を生成する．$Fe(OH)_2$，$Fe(OH)_3$，FeO，Fe_3O_4，α-FeOOH，β-FeOOH，γ-FeOOH，δ-FeOOH，α-Fe_2O_3，γ-Fe_2O_3，無定形錆などである．大気環境で生成する錆は，α-FeOOHを主成分とする赤錆が覆っている．赤錆は粗く保護性に乏しい．

このため，局所的な腐食が進行して孔食が多数発生し，穴が深くなると同時に次第に周囲に広がってゆく．現代の鋼は，湿気環境下では斑点状に赤錆が生成し，次第に広がって全面が赤錆で覆われる．

一方，同じ条件下で和鉄は瞬時に青みがかった黒錆の薄膜で覆われ，この薄膜が一旦生成するとその後の酸化は容易に進行せず耐食性を示す．黒錆は緻密な Fe_3O_4 結晶膜で地鉄に密着し，水や酸素を通さないので防食効果が高い. 遺跡から出土する鉄剣などは赤錆で覆われているが, 中心部には鉄が残っている場合が多い.

和鉄では瞬時に黒錆が生成し，孔食が起こらないのはなぜであろうか.

19-2　和釘中の過飽和固溶酸素濃度

古主らは，奈良時代から現代までの建築用和釘試料の酸素の分析値をまとめている．これを表19-1に示す．炭素濃度分布は不均質で濃淡が混在しているが，平均炭素濃度は0.02から0.35 mass%で包丁鉄を用いて製造していることがわかる．また，Si, Mn, P, S, Tiの不純物濃度が現代の普通鋼と比較して1桁低い．特徴的なのは酸素濃度が0.012～0.35 mass%と現代の鋼の0.002～0.003 mass%と比べて非常に高いことである．これらの分析値は化学分析により試料全体を分析しているので，鉄に溶解している酸素の他，酸化鉄 (FeO) やファイヤライト ($2FeO \cdot SiO_2$) などの介在物中の酸素を含めて測定している．そこで古主らは，微小領域分析装置 (EPMA) を用いて，介在物を含まない直径1～5 μmの範囲で鉄相中の酸素濃度を測定した．さらにその測定位置に酸化物化合物が存在しないことを高分解能透過型電子顕微鏡 (HRTEM) で観察した[37]．表19-2にその結果を示す．鉄中の溶解酸素濃度は0.153～0.383 mass%である．純鉄中の酸素溶解度は，δ-鉄で0.0084 mass%，γ-鉄で0.003 mass%，α-鉄はさらに小さい値であり，和釘中の酸素固溶濃度は過飽和になっている.

日本美術刀剣保存協会が実施している現代のたたら製鉄で製造した鋼（玉鋼1級，炭素濃度1.3 mass%）の上記のEPMAで測定した酸素濃度は表19-3に示すように0.153～0.206 mass%であり，過飽和に溶解している.

19-3　過飽和固溶酸素の成因

大鍛冶では脱炭が行われた．左下では，銑は溶融し流れ落ち，同時にその

表 19-1　和釘の化学成分組成（mass %）

木造建造物	年代		西暦	C	Si	Mn	P	S	Ti	O
法隆寺金堂	飛鳥・奈良	推古 15 年	607	0.10	0.004	tr.	0.033	0.004	<0.010	0.014
平等院鳳凰堂	平安	天喜元年	1053	0.35	0.039	0.01	0.030	0.003	tr.	0.043
				0.19	0.098	0.01	0.01	tr.	tr.	0.147
				0.20	0.082	tr.	0.014	0.003	0.145	0.220
				0.21	0.052	tr.	0.007	0.003	0.047	0.240
法隆寺金堂	鎌倉	弘安 6 年	1283	0.09	0.013	tr.	0.027	0.003	0.010	0.076
	江戸	慶長 8 年	1603	0.25	0.008	0.230	0.018	0.063	<0.010	0.009
平等院鳳凰堂	江戸	寛文 10 年	1670	0.30	0.030	tr.	0.030	0.002	0.044	0.190
備中国分寺		文政 4 年	(1821)	0.04	0.021	0.007	0.068	0.004	0.083	0.490
金光院		元禄	1700	0.09	0.003	0.003	0.041	0.005	0.002	0.064
				0.02	0.033	0.003	0.004	0.004	0.002	0.004
				0.04	0.064	0.003	0.024	0.004	0.018	0.350
専修寺		享保	1729	0.24	0.029	0.005	0.038	0.004	0.001	0.160
醍醐寺		明和	1770	0.16	0.006	tr.	0.038	0.001	0.025	0.012
大塚酒造	江戸		1900	0.07	0.005	0.810	0.055	0.028	0.001	0.032
SLCM（薬師寺復元）	現代		1900	0.09	0.01	0.010	0.001	0.002		0.003
高炉鋼（SPHC）			2000	0.04	<0.008	0.210	0.002	0.013	0.001	0.002

表 19-2　和釘の EPMA 分析による成分組成（mass％）

元素名	表層部酸素濃度			内部酸素濃度		
	No.1 奈良西大寺	No.2 亜沼美神社	No.3 z 備中国分寺	No.1 奈良西大寺	No.2 亜沼美神社	No.3 備中国分寺
Si	0.02	0	0.002	0	0	0.002
Mn	0	0	0	0	0	0
P	0.01	0.019	0.049	0.016	0.081	0.047
S	0	0	0.009	0	0	0.008
Ti	0	0.007	0	0	0	0
O	0.18	0.187	0.171	0.175	0.153	0.383
Fe	98.043	98.622	98.457	98.258	98.33	97.635
Al	0	0	0	0	0	0
Mg	0.001	0	0	0	0	0
Ca	0	0	0	0	0	0
	98.254	98.835	98.688	98.449	98.564	98.075

表 19-3　玉鋼中の固溶酸素濃度（mass％）

試料 No.	端	中央	他端
1	0.168	0.171	0.193
2	0.191	0.185	0.180
3	0.178	0.174	0.206
4	0.153	0.199	0.172
5	0.189	0.168	0.193
平均	0.18	0.18	0.19
標準偏差	0.016	0.013	0.086

表面は溶融 FeO のノロで覆われる．ノロは鉄中の炭素と反応して CO ガスの気泡を激しく発生させ，脱炭が進行する．この時，沸き花も盛んに発生する．温度は 1350 ～ 1400℃である．溶融した鉄の表面は FeO のノロで覆われるがその量は多くなく，歩留りは 100％である．

次の本場では，温度が 1400℃を超えるあたりから空気が直接当たっている左下鉄表面が酸化し始め，急速に温度が上昇して 1500℃を超える温度になる．鉄は溶けて流れ落ち，同時に溶融 FeO のノロが表面を液滴となって流れ落ちる．溶鉄の脱炭は空気中の酸素との反応で起こる．溶け落ちた溶鉄はノロで覆われすぐに凝固する．脱炭後，炉から取出し鍛造して包丁鉄にした．歩留りは 60 ～ 70％で鉄が酸化していることがわかる．

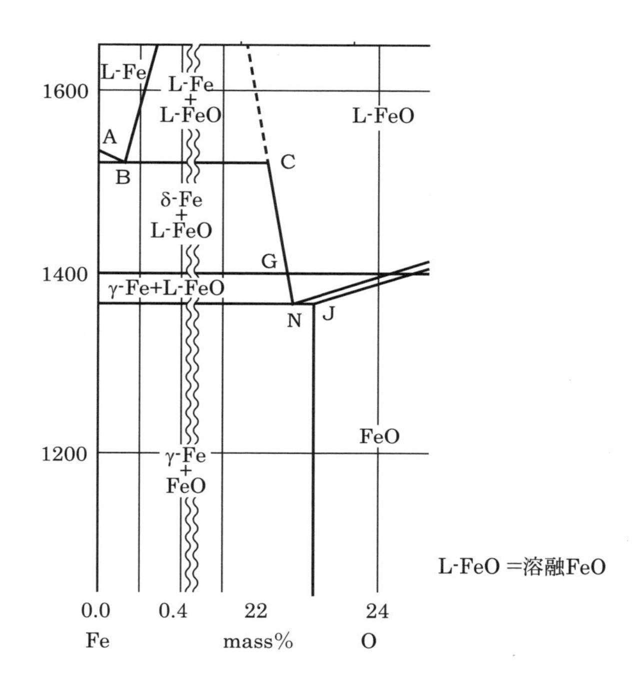

図 19-1 Fe-O 状態図：δ-Fe と溶融 FeO は 1528℃で，包晶点 B で酸素 0.16 mass% を含む溶鉄を生成する．

本場では，溶鉄と溶融 FeO が共存している．δ-Fe は 1528℃で溶融 FeO と包晶反応で酸素を 0.16 mass%溶解する溶鉄を生成する (図 19-1)．温度が高くなると酸素濃度はさらに大きくなる．炭素が溶解すると図 19-2 の Fe-O-C 系状態図に示すように，FeO と平衡する溶融鉄中の酸素濃度は増加する．化学分析値は大きくばらついているが，EPMA の分析値は，溶鉄と FeO との平衡近傍にあることがわかる．

本場では鉄塊に空気を当て，鉄を酸化して昇温させる．そして，1528℃を超える温度で鉄塊表面を溶融させ，脱炭と同時に FeO と共存する状態にする．鉄塊を回転することにより脱炭した部分は温度が下がって溶鉄はすぐに凝固する．酸素は溶鉄中に 0.16 mass% 以上溶解し，溶融と凝固を短時間に繰り返す．そのため，鉄中の酸素は過飽和固溶状態になる．

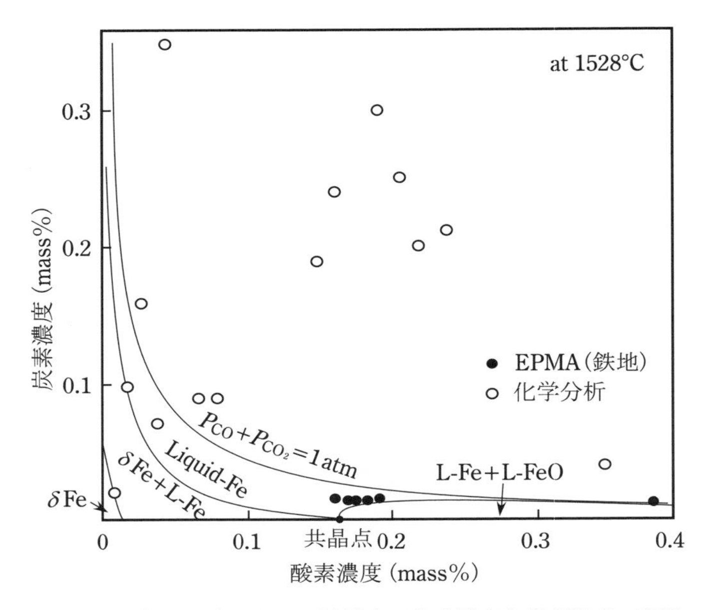

図 19-2 包晶温度における溶鉄中の酸素濃度と炭素濃度の関係

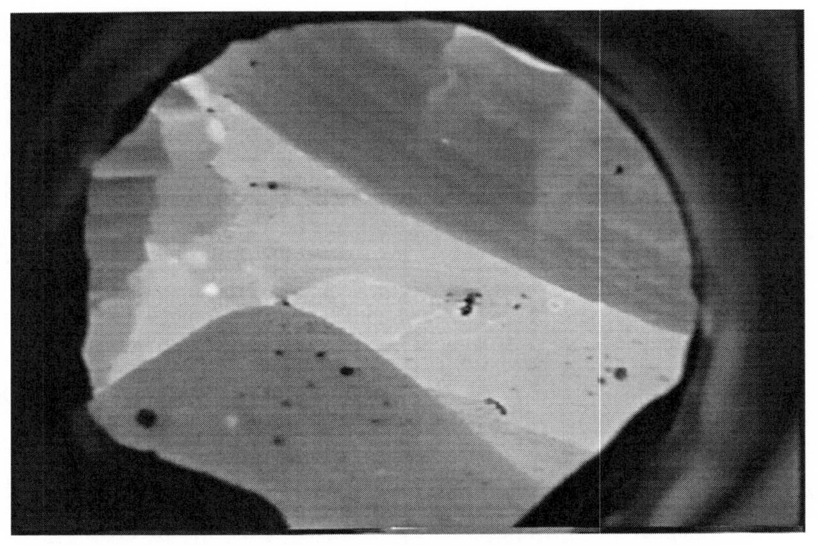

図 19-3 羽口前で発光する粒鉄．空気で酸素され反応熱で表面温度が上昇．

たたら製鉄ではファイヤライト組成のノロが操業初期に生成し，銑や鉧を覆い，再酸化を防止している．また．還元し吸炭した銑粒は羽口前で表面が酸化され，発熱して明るく光り炉底に降下する（図 19-3）．溶融鉄粒表面は溶融 FeO で覆われると同時に酸素を 0.16 mass％以上溶解する．炉底に降下して温度が急速に低下すると凝固して酸素濃度が過飽和固溶状態になる．

こしき炉での鉄の溶融時にも沸き花が発生する．これは羽口前で銑粒の表面が酸化されて溶融 FeO 膜との界面で CO ガス気泡が発生するためである．

19-4　黒錆層の形成に及ぼす過飽和固溶酸素の影響

鉄中に溶解している酸素濃度が過飽和になっているので，560℃以下では熱力学的に安定な α- 鉄（フェライト）と Fe_3O_4（マグネタイト）に分解する．しかし酸素原子は鉄原子より大きいので拡散速度は小さい．また，バルク中で FeO 相を形成するには臨界半径を超える必要がある．したがって，鍛造する温度の 800℃程度では鉄材内部に FeO 相は形成されない．

酸素は表面活性元素で表面に集積する傾向がある．したがって，酸素を過飽和に固溶している鉄は酸化しやすく，鍛接が容易になる．さらに室温では表面に Fe_3O_4 薄膜を短時間で生成させ耐食性を示すことがわかる．また，黒錆層の破壊があっても過飽和固溶酸素による自己修復作用がある．

一方，1857 年のベッセマーの転炉の発明以来の現代製鉄法では，溶鋼の凝固時に発生する CO ガス気泡の発生，すなわちリミングアクションを防ぐため，Si や Al の脱酸剤を溶鋼に投入し，酸化物として酸素をほとんど除去している．したがって，鋼の腐食に必要な酸素は水滴に溶けている酸素である．このため腐食初期には斑点状に赤錆が発生し，孔食が発生する．ベッセマーの発明以前は錬鉄がパドリング法で造られており，脱酸工程がない．パリのエッフェル塔の鋼材はこの方法で造られており，耐食性があると言われている．わが国に幕末から明治時代にかけて輸入された「洋鉄（ようてつ）」にも耐食性がある．

第 20 章　伝統技術の伝承

20-1　伝統技術とコツ

わが国の伝統技術の伝承は，修練と口伝による．親方の技術を盗めというやり方である．したがって，技術を体系的に記述した文書はほとんどない．刀鍛冶の技術や，陶磁器の製造技術，織物や染色の技術などである．現代も続いており，その技術を撮った写真や映像，技術書が存在する場合もある．また，職人に弟子入りして技術を学ぶこともできる．しかし，これらの技術は昔の技術と同じではない．社会の需要や技術の進歩によって少しずつ改良されてきたからであり，昔の技術はわからない場合が多い．刀鍛冶は鎌倉期の名刀を再現する願望を持っているが，その当時の技術はわからない．

また，すでに後継者がいないために失われてしまった技術もある．このような場合は，試行錯誤で作品を摸作する．この時，重要な指針となるのが科学である．科学は自然の仕組みを解明する学問である．例えば，製鉄技術において鉄ができる条件は熱力学で明らかになっており，今も昔も同じである．原料の違い，用途の違い，周辺技術の進歩で少しずつ操業方法は異なるが原理は同じである．しかし，製造される鋼の性質は非常に異なっている．

職人は状況判断を体験的に認識するが，これを「コツ」と呼んでいる．「コツ」は最も自然に則った最良の技術であり科学的でもある．

わが国の鍛冶技術は，和鉄を鍛錬により調整して鋼材とする工程を含んでいる．一方，明治 20 年代以降に輸入された洋鉄は，鍛錬の必要がなかった．そのため，洋鉄が一般的に用いられてからは，和鉄を鍛錬し製品を作る技術は日本刀の製作にのみ残された．この鍛錬の技術は，たたら製鉄の技術とともに世界でも唯一のものである．この鍛錬と日本刀作製の伝統的技術は，刀匠の資格を持つ師匠の下で修業することにより伝承されてきた．その伝承方法は，師匠の技術を黙って盗み見て，自分で体験して覚えるという暗黙知で行われている．昭和62年までは，師匠の下で5年間修行を行い，刀剣類の製作担当者として充分な技術を習得したことを師匠が証明する書類を文化庁に提出し承認された．昭和63年以降は毎年，文化庁が主催する美術刀剣刀匠技術保存研修を修了することが必要となった．また，全日本刀匠会と日本美術刀剣保存協会がそれぞれ主催する研修会が毎年行われている．本章では，日本刀の伝統技術の伝承のあり方を紹介する．

20-2　暗黙知の技術伝承

刀匠の師匠に入門を許可されると，最初に行うのは「炭切り」である．「炭切り3年」といわれる．炭の粉を極力出さないよう，また鍛錬や焼入れなど使用する目的に応じて一定の大きさに速く切り揃える練習をする．また，師匠の雑用や掃除を行う．なかなか鍛冶を練習させてはもらえない．その間に，師匠の仕事ぶりを垣間見て覚えるのである．鍛冶の練習を始めるようになっても師匠は教えてくれない．師匠の仕事から技を盗むしかない．現在でも基本的には「見て覚えろ，技を盗め」という技術伝承方法である．練習を繰り返し，失敗しながら自分の技術を獲得する．技を身に付けることが重要で，何故こうすると良いのかという理屈を考える必要はない．ひたすら修行に励むだけである．そして，獲得した技術は他人には絶対教えない．秘伝である．

この技術伝承方法は，一種の伝言ゲームであり代々伝承する過程で技術内容は少しずつ変化する．その結果，昔の技はわからなくなり技術内容を記述した書籍や書き付け等もないため復元することは困難である．復元できたとしてもそれを証明する方法がない．

鍛冶では，和鉄を火床で加熱して加工するため，材料の性質は温度や組成で決まり，作業する人にはよらない．材料の性質が温度と組成でどのように変化するかは体験で知り，その状態に適した作業を自分に合った方法で行う．そのために練習に次ぐ練習をすることが重要となる．もちろん道具の使い方は練習で覚える．例えば手槌の使い方では，鋼材を延ばす時，手槌の角で鋼材の表面に傷を付けないよう，釘等を打ち潰して手槌の使い方をひたすら練習する.

ヨーロッパでは，16 世紀に職人が自分の技術を書籍で発表し一般に公開し始めた．これが科学を発展させることとなった.

わが国では鍛冶の工程を紹介した一般的な書籍はいくつかあるが，和鉄を処理する鍛冶の理論的研究は俵國一が昭和 13 年に著した日本刀講座科学編と，最近では筆者が本書で延べている程度である.

20-3　全日本刀匠会の研修会

鍛冶技術の指導を組織的に行うために，全日本刀匠会と日本美術刀剣保存協会がそれぞれ 5 月下旬と 9 月下旬に研修会を毎年主催している.

全日本刀匠会の美術刀剣作刀実地研修会は，岡山県瀬戸内市長船町の備前長船刀剣博物館付属鍛刀場で平成 20 年から行われている．3 日間の受講で受講料は無料である．参加者は各自自前の道具を持参する．毎年 10 人前後が参加する. 参加者は皆それぞれの師匠の下で鍛冶の研鑽を積んできている．指導者は作刀歴の長い刀匠 4 名である.

初日の朝礼で, 指導者から「どんなことでも良いから質問をしてください. こちらから教えることはしません.」との挨拶があった．伝統的な指導法である．まず，午前中は炭切りを行った．受講生の動作を見て個々に注意を受けた．ナタは手首の力を利かせリズミカルに振り下ろす．粉を出さないために縦に木目に沿って割る．手の平程度に短くすると割りやすい．所定の大きさに細長く割り出した木炭を一定の速度で送り，木の台の角を利用してナタでリズミカルに速く切る．袋に入っている 12 kg の木炭を大きさにもよるが 40 ～ 50 分で切り揃える.

午後は，合計約 2.5 kg の玉鋼数個が支給され，手子台作り，手子付け，玉潰しを行った．鍛刀場には横座が 5 か所あり，そのうち 3 か所にはスプリングハンマー（以後ハンマーと称する）が設置してある．参加者は 3 人からなるグループに分けられ，手子台作りから手子付けまでは，鍛造は先手（さきて）（向槌）で行う．それ以降の工程はハンマーを使う．送風は吹差鞴である．玉鋼塊 1 個を選び，塊の割れ目にアクや硼砂を掛けて鍛着させながら突起部を打ち，纏めながら幅2寸，長さ3寸程度の矩形の板を作る．この手子台の厚さは3～4分になるよう玉鋼塊を選ぶ．

最大の難関は手子付けである．受講生が苦労しているのを見て指導者の方が実演した．手子棒の先と手子台の接着面にアク（藁灰）を付け，火床で加熱する．時々取り出して沸きの状態を見てアクを付けて加熱する．沸きの具合いを見て手子棒の上に手子台を非接着面を互いに外になるようにして乗せ，加熱する．沸き花が盛んに出始めたら手子台を箸で掴んで取り出し，先手に渡す．先手は金ブラシで鍛接面を擦ってノロを除去し，金床上に置く．鍛冶は直ちに接着面に硼砂あるいは鉄蝋を撒く．急いで手子棒を取り出し，接着面のノロを金ブラシや金床の角で落とし，手子台の接着面に合わせて手槌で鍛接する．手子台の接着面がまだ少し沸いている状態の時は硼砂が使える．鉄蝋は沸きが収まった直後の状態の方が鍛接しやすい．接着面にアクを付けるのは鋼材表面の酸化鉄を溶解し除去しやすくするためである．アク中にはK_2OとSiO_2が含まれており，1000℃程度で酸化鉄（FeO）を溶解する．接着部にアクあるいは硼砂を塗し本付けを行う．本付けでは手前側の接着面を手槌で馴染ませるように打ち，確実に鍛接しておくことが重要である．そして，手子台の温度が黄色がかっている温度の高いうちに手子棒を鍛接した反対側の手子台の面を清浄にする．この温度でコバ（側面）を軽く打つと酸化鉄皮膜等が落ちる．さらに金ブラシや平鑢（やすり）の角で黒く見える酸化鉄皮膜を除去し，最後に水打ちをする．

2日目午前9時，研修が始まった．玉潰しから始めた．玉鋼塊3個を火床に入れ1つは羽口前に置き，他は少し奥に置いて予熱した．玉鋼塊の向きを変え，均一に黄色がかった温度になったところで取り出してハンマーで潰した．数回に分け加熱して潰し，最後は5 mm程度の厚さにし，水打ちで表面の酸化鉄皮膜を除去した．パンという小気味よい音がした．再度，向きを変えながら均一に加熱して黄色がかった温度になったところで取り出し，水中に焼入れした．指導員から鋼板の表面の酸化鉄が剥がれて金属面が出るように，少し高い温度から焼入れするようにとの指導があった．玉潰しした鋼板を蜂の巣と呼ぶ金床の凹みを利用して数cmの大きさに小割した．鋼板を鷺箸（さぎばし）で掴み手槌で強く打った．

手子台に鉄片を積む方法を指導員の方が実演した．要は積んだ山の頂点を打つと全ての鉄片に力が掛かるように互いに重ね合わせる．指導員の積んだ山はただちに壊され，受講生が積み直して練習した．水で濡らしながら和紙の代わりに半紙数枚を重ねて包み，泥を掛けアクを塗した．これで積沸かしの準備が整った．

指導員が積沸かしの実演を行った．羽口が隠れる程度に木炭を入れ，弱い風を送ると羽口を囲むように青い炎の輪ができた．この輪の中が沸く範囲であり，ここに積んだ鋼材を置いた．木炭を山盛り掛け，炎が 50 cm 程度上がる程度にゆっくり鞴を動かした．約 25 分後，沸き花が出始め，次第に激しくなった．そこで指導員は鞴をしばらく止めた．羽口近傍から細かい沸き花が盛んに出ている．再び鞴を少し強めに動かし沸き花が激しく出始めたところで再び鞴を止めた．細かい沸き花は少し手前に広がっている．さらに風を少し強めに送り沸き花が激しく出たところで止め，細かい沸き花の出方を見る．積んだ鋼片全体から沸き花が出ているのを確認し，再度強く風を送り，沸き花が激しく出たところで積沸し材を炉から取り出し，アクの上に置いてただちに金床上に置き，大きめの槌で押さえ付けるように軽く打った．積沸かし材からは沸き花が激しく出ている．横にしても崩れないことを確認し，アクと泥を塗して積沸かし材を下にして炉に入れ，次に本付けを行った．指導員は「鉄の燃焼と沸しは違う」という．鍛接は，鋼板の表面を鉄の酸化熱で高温にして溶融し，鍛造により鋼板どうしを溶接する．したがって，鞴を止めて沸き花が鋼材全体から出るまで待つことが重要である．仮付けまでの所要時間は 35 分であった．

指導員の実演を念頭に積沸しを行った．積沸す鋼材が転がって崩れないように，手子棒を箸で挟み，重しで固定した．30 分ほどで沸き花が出始め，全体に広がるまで待っているうちに手子棒の首辺りから沸き花が出始めた．急いで取り出し，手槌で押さえるように打って鍛接した．沸き花がまだ激しく出ているのを見て，指導員はそのまま続けてハンマーで打ち，本付けまでやるようにとの指示があったが，藁灰と泥を付け再加熱して本付けを行った．

やはり首が少し細くなっている．続いて折返し鍛錬を2回行ったところで手子棒が取れ，ついに首が落ちてしまった．原因は，手子棒の先の幅が5分(15 mm)ほどしかなく細過ぎたことである．手子棒の先を1寸(30 mm)ほどにしておく必要がある．

受講生の1人は積沸しの時手子棒を固定しておくことを忘れ，加熱中にひっくり返して崩してしまったが，すぐに手子棒を直し，手子付けして折返し鍛錬4回を終了した．そして，幅3寸ほどの鋼板にして先端3分の2を皮鉄(かわがね)として切り離した．手子棒に付いている鋼板は甲伏せの心鉄(しんがね)に使った．

3日目，手子棒直しを行った．指導員からまず手子棒の曲がりを直すよう指摘された．手子棒の先端を潰して太くするためには手子棒を縦にして手槌で打ち据置きする．しかし，曲がっていると力が先端に伝わらない．手子棒の見本を見ると，先端に向かって少しずつ太くなり，先端は1寸ほどの幅になっている．先端1寸ほどを黄色くなる程度に加熱し，手前は水を掛けて冷やす．金床上に立てて，把手の端を大きめの手槌で強く打つと先端が潰れて次第に太くなる．加熱と据置きを繰り返して所定の大きさにまで先端を太くした．そこで昨日，首が落ちた鋼材を手子付けすることにした．指導員がまずやってみたが付かなかった．そこで鋼材と手子棒を水で冷やし，明るいところで鋼材の表面を見たが，付かない理由は不明であった．そこで，再度筆者が試みたところ，手子付けができた．そして，折返し鍛錬をさらに2回行った．他の受講生の数人は甲伏せの組み合わせから鍛接と素延べに入っている．私はこの工程をあきらめ，手子棒を太くすることとした．先端の鍛錬材を半分に切り幅を狭めて延ばし，手子棒に掛かる程度に折り返して鍛接した．成形し，先太の手子棒ができ上がった．

午後，指導員による火造りの実演が行われた．赤くなる程度に加熱し，棟(むね)区(まち)から茎(なかご)にかけて刃側を打撃面が平らな手槌で打って刃先に向かって薄くする．また，時々鎬地(しのぎじ)を打って整える．同様に反対側の面も打つ．刀側は棟区から切先にかけて，刃側を薄くし，時々鎬地を打って整える．次に切先から茎に向かって鎬線を棟側に少し上げながら同様に打つ．再度，茎から切先への往復で仕上げを行う．この時少し赤くなる程度に温度を低めにして槌跡等の凸凹を均して打つ．槌を水で濡らし表面を水打ちして酸化鉄膜を除去する．

全日本刀匠会の研修会は3日間で終了した．指導者の実演とそれを見て同じようにやってみるという方法で技術伝承を行っている．

20-4　文化庁の研修会

翌日から8日間にわたる文化庁の研修会が行われた．この研修会の目的は実施要綱には，「日本刀に対する正しい基礎知識及び鍛錬技術の研修を行い，もって一層の技量の向上を図り，合わせて刀匠としての知識の涵養を図る」こととある．研修内容は，講義6時間と実習53時間の合計59時間である．修了認定は，所定の課程を修了することである．毎日，講師による判定会議があり，知識や技量が基準に達していないと認定されると直ちに研修を停止させられる．以後，見学は希望すれば許可される．

受講生は5名であった．初日は9時から始まり開講式と講義および炭切りの実習が行われた．講義は，文化庁職員による「文化財保護行政における美術刀剣と銃刀法」と題し，刀剣の登録と作製に関する法律上の解説が行われた．さらに日本刀の歴史，刀匠の心得，たたら製鉄，研ぎに関する講演が行われた．そしてその後，1時間炭切りを行った．その間，5名の刀匠の審査員が受講生の技術を採点した．

2日目と3日目は，朝9時から午後5時半まで心鉄と皮鉄作りである．2日目は玉鋼2.5 kgがくじ引きで分配され，実習補助者の助けを借りて3名1組で手子台作りと手子付けを先手で，玉潰しをハンマーで行った．さらに積沸しの準備をした．3日目は，積沸し鍛錬と折返し鍛錬4回を行い，最後に皮鉄と心鉄を切り離した．私は，午前中に作業が終わり，午後は他の受講生の手伝いをしていた．

夕方，判定会議の席に呼び出され，研修停止を言い渡された．理由は，折返し鍛錬の際，炉から取り出した鋼材にアクを付け，切れ目を入れた行為は無駄で，鍛接面に汚れを入れておりやってはいけないことであると指摘された．はっとした．いつもの練習ではやっていなかったことである．この日は刀匠会の研修から 6 日目であり，また 5 月下旬にもかかわらず真夏日の酷暑で，疲れと暑さで注意が散漫になっていた．刀匠会の研修で指導員が体力を温存しておくようにと忠告していたが，その意味がよくわかった．以後，見学を許可された．

4 日目と 5 日目の午前中は，組み合わせ鍛錬と素延べである．私を除く 4 名が受講した．3 名が甲伏せ，1 名がまくりで行った．甲伏せを行った受講生は，皮鉄の外面に少し傾斜を付けて内面を清浄化し，U 字に曲げさらに鑢の角で内面を擂り酸化鉄を除去した．次に手子棒に付いている鋼材を心鉄にした．U 字型の皮鉄の内面にできるだけ隙間なく挟み込むため丁寧に形を整えた．また，鍛接時に刃側の隙間を埋めるため皮鉄より 2 分程心鉄が出るようにした．次に皮鉄を加熱し冷えた心鉄と組み合わせてハンマーで打ち密着させた．これを数回繰り返し切先部分も密着させた．4 日目の午前 11 時半までに皮鉄と心鉄を審査員に提出した．全員合格であったが，評価は，作業が遅いこと，皮鉄を何度も火床に入れて内面を汚くしていること，水打ちが十分でなく心鉄の表面が清浄化できてないことを指定された．また，心鉄の厚さが皮鉄より薄くバランスが悪いことを指摘された受講生もいた．心鉄は皮鉄と同じ程度の厚さにする．

午後から組み合わせ材の鍛接と素延べが行われた．鍛接はアクと泥を掛けて十分な沸しを 3，4 回行い，刃側，側面，切先，手元と確実に接合する．次にアクを付けて沸しながら伸ばす．そして，棟区を付け，手槌で水打ちしながら素延べの形に成形した．受講生はさらに平面の凸凹を直すため何度も火床に入れて加熱を繰り返していた．時には加熱し過ぎて沸き花が出ることもあった．1 人の受講生はアクと泥を付けて沸しを掛け，鍛接後一気に伸ばした．鋼材の赤色が消えてもハンマーで打ち，手槌で水打ちしながら素延べを行った．まくりを行った受講生は，心鉄を皮鉄に鍛接した後，U 字に曲げさらに鍛接した．彼は，何度もアクと泥を塗して沸しを掛け，毎回水打ちをしてアクを除去しハンマーで伸ばした．素延べ材の提出は 5 日目午前 10 時と告げられた．4 日目は 5 時 50 分で終了した．5 日目は皆午前 7 時半頃から作業を行った．結局，提出は正午に延期された．

判定は2名に受講停止が告げられた．講評は次のようであった．鋼材が冷えた後も打ってはいけない．平面はまだ良いがコバを打つと皺ができる．素延べの工程と温度の関係がわかっていない．ハンマーを使い過ぎて酸化鉄を表面に打ち込んでいる．水打ちができていない．重ねが厚過ぎる物や逆に薄過ぎる物があり，最終的にできる刀の形を想定して適切な重ねと幅にすべきである．茎が大きくバランスが悪いものがある．刀の押し型をみて研究すると良い．

5日目午後，2名の受講生が火造りを行った．赤くなる程度に加熱し，棟区から茎へ，続いて刀側へ刃を打ち，鎬を中頃に付けた．2名とも約30分で形ができ，後は薄赤くなる程度に加熱し水打ちしながら鎬地が4割程度になるように仕上げを行った．美しく仕上げるために加熱と水打ちを繰り返した．6日目は火造りの続きである．形の修正のために加熱と水打ちを繰り返した．午前11時半，火造り作品を提出した．判定結果は1名に研修停止が告げられた．講評は次のようであった．見た目は美しいが，低温で打ち過ぎている．そのため刃先に割れが入っている物もあった．特に刃に凹みがある場合は，その凹みまで刃を削らねばならず致命的な欠陥となる．

6日目午後，残った1名の受講生が荒仕上げを行った．平鑢（やすり）で棟を削り出し，刃先を均した．次に茎を成形したが，最初の棟区の作りが浅く，茎の棟を削らねばならなかった．これは最初から想定して棟区を深くしておく必要があった．平鑢の持ち方にも問題があり，鑢がわずかに上下にぶれている．鏟（せん）掛け台に刀を固定し，鑢で酸化鉄膜を落とした後，鏟で平面を出した．しかし，鏟が全く切れておらず細かい鉄粉が出ていた．時々，砥石で研ぐが切れなかった．また，茎から棟地と刃を少しずつ成形するので表面全体が平面になり難しかった．それぞれの面を茎から切っ先まで一気に成形する方が良い．切っ先に鑢を掛け，横手を出した．7日目午前，荒仕上げの続きを行い，丁寧に成形を行った．11時半に荒仕上げ作品を提出した．判定は受講停止であった．

結局，受講生が居なくなったので，土取り，焼入れ，姿直し，鍛冶押し，茎仕立および銘切りの研修は中止し，1日早く7日目の午後，閉校式が行われた．受講生は，鍛錬場と講義室の掃除を行い解散した．

20-5　審査の判定基準

文化庁の研修会の鍛冶技術の判定基準は，鍛冶工程に無駄がないこと，工程での温度管理ができていること，刀の形を想定した加工になっていることである．

手子台作りと手子付け，玉潰し，積沸し鍛錬，折返し鍛錬，組み合わせと鍛接までは，鉄酸化物をできる限り除去し鋼材の中に入れないようにする．また，素延べでは表面に酸化鉄を打ち込まないよう水打ちを行って表面を清浄化する．

工程の温度管理は重要である．アクと泥あるいはアクだけを塗して沸しを掛ける時は鍛接を目的としている．鋼材が黄色から赤色の時は鍛造で伸ばす．アクは付けない．薄赤色の時は平面の凹凸の修正を行い，色が消えたら水打ちを行って表面の鉄酸化物膜を除去する．温度が高い内に水打ちを行っても酸化が進み効果はない．水打ち後の表面は黒く，酸化鉄の打込みや赤錆はない状態にする．

加工は刀の形を想定し，素延べの棟区における重ねと幅および切先と茎先への減少量を決定する．重ねと幅の合計は刀の身幅になる．

指導員は，次の工程をやりやすくするように仕事をせよという．棟と刃の線は直線にし，側面を凹凸が全く見えないように平滑にするのは，次の火造りの工程で鎬を美しく出すためであり，荒仕上げでの削り代を極力少なくするためである．鍛錬で鍛接を充分に行い，酸化鉄を取り込まないようにするのは，刀に成形した時，表面に傷が出ないようにするためである．

文化庁の研修会は，鍛冶の工程の基本を体得しているかを判定している．

20-6　伝統技術の伝承

鍛冶の技術の基本は刀匠に師事することにより得られるとしている．伝統的な技能の伝承方法である「見て覚える」や「技を盗む」という方法では，技術の持つ意味が正確に伝わるかどうかは受け手の捉え方による．したがって，3代を経るとやり方が変わってしまう．さらに現代では，現代刀の需要が少ない．したがって，刀匠の資格を得ても日本刀を作る機会は少ないといわれている．師匠の作業を充分見ることができなければ鍛冶の技術の基本も弟子に伝わらない．

現代の小学校から高校までの教育は教科書を教える方法を取っている．大学の教育は一昔前までは教授の考えを学生が自ら学ぶことを前提としていたが，現在では教科書等を使い教えることを要求されている．そのため生徒や学生は教えてもらうことが当たり前と考えている．このような教育を受けてきた若者が，「教えない」，「見て覚えろ」という技能の伝承にはなじめないであろう．一方，師匠には教えるという経験はない．

現代は「見て覚えろ」の伝承方法から「教育する」方法への転換点であろう．炭素鋼の加工技術の科学的理解も含め，鍛冶の技術の基本を教育し，技術を習得した者には刀匠資格を与える．そこで鍛冶の技術を教える学校の設立が必要である．鍛冶の基本を習得した後，古刀や新刀など昔の日本刀を凌駕する作品を作りだすことができれば，日本刀に対する需要も増えてくるに違いない．そのためには，習得した技術を公開し，互いに切磋琢磨する必要がある．さらに，その鍛冶の基本を包丁や道具，装飾品の作製に応用することも可能である．世界でも非常にユニークな玉鋼を用いた日本の鍛冶技術を維持発展させるためには，伝承方法の転換が必要であろう．

日本刀作製技術の伝承は，徒弟制度の中で暗黙知，すなわち「見て覚えろ」，「技を盗め」という方法で伝えられてきた．この伝承方法は，わが国の他の伝統技術でも同じである．一子相伝の傾向が強く閉鎖的傾向があり，製品の発展性が弱いので需要が少なく，後継者難と経済的困難で技術の伝承が途絶える場合が多い．このような徒弟制度が現在まで残っている原因を，ドイツの技術伝承方法と比較して考察する．

20-7　幕末から明治期におけるわが国の技術伝承

20-7-1　たたら山内（さんだい）における労働組織と技術伝承

たたら製鉄は銑と鉧を製造するたたら場と，銑や品質の落ちる歩鉧を脱炭して軟鉄の包丁鉄を作る大鍛冶から構成されている．たたら場と大鍛冶は一般に場所が分かれており，それぞれの労働組織とその家族の住む集落である山内が作られていた．たたら製鉄の立地は，原料の砂鉄と木炭をほぼ同重量用いるので，かさ張る木炭の輸送に便利な山間地であった．

たたら場は高殿の建屋の中に作られており，建屋の中心に箱型のたたら炉を置き，その両脇に2台の天秤鞴が設置されている．建屋の壁際には小鉄(こがね)町，炭町，土町と呼ぶ砂鉄と木炭，粘土の置き場がある．さらにその並びに村下座と呼ぶ技師長である村下の控室がある．山内にはたたら場の見えるところに元小屋があり事務所と鉧塊の小割・選別を行った．

山内の管理者は，たたらの総支配人である手代が2人と，職人の手配と原材料の調達，扶持米と賃金の請払いを行う下走が1名である．専業技術職人は，たたら操業の全責任を負う村下（表村下）とその補佐を行う炭坂（裏村下，奥羽地方では炭司）である．木炭を炉に装荷する炭焚2人と，鞴を踏む番子6名，賄いをする女性の宇成1名と粉鉄洗1名を含む手伝い6名の計14名は非技術系である．

山の管理をする山配1名と炭焼きの責任者で総支配人の山子頭1名が専属技術職人で，山子30～40人は非技術系である．山内には，たたら操業に関係する雇い人が50～60人，妻子を入れると240～300人が居住し，農業はせずたたらの仕事だけで生活していた．専属職人には扶持米が支給され，この他に仕事をすると日当が支払われた．一方，炭焚以下，番子，山子など非技術系労働者は，専属の他，農民の日雇いで充足されていた．彼らの報酬は日当だけであった．

砂鉄を採取する鉄穴(かんな)場では，鉄穴頭，小屋頭，鉄穴師という序列の組織で数か所の鉄穴場を請負で作業を行った．彼らは農民の出稼ぎで，秋の彼岸から春の彼岸まで操業した．経営者は，設備やその補修，採掘道具，労働者の宿舎小屋や生活用具を用意した．

村下の養成は家系の中での一子相伝であり，誰でもなれるものではなかった．島根県吉田町の田部家の最後の村下の堀江要四郎（1886～1974年）は，昭和44年に行われた日本鉄鋼協会の復元たたらで村下を務めたが，代々村下の家系で14代目であった．12歳で見習いに出て，炭焚から始まり，村下の父円助の下で本格的に厳しい修行をし，18歳で炭坂，20歳で村下になった．若くして村下になったが，実力不足で苦労したという．菅谷たたらが閉山した大正10年（1921年）まで村下を務めた．島根県簸川郡の八雲鑪（やくもたたら）の村下の秋田亀太郎は，16歳で炭焚，21歳で炭坂，23歳で村下になった．昭和52年に日刀保たたらを復元した安部由蔵は，15歳から炭焚になったが，たたらが廃止になり，昭和8年の復活で炭焚になり，翌9年に靖国鑪の村下になった．父は小廻りや番子の仕事をしており，晩年は鉄山の支配的な仕事をした．村下の家系ではなかったようで，この頃には実力評価で村下になったと思われる．奥羽地方でも代々村下（大工）の家系で技術が継承されてきた．

村下は，たたら操業の責任を負っており，3代失敗すると村下としては失格であった．砂鉄の吟味と手配，3昼夜72時間の操業管理と指示の他，約30分ごとの砂鉄の装荷を行った．砂鉄の装荷は炉を2分して村下（表村下）と炭坂（裏村下）で分担して行った．したがって，この2人は3昼夜ほとんど眠ることができなかった．村下座で短時間仮眠する程度であった．村下は炎を観察しその状態から炉内状態を把握するので，60歳を過ぎると片目は失明したという．

一方，非技術系の番子の作業は1時間ごとに交代したが，重労働で逃亡するものが出た．彼らは前金で雇われていたので，連れ戻され，治外法権的な山法で制裁を受けた．農民が専門的技術を身に付けても他の鉄山で働くことは一般には許されなかった．製鉄技術の流出を恐れたためである．しかし，例外的に経営主が他の鉄山で働くことを許可することもあった．

このように山内間の技術交流は全くなかった．現代においても，昭和44年に日本鉄鋼協会が行った復元たたら実験は報告書が出ているが，昭和52年に日本美術刀剣保存協会が行った日刀保たたらの復元ではその成果が評価された形跡はない．

20-7-2　大鍛冶山内の労働組織と技術伝承

大鍛冶場はたたら場とは別の場所に設置されており，大鍛冶場の山内が形成されていた．銑塊の脱炭工程は，炭素濃度を約0.7 mass％まで下げる「左（さ）

下(げ)」工程と，0.1 mass％まで下げ鍛造で鋼板の包丁鉄を形成する「本場(ほんば)」工程の2工程からなっていた．左下工程で2時間，本場工程で10時間の重労働である．

その労働組織は，技師長の大工1名，脱炭工程を担う左下1名，大工の下で鍛造を行う手子4名，吹差鞴を動かし送風を行う引差人夫2名程度であった．この他，脱炭に使う精錬用木炭の小炭を焼く山子が十数名いた．このうち，専属技術職人は大工と左下で，手子と山子，引差人夫は高い技術を必要としなかった．山内の人口は，島根県の櫻井家内谷鍛冶屋山内が最も多く明治32年で148名であり，他はさらに少なく，たたら場山内の半分以下である．

明治27年頃の10代後半の男子は見習いで山子となり，2, 3年後に有給職工になった．また，女性も製炭労働に従事したようである．山子は専業の他農業の兼業で，伐木，製炭，運搬は山子頭の指導で行われ，鍛冶場職人の組織系統には属していなかったが，鍛冶場職人の余業でもあった．また，この山子はたたら場の大炭も焼いた．

大工や左下は一子相伝で，父から技術を受け継ぎ村下と同様若くしてその職に付いた．職種間の異動は特別な事情がある場合に限られており，父子同職である．櫻井家が明治44年に阿井村役場へ行った模範的労働者表彰の報告によると，明治12年(1879年)生まれの大工は14歳で兄に従って大工見習いとなり，17歳で大工となって以来25年7か月勤続していた．文久2年(1862年)生まれの左下は15歳で左下職見習いとなり，17歳で左下になり以来勤続33年6か月であった．天保9年(1838年)生まれの山子頭は，11歳で炭焼職見習となり，16歳で炭焼職，以来勤続60年余，この間30歳で父の後を継いで山子頭になった．

20-7-3　専門職人の能力

この左下の経歴で興味深いのは，櫻井家が明治40年に槇原鑪に角炉を建設した時，銑の品質が変化したため，この製錬方法を同僚と研究し，1割強歩留りを高めたとある．

明治16年に操業に失敗した官営釜石製鉄所の原材料の払い下げを受けた田中長兵衛は番頭の横山久太郎に製鉄事業を任せた．2人とも製鉄は全くの素人で，1858 年に操業に成功した大島高任と同型の日産 3 トンの木炭高炉を建設した．建設と築造に当たっては橋野高炉築造の経験がある佐々木藤吉を起用した．明治 18 年に竣工したが，出銑後しばらくすると炉が冷え，銑鉄が炉内で凝固するという失敗を繰り返した．改良を繰り返したが成功せず 48 回目の操業にも失敗し，終に資金も尽きた時，官業時代に高炉操業の経験を持つ職長の提案で，不良鉱石として放置してあった赤石（焼鉄鉱石）を用いて操業し，49 回目にして連続出銑に成功した．

このように現場を経験した専門職人の能力は高かった．

20-8　鍛冶技術の伝承

日本刀の製作では，刀鍛冶，研師，鞘師など工程が分かれ分業している．包丁も鍛冶，研ぎ，柄付けなどがある．このような分業体制でそれぞれに専門職人がいる．ノコギリ職人である吉川金治の高祖父芳右衛門は，江戸後期，越後の燕で生薬の奉公人であったが，年季明けに栃木下野・氏家宿の木挽鋸の歯焼きを行う鍛冶屋に入門し，職人になった．曾祖父芳蔵は家業を継ぎ，祖父金作は婿養子で家業を継いだが，金作の家系は宮大工であった．父多喜次は，宇都宮材木町の鋸鍛冶中屋作次郎に弟子入りし，玉鋼鍛えから仕上げまで鋸製造の技術を学んだ．鍛冶の世界では，一子相伝を維持しているが，実力があれば誰でも職人になれる機会があった．

多喜次は，弟子になって 2 年ほどは子守と炭切り，親方に来た手紙を読むことや代筆をした．当時，分業のため一工程の作業は熟練できるが，他工程は全くできないという状態であった．したがって，越後から職人が家族ぐるみで来て 2, 3 年修業をした．結局，多喜次は作次郎の下で 10 年間修業をした．明治末期頃からスウェーデンやドイツから輸入された洋鋼が鍛冶屋にも出回り，鍛錬が必要な玉鋼は次第に駆逐されていった．しかし，多喜次は玉鋼で鋸を作ることに誇りを持っていたので，家計は苦しかった．一方，弟の忠次は，兄から技術を学んだが，いち早く洋鋼に切替え繁盛した．

金治は小学 6 年の時，父の弟子の青柳繁八のところで炭切りと先手（向う槌）を習った．父からは鑢（やすり）切り（鑢の目を鏨で切る）を教わったが難しかった．

繁八は藁切機 (押切機) の刃を作っていた. 青柳家初代七助は金物の行商人であったが, 芳右衛門に弟子入りした家系である. 金治が高等小学校 2 年の 13 歳の時, 兄房次 18 歳が叔父の忠次の下での修業を終えて帰ってきて, 父と 3 人で鋸の製造を始めた. この頃は, 材料は洋鋼の平鋼を使っていたので, 鍛える工程はなく, 伸ばすだけであった. 金治はその後, 鋸の目立て職人になった. 昔は, 目立ては使う人が行っていたが, 大正時代頃から専門職に任せるようになった.

20-9　明治期の製鉄所における技術教育

明治 34 年 (1901 年) に八幡製鉄所が操業を開始した. より専門的な技術知識と高度な技能を有する労働者の育成が必要となり, 八幡製鉄は明治 43 年 (1910 年) に幼年職工養成所を設置し, 高等小学校卒業程度の青少年未経験者に対して技術教育を行った. 実地の習練に重きを置く徒弟制ではなく, 常に学術上の知識と実際の習練をバランス良く組み合わせる方法である. 入学者は, 職工の身分を保障され各掛りに配属された上, 養成所で訓練を受けた. これは後述するドイツのデュアルシステム職業教育である. この近代的鉄鋼業のための職業教育に必要な教科書が編纂された. 1901 年に操業を開始して以来 10 年が経過して現場経験豊かな第一線の幹部技術者が育っており, 執筆者は皆日本人であった.

20-10　ドイツの職業訓練制度

19 世紀中頃, ドイツは徒弟制で, 親方−職人−徒弟という縦の系列からなっていた. 職人はマイスターと呼び, 国家試験に合格して専門職人として認定された職人である. 皮舐し工, 石工, 大工, 舗装工夫, 車大工, 車両製造工, 鍛冶工, 錠前工, 左官などがあった. マイスター試験は手工業的資格証明であるが, 労働分野を固定化し境界付けて職業選択の自由を危うくする制度とも言える. しかし, 経営者からすると労働を支配する要としてマイスターは必要であった.

徒弟は，マイスターに教育された．手工業徒弟の教授法は，①工具に慣れる工程，②基本的工具と機械での基礎練習，③難易度に従って段階化された生産の部分的な技術の習得，④製品の自力作製という段階を経た．マイスターが模範を示し，場合によっては説明した．徒弟は，マイスター 1 人当たり 4，5 人であるが，大工は 15 人，左官は 17 人程度指導した．マイスターは経営者から 50 ～ 200 マルクの養成料を貰い，寝食の面倒まで見た．しかし，徒弟は，数年の年季の間，使い走りや職業と無関係な仕事に動員され，わずかしか熟練の仕事を身に付けることができなかった．逃亡する者も現れ，また，年季があけると別のマイスターのところに職を求めた．そこで，1850 年代末以降，実業（補習）学校が制度化され，徒弟などの就学が義務化された．

工場の機械化が進み，手工業経営より工業の熟練工が不足するようになり，手工業は工業化に対応する一方，養成した徒弟を工業資本が使うことを認めた．工業資本は，マイスターや熟練工の労働力を利用するために手工業者の徒弟制度を残し，例えば，鉄鋼業では一部の工程を請け負う請負親方制がとられた．一方で工場内徒弟制を組織した．このようにマイスター層の既得権を国家が保護した．19 世紀末に向け手工業徒弟制の養成者数は 5000 人ほどでそれほど変わらなかったが，工場内徒弟制での養成者数は圧倒的に増加し 20 世紀始め年には 23 万人にも達した．

1885 年，プロイセンには実業（補習）学校が 665 校あり，1910 年には 1877 校に増加し，生徒数も 58400 人から 327057 人と増加した．ドイツ中南部のバーデン，ヴェルテンベルグ，ザクセンの補習学校では，日曜・夜間学校で週 6 時間の授業を行った．その内容は，ドイツ語（読み，書き，作文），算数，実科（歴史，地理，理科，経済等），造詣論，図法，宗教であり，一般的教育であった．バイエルンとミュンヘンの実業学校では，平日 1 日午後 4 時間，日曜休日に 4 時間の週 8 時間授業で，上記一般教育の他，専門教育として選択制で材料学，工業簿記，各職業実習を行った．ベルリンでは任意通学で，上記一般教育と専門教育を年間 40 週行った．西プロイセンには就学義務がある国立補習学校があったが通学率は低かった．マイスターの組合であるイヌングが経営する小規模校では専門理論だけを教えた．例えば，鍛冶師では年 24 週で蹄鉄理論，鍛冶職専門理論である．

このように実業学校に徒弟を通わせることに対し，雇主は労働時間が制限されるために一般に消極的というより対抗的という状況であった．マイスターも自分の競争相手になる徒弟を教育することに消極的であった．また，日曜や夜間だけの教育でありその効果は疑わしかった．1890 年代の通学率は半分以下で，無断欠席，集団遅刻，教師への反抗，施設の破壊など学級崩壊状態であった．

20 世紀に入りこの状態を改善し，実業（訓練）学校が職業学校や初等学校と区別される義務制学校としての実質を確保するために専門職業教科に加え作業場実習の導入と平日の昼間の授業が試みられた．デュアルシステムの試みである．イヌング内部の補助的組織である職人委員会も徒弟の組織化を進め，マイスターとともに手工業を担う一員とした．それにより工場内徒弟制の拡大や自らの熟練者の需要が少なくなることに対抗した．

1911 年には，実業と商業の「補習学校設置と教育課程」が施行され，14 歳から 18 歳を対象に職業訓練が始まった．下，中，上級に分かれ，週 6 時間で 40 週行われた．内容は，職業専門座学と公民科，会計と簿記，図学それぞれ 2 時間ずつで，職業専門と図学はマイスターの指導による実習教育が行われた．しかし，この課程も 1914 年から 1917 年に起こった第 1 次大戦のため教師も生徒も学校に来ない状態であった．1923 年に雇用主負担の職業学校義務法が施行された．

1927 年にはナチス政権の下で職業訓練法が施行された．国家が最も専門的造詣の深い最も後継者養成の責任意識や職業道徳の高い職業代表に，徒弟の職業訓練の実施の責任を委ね，国家の規制を最小限に留めるという，職業身分自治の考え方である．1969 年に統一職業訓練法制が整備され，ここに座学と作業場実習を組み合わせたデュアルシステム教育法が完成した．

このようにドイツでは，国家認定を受けたマイスターがイヌングという組織を作り，手工業的徒弟の教育を維持し，かつ工場内徒弟制と協調して職業訓練を行ってきた．わが国の場合，職人の連携組織が作られず，職人それぞれによる手工業的徒弟制度が維持されてきた．一方で，20 世紀に入り八幡製鉄のように工場内職人教育が従来の手工業的徒弟制度と全く関係なく実施された．わが国の伝統技術が後継者難や経済的理由で消滅してゆく原因は，職人を横に連帯させる組織がないこと，伝統的手工業的職業を含む職業訓練の体制が整備されてこなかったことによる．伝統技術を守りながら作品をさらに発展させ需要を作りだすことも重要である．

刀匠から，鍛冶に理屈はいらない，時々刻々変化する鋼の状態を把握し反射的にそれに対応して作業をすることが重要であるとの趣旨の話を聞いた．鍛冶の上手さは横座に座った回数に比例する，何十本も刀を作れば上手くなる，これらの言葉は本当である．たくさん練習をすることが上達の早道である．一方，高温のたたら炉で鉧を造り，それを高温で加熱して処理し作品を作る工程は自然に最も即している時，効率的に行うことができる．この領域は科学である．理屈を理解した上で鍛冶作業を行う方がより発展性がある．

付　録

1. 焼刃土の厚さと冷却速度

冷却速度を計算するに当たり次のモデルを考える．焼入れ温度 T_{i} において鋼が持つ熱が水温 T_0 への焼入れにより熱が放散される．その時，熱の流れは焼刃土で律速される．したがって，鋼板中の温度分布は一定である．焼刃土の厚さを L, 断面積を S, 鋼板表面の温度を T とする．焼刃土中温度分布が厚さに比例すると仮定すると，フーリエの熱伝導方程式は，次式で表される．

$$\frac{dT}{dt}=-\frac{\alpha}{L^2}\left(T-T_0\right)$$

ここで，α は熱拡散率で，$\alpha=\dfrac{\lambda}{\rho_{\mathrm{clay}}C_{p\mathrm{clay}}}$ である．

λ と ρ_{clay}，$C_{p\mathrm{clay}}$ はそれぞれ焼刃土の熱伝導度と嵩密度，熱容量である．焼入れ時に焼刃土中の木炭粉は燃焼して約30％の空洞を作るので，キブシ粘土と大村砥の密度の平均を 2 g/cm^3，熱容量を 0.8 J/g・K，熱伝導度を珪藻土の値を使って 0.1 W/m・K とする．嵩密度は 1.4 g/cm^3 なので熱容量は 0.56 J/g・K，熱伝導度は 0.07 W/m・K となる．

冷却速度と温度は直線的に変化し，その傾きは α/L^2 で決まる．図7-6には，炭素濃度 0.63 mass％の鋼材を焼入れ温度 800℃から 27℃の水に焼き入れた場合の，焼刃土の厚さが直線関係に与える影響を示した．焼入れ温度が低くなると変態領域に入る時間が早くなり，変態時間を長く取ることができるので匂出来になる．焼入れの水温を上げる場合は，直線関係が右に平行移動し，トルースタイト相の量が増加する．焼刃土の粘土とケイ砂質の土の熱伝導度と密度および熱容量の物性値は材料によりそれほど違わない．木炭粉の配合を多くすると空洞ができて見かけのこれらの物性値が変化する．厚さの効果は2乗で効き，木炭粉の配合を多くすると焼刃土の厚さを増した場合と同じ効果があるが，鋼表面との密着が弱くなり剥がれる．

2. 日本刀の反りと刃稜の角度の関係

俵は，刃物による切断では，刃物の運動エネルギーは剪断エネルギーと切断された油土を刃稜の角だけ押し除けるエネルギーおよび刃の両面で起こる摩擦熱に消費されるとしている．俵の実験結果を検証してみよう．図13-5に示した刃の体積ABCDEFを油土を切断した体積とすると，切り込み深さbはEHの長さである．

刃が2つに切り分けた面積$S_{\mathrm{HEFG}}=(L/2)(2b-L\tan\theta)$にせん断応力$\tau_0$が作用して平均距離$(1/2)(2b-L\tan\theta)$移動すると，せん断エネルギーは，

$$E_1=\tau_0\frac{1}{4}L\left(2b-L\tan\theta\right)^2$$

で表される．Lは試料刃片の幅HGの長さである．

切断された油土を刃稜の角だけ押し除けることは，体積ABCDEFを油土の外側に移動させることと同じである．油土を刃片の平均厚さの半分，$(1/4)(2b\text{-}L\tan\theta)\tan\omega\cos\theta$だけ移動させたことになる．体積は

$$\begin{aligned}V&=2\int_0^L\left(b-X\tan\theta\right)^2\tan\omega\cos\theta dX\\&=2L\left(b^2-bL\tan\theta+\frac{1}{3}L^2\tan^2\theta\right)\tan\omega\cos\theta\end{aligned}$$

で表される．ここで座標軸XをHGの方向に取った．押し除ける力による加速度をα，油土の密度をρとすると，押し除ける仕事は次式で表される．

$$E_2=\alpha\rho\frac{L}{2}\left(b^2-bL\tan\theta+\frac{1}{3}L^2\tan^2\theta\right)\left(2b-L\tan\theta\right)\tan^2\omega\cos^2\theta$$

摩擦は刃の両面AEFDとBEFCで起こる．

$$S_{\mathrm{AEFD}}=S_{\mathrm{BEFC}}=\frac{1}{2}L\left(2b-L\tan\theta\right)\sqrt{\left(1+\tan^2\omega\cos^2\theta\right)}$$

この面に掛かる応力をσ_0とすると面の法線方向の力に摩擦係数μを掛けたものが摩擦力である．平均すべり距離は $(1/2)(2b-L\tan\theta)\sqrt{1+\tan^2\omega\cos^2\theta}$ なので，摩擦によるエネルギー損失は，刃片が油土に徐々に接した面でエネルギーを損失することを考慮して，

$$E_3=\frac{1}{8}\mu\sigma_0 L\left(2b-L\tan\theta\right)^2\left(1+\tan^2\omega\cos^2\theta\right)$$

で表される．

油土に切り込む直前の試料刃片の運動エネルギーE_0は$E_1+E_2+E_3$として消費される．今，刃稜の角度$\omega=0°$の時$\tan\omega=0$なので，

$$E_0=E_1=\frac{1}{8}L\left(2\tau_0+\mu\sigma_0\right)\left(2b-L\tan\theta\right)^2$$

である．E_0が一定の場合，τ_0を一定とすると，θが大きくなるに従って切り込み深さbは大きくなる．これは俵の実験結果 (2) を証明している．

$\theta=0$の場合，σ_0を一定とすると，

$$E_0=E_1+E_2+E_3=\left\{\tau_0+\frac{1}{2}\mu\sigma_0+\left(b\alpha\rho+\frac{1}{2}\mu\sigma_0\right)\tan\omega\right\}Lb^2$$

となり，刃稜の角度ωが大きくなるほど切り込み深さbは小さくなる．$\theta>0$の場合も同様である．これは実験結果 (3) を証明している．

俵が指摘したように，表面が粗くなると油土との接触面積が減少し，摩擦係数が小さくなる．これは実験結果 (4) と一致する．

3. 酸素分圧測定法

酸素分圧測定には，酸素センサーを用いた．図 21-1 に酸素センサーの構造を示す．(a) は鍛錬の実験に，(b) はこしき炉の実験に用いた．(a) の酸素センサーは，直径 3.2 mm，長さ 30 mm，厚さ 0.5 mm の一端閉管状の ZrO_2・9 mol% MgO 組成の固体電解質を用いた酸素濃度電池で，管内に Cr/Cr_2O_3 混合粉末を基準極として 0.5 mm 径の白金リード線とともに固く突き詰めた．管の先端外側には，0.5 mm 径の白金線が二重に巻きつけてあり，白金ペーストで接着してある．これが作用極で，試料中の酸素ポテンシャルを測定す

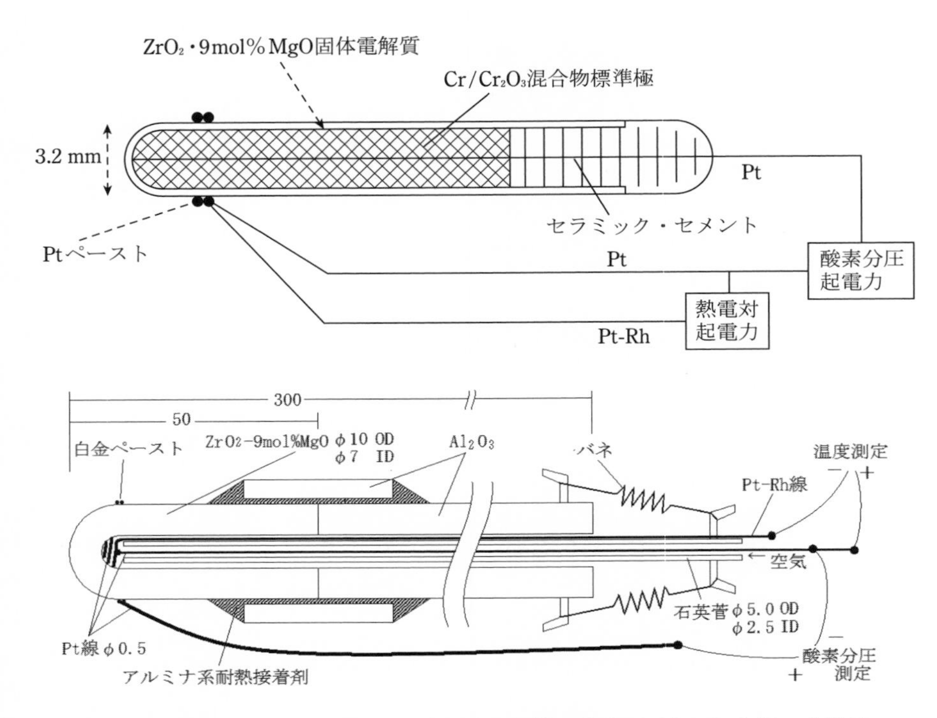

図 21-1 酸素センサーの構造 (a) 大鍛冶と鍛錬の実験用 (b) こしき炉の実験用

る．作用極近傍には，温度測定用の R 型白金熱電対が設置してあり，その白金線側に作用極を溶接してリード線として用いた．図 18-3 に示したように，リード線と熱電対はアルミナ製保護管で保護し，手子棒に固定した．さらに熱電対は，約 5 m の補償銅線に接続し，酸素センサーの基準極側にも別の補償銅線の負極側を接続した．熱電対のゼロ接点には氷水を用い，酸素センサーと熱電対の起電力を記録した．

(b) の酸素センサーの固体電解質は外径 10 mm，内径 7 mm，長さ 50 mm の一端閉管で，同じ径のアルミナ管を接着剤で接続して全長を 300 mm にしてある．基準極は空気である．

酸素分圧は次式で得られる．

$$P_{O_2} = P_{O_{2r}} \exp(46428E/T) \quad (\text{気圧})$$

Eは起電力，Tは絶対温度（t(℃)+273）である．基準極が空気の場合は$P_{O_{2r}}$ = 0.21 気圧，Cr と Cr_2O_3 混合粉末を用いた場合は次式で得られる．

$$P_{O_{2r}} = -8832/T + 19.83 \qquad (\text{気圧})$$

4. 鍛接界面の温度上昇

鍛接界面の温度が局所的に1470℃になるか検証する．沸き花が発生し始めてから鍛接するまでに鋼片の表面が酸化したとする．この時間は，図18-5に示すように1190℃で沸き花が出始めてから1290℃で仮付けするまでの15分（900秒）である．鉄の酸化により発生する熱は，単位面積当たり

$$Q_0 = (\rho v / M_{Fe}) \Delta H$$

で与えられる．vは鉄の酸化速度である．ρはγ鉄の密度であり，1300℃で7,450 kg/m^3 である．M_{Fe} は鉄の原子量55.8である．ΔHはγ鉄が酸化して FeO が1 mol生成する時に発生する反応熱で，1463 K（1190℃）で −261 kJ/mol，1743 K（1470℃）で −259 kJ/mol であり，平均 −260 kJ/mol である．

一方，この体積中の0.92 mass％の炭素と鍛接界面から約2 mmの範囲で0.92 mass％から0.25 mass％に脱炭した炭素の燃焼を考える．炭素の燃焼により発生する発熱速度は上式に炭素濃度変化を掛けた式で計算できる．炭素の燃焼でCOガスが生成する反応熱ΔHは1463 Kで −115 kJ，1743 Kで −117 kJであり，平均 −116 kJである．

接合界面を対称面にして，一定の発熱速度Q_0の熱が鋼表面から鋼中に鉛直方向へ無限遠の距離に拡散する場合を考える．この時，鋼表面が酸化すると表面は熱流方向に移動し，表面からの熱流が見掛け上小さくなるが，この効果は熱伝導度に対し1％以下なので無視することができる．

初期条件は，温度上昇ΔTは0℃である．フーリエの熱伝導方程式を連続の式と組み合わせて微分方程式を解くと，表面（x=0）の温度上昇ΔTは時間の平方根に比例して上昇する．

$$\Delta T = (2|Q_0|/\lambda)(\alpha/\pi)^{1/2} t^{1/2}$$

ここでλは熱伝導度，αは熱拡散率（$\lambda/\rho C_p$）である．ρは鋼の密度，C_pは熱容量である．熱伝導度を25 W/m・K，γFe の C_p を37.4 J/mol・K とすると，

熱拡散率は 5.00×10^{-6} m^2/s である．ここで，鉄の燃焼速度を 7 分で 1 mm とすると，計算結果は 15 分で ΔT=250℃になる．この場合，鉄の酸化による発熱速度は 83.2 kJ/s・m^2 で，炭素の燃焼では 3.88 kJ/s・m^2 であり，鋼表面では主に鉄の酸化により表面温度が上昇することがわかる．

おわりに

たたら製鉄で作った鋼は，鍛錬を経て強靭な材料になる．その性質は，鍛接しやすく，高炭素鋼ではあるが加工しやすい．錆び難く，鋼地に様々な模様ができる．たたら操業や大鍛冶，鍛冶では，鉄の溶解を示す「沸き花」を指標に製精錬と鍛錬を行っており，溶融と凝固が融点近傍で繰り返される．そのため，鋼中に酸素が過飽和に固溶する．炭素濃度は不均質であるが，鍛錬によって不均質な炭素濃度領域が細かく分散される．これが，鋼の強靭さを作っている．こしき炉でも銑の溶融に沸き花が指標になっている．

永田たたら炉で砂鉄から簡易な方法で鋼塊の鉧を作ることができる．これを本書で述べた簡易な鍛冶炉で切り出しナイフや包丁，文鎮や重しなど様々な作品を作ることができる．焼入れを工夫すると鋼の表面に様々な模様がでる．ぜひ挑戦していただきたい．

鍛冶の技術は科学的に解明されているが，作品を作るのは体験が重要である．特に沸き花の発生を指標にして鍛錬を行い，加熱した鋼の色を見て鍛造を行う．火の芸術である．その面白さは岐阜県関市在住の大野兼正刀匠に教わった．

筆者は，平成 21 年春より千葉市在住の松田周二刀匠の工房で日本刀の鍛冶技術を体験し，平成 25 年からは鎌倉在住の正宗工芸の山村綱廣刀匠に入門した．日本刀作製の鍛冶技術の科学的解明を行うためである．奈良県東吉野在住の河内國平刀匠には鍛錬の実験に，また，兵庫県在住の真鍋純平刀匠には大鍛冶の実験にご協力いただいた．一方，高知県四万十市の梶原照雄氏は「野鍛冶」の技術で農具等を作っており，その技術は実用の道具を作る上で製作の速さと切れ味，使いやすさ等の道具の優れた機能が顕著である．梶原氏からも野鍛冶の技術を教えていただいた．八王子在住の佐藤重利刀匠と新宿在住の山崎市弘氏には切り出しナイフ作りの指導をいただいた．ご協力いただいた方々に深く感謝する．

参考文献

1) 永田和宏：わが国古来の鍛冶の技術論 (1) ～ (22), 金属, **82** (2012) No.2 ～ **86** (2016) No.1, アグネ技術センター.

2) 永田和宏：たたら製鉄の技術論, アグネ技術センター, 2021 年.
たたら製鉄の技術論 (17), (23), (25), (30) ～ (32), 金属, **76** (2006) No.11, **77** (2007) No.5, **78** (2008) No.1 ～ 3, アグネ技術センター.

3) 永田和宏：人はどのように鉄を作ってきたか, ブルーバックス, 講談社, 2017 年.

4) 永田和宏編, 山崎克己絵：イチからつくる　鉄, 農文協, 2019 年 .

5) 俵 國一：日本刀の科学的研究, 日立評論社, 1953 年.

6) 下原重仲：鉄山必用記事, 館充訳, 丸善, 平成 13 年.

7) 俵 國一：日本刀講座, 科学編, 雄山閣, 昭和 13 年.

8) 前田六郎：和鋼・和鉄, 河出書房, 昭和 18 年.

9) 大野 正：技法と作品　研磨・彫刻編, 青雲書院, 昭和 55 年.

10) 星野欣也, 平野一雄：東京農業大学一般教育学術集報, **16** (1986), Feb.

11) 鈴木卓夫：作刀の伝統技法, 理工学社, 1995 年 .

12) 鈴木文憙, 竹村和夫：土佐打刃物読本, 高知県土佐刃物連合協同組合, 昭和 59 年.

13) 文部科学省：工業材料, 実教出版, 平成 25 年.

14) 寺島良安：倭漢三才圖會 (復刻版), 吉川弘文館, 明治 39 年.

15) 吉川金次：鋸, 法政大学出版局, 1976 年 .

16) 吉川金次：のこぎり一代, 上, 農文協, 1989 年 .

17) 平澤一雄：鋸, クオリ, 1980 年 .

18) 常石英明：日本刀の鑑定と鑑賞, 金園者, 昭和 42 年.

19) 成瀬関次：古伝鍛刀術, 剣工秘傳志, 刀剣秘実, 古傳鍛刀術, 二見書房, 昭和 18 年.

20）小島精一：日本鉄鋼史，千倉書房，昭和 20 年.

21）池上喬庸：江戸鍛冶の注文帳，「木工塾」内　伝統技術研究会，1992 年 .

22）河合佐兵衛：洋鋼虎の巻，河合洋鋼商店，明治 42 年.

23）青山政一：はがねぐらし六十年，リプロ，昭和 50 年.

24）俵 國一：鐵と鋼　製造法及性質，丸善，東京，明治 43 年.

25）R. F. Tylecote：A History of Metallurgy, 2nd ed., The Inst. Mater., USA, 1992.

26）中沢護人：ヨーロッパ鋼の世紀，東洋経済新報社，東京，昭和 62 年.

27）ベック：鉄の歴史，中澤護人訳，Vol. 4，昭和 48 年，たたら書房.

28）大橋周治：鉄鋼業，東洋経済新報社，昭和 41 年.

29）田部清蔵：語り部 , 自費出版 , 平成 9 年.

30）俵 國一：古来の砂鐵製錬法，丸善，昭和 8 年.

31）無形文化財和鋼製作技術，映像，島根県教育委員会，昭和 30 年頃.

32）榊 藤夫：砂鉄及びその精錬法，山海堂，昭和 19 年.

33）倉吉市教育委員会：倉吉の鋳物師，倉吉市有形民俗文化財調査報告 I, 1979 年 .

34）滋賀県教育委員会：近江の鋳物師 1, 昭和 62 年.

35）枚方市教育委員会：枚方の鋳物師（一），1990 年 .

36）西岡常一：木に学べ，小学館，1988 年 .

37）K. Nagata, Y. Furunushi and T. Yamashita: Effect of Supersaturated Solid Solution of Oxygen in Old Japanese Nails “Wakugi” on the Fine Structure of Rust, ISIJ Intern., **61** (2021), p.2855-2864.

38）齋藤潔：鉄の社会史，雄山閣，平成 2 年.

39）たたら製鉄石見銀山と地域社会，相良英輔先生退職記念論集刊行会編，清文堂，2008 年 .

40）鐵と共に百年，百年史編纂委員会，新日鉄製鉄㈱釜石製鐵所，昭和 61 年.

41）飯田賢一：日本鉄鋼技術史論，三一書房，1973 年 .

42）山本義隆：十六世紀文化革命，Vol.1, 2，みすず書房，2007 年 .

43）鉄鋼迅速分析法続，第 1 編，130. 炭素，日本学術振興会編，丸善，昭和 41 年.

索引

[か]

[な]

[は]

［ま］

[や]

[ら]

[わ]

本書は「金属」(アグネ技術センター)に掲載された以下の連載をもとに再構成し，加筆修正したものである.

「わが国古来の鍛冶の技術論」(1) ～ (22)
金属 **82** (2012) No.2 ～ No.3, **84** (2014) No,6 ～ No.12, **85** (2015) No.1 ～ No.12, **86** (2016) No.1

永田和宏（ながた　かずひろ）
1946年岐阜県生まれ．1969年東京工業大学工学部金属工学科卒業，1975年同大学院理工学研究科博士課程修了，工学博士．ベネズエラ国立科学研究所主任研究員，マサチューセッツ工科大学（MIT）客員助教授，東京工業大学教授，東京藝術大学教授を経て，東京工業大学名誉教授，日本鉄鋼協会名誉会員．現代製鉄に関する鉄冶金学の研究を基に，たたら製鉄および古代製鉄の技術を解明して永田たたらを考案する一方，たたら製鉄からヒントを得て粉体原料を用いたマイクロ波加熱高速製鉄法を発明した．ものづくりの原点であるたたら製鉄や鍛冶の技術をわかりやすく解説して．子供たちや一般の人たちに科学の面白さを伝えている．

日本の鍛冶の技術論

2023年7月20日　初版第1刷発行

著　　者　永田　和宏
発 行 者　島田　保江
発 行 所　株式会社アグネ技術センター
〒107-0062　東京都港区南青山5-1-25
電話（03）3409-5329／FAX（03）3409-8237
振替　00180-8-41975
URL https://www.agne.co.jp/books/

印刷・製本　株式会社平河工業社

落丁本・乱丁本はお取替えいたします．
定価は本体カバーに表示してあります．
©NAGATA Kazuhiro, Printed in Japan 2023
ISBN 978-4-86707-013-0 C3057